STM32 单片机原理及应用教程

杨冬霞　　王洪玲　主编

哈尔滨工业大学出版社

内容简介

本书以 STM32 单片机的多个实例贯穿全书,共 6 章。第 1 章为 STM32 单片机基础知识;第 2 章为 STM32 单片机程序开发模式,较为详细地介绍了 STM32 单片机的 3 种开发模式;第 3 章为 STM32 单片机的 I/O 应用,主要讲述 GPIO 口的应用;第 4 章为 HAL 库的介绍,主要讲述 STM32 单片机的标准外设库;第 5 章为基于标准库的实践案例,较为全面地讲解了 STM32 单片机的常用实例;第 6 章为基于 Cube-MX 库的实例项目。

本书可为 STM32 单片机教学、综合实训有创新实践的提供需求,也可为电子信息工程、自动化、建筑电气智能化等专业及单片机爱好者提供参考。

图书在版编目(CIP)数据

STM32 单片机原理及应用教程/杨冬霞,王洪玲主编. —哈尔滨:
哈尔滨工业大学出版社,2024.2
ISBN 978 - 7 - 5767 - 1466 - 1

Ⅰ.①S… Ⅱ.①杨…②王… Ⅲ.①单片机微型计算机-
高等学校-教材 Ⅳ.①TP368.1

中国国家版本馆 CIP 数据核字(2024)第 111871 号

策划编辑 杨秀华
责任编辑 杨秀华
封面设计 刘 乐
出版发行 哈尔滨工业大学出版社
社 址 哈尔滨市南岗区复华四道街 10 号 邮编 150006
传 真 0451 - 86414749
网 址 http://hitpress.hit.edu.cn
印 刷 哈尔滨市工大节能印刷厂
开 本 787mm×1092mm 1/16 印张 21 字数 498 千字
版 次 2024 年 2 月第 1 版 2024 年 2 月第 1 次印刷
书 号 ISBN 978 - 7 - 5767 - 1466 - 1
定 价 68.00 元

前　言

　　单片机是一种高度集成化的电子器件,它集成了中央处理器、存储器、输入输出接口及各种周边电路,通过编程实现各种复杂的功能。单片机主要分为 8 位、16 位和 32 位,它们的差别主要表现在处理能力、存储空间和适用领域。总的来说,单片机作为一种集成度高、功能强大的电子器件,在现代科技和智能化应用中扮演着重要角色,是各种电子产品中的关键组成部分。

　　51 单片机是一个通用称呼,所有 8051 内核的单片机统称为"51 单片机"。ST 的中文名称为意法半导体,是由意大利和法国的两家做半导体器件的公司合并而成的一家公司,公司总部在瑞士,目前这家公司已经是全球做半导体器件的头部公司。STM32 是一个 32 位的单片机,ST 是这家公司的英文简称,M 是 Microcontroller,中文意为微控制器,取第一个字母的简写,于是为 STM。32 是指 32 位单片机,它还有 8 位单片机(简称 STM8),只是 8 位单片机没有 32 位单片机有名气。ST 的 32 位单片机使用了英国 ARM 公司的内核,生产的较早,推广较成功,于是把 32 位的 ARM 单片机推广到全世界。目前,很多电子工程师都使用该单片机。

　　作为初学者,是先学 51 单片机还是先学 ARM 单片机? 学习的过程是由易到难的,51单片机的内部结构简单,对于 C 语言、硬件设计等要求都不高,学起来比较容易入门。ARM 单片机,最简单的内核是 M 核,还有复杂的 R 核,以及更复杂的 A 核,即使是最简单的 M 核,比起 51 单片机的内核也要复杂很多。如果没有单片机架构的基础,也没有单片机运行原理的认识,直接学习 ARM 单片机难度较大。需要在脑海中建立单片机的软件和硬件运行原理的基础框架后再学习 ARM 单片机或其他核的单片机。

　　本书由浅入深地讲解了 STM32 单片机的基本原理、实验原理、编程语法、编程技巧,以初学者视角从实际工程项目案例入手,逐步带领大家学习实际开发中的电路设计和编程思路。通过学习本书,可以将 C 语言、单片机及实际项目开发流程指导等知识明晰,使读者认识到软件与硬件之间的衔接关系,搭建了从初学者步入工程师之间的桥梁。

　　本书实现理论与实践相结合,在讲述实践操作过程中辅以相关理论知识,更有利于读者对涉及的单片机各个方面技术的理解。本书中的每个实验既可以独立完成,又可以相互联系,做到由简单到复杂,逐步递进。作为教材,授课教师可以根据本校教学计划,自由选择内容进行教学大纲设计,灵活调整授课学时。

　　本书由哈尔滨学院杨冬霞与王洪玲共同完成。感谢刘宏老师在此其间给予的帮助。由于时间仓促,加上编者水平有限,书中难免有疏漏之处,恳请各位读者、老师批评指正。编者邮箱 1044908322@qq.com 或 69733818@qq.com。

编　者

2024 年 1 月

目　　录

第 1 章　STM32 单片机入门

1.1　初识 STM32 单片机

STM32 单片机中的 ST 是指意法半导体公司,M 是 Microelectronics 的缩写,32 表示 32 位,合起来理解,STM32 是指 ST 公司开发的 32 位微控制器。在如今的 32 位微控制器当中,STM32 可以说是一颗璀璨的新星,深受工程师和市场的青睐。

51 单片机是嵌入式学习中一款入门级的经典 MCU,因其结构简单,易于教学,且可以通过串口编程而不需要额外的仿真器,所以在单片机教学中被大量采用,至今很多大学在嵌入式教学中用的还是 51 单片机。它诞生于 20 世纪 70 年代,属于传统的 8 位单片机,如今,久经岁月的洗礼,其既有辉煌又有不足。现在的市场产品竞争越来越激烈,对成本极其敏感,相应地对 MCU 的性能要求也更为苛刻:更多的功能,更低的功耗,易用界面和多任务。面对这些要求,51 单片机现有的资源显得得力不从心。所以,无论是高校教学还是市场需求,都急需一款新的 MCU 来为这个领域注入新的活力。

基于这样的市场需求,ARM 公司推出了其全新的基于 ARMv7 架构的 32 位 Cortex-M3 微控制器内核。紧随其后,ST 公司推出了基于 Cortex-M3 内核的 MCU-STM32。STM32 凭借其产品的多样化、极高的性价比、简单易用的库开发方式,迅速在众多 Cortex-M3 MCU 中脱颖而出,成为一颗闪亮的新星。STM32 单片机一上市就迅速占领了中低端 MCU 市场,受到了市场和开发人员的青睐,颇有星火燎原之势。

STM32 属于一个微控制器,自带了各种常用的通信接口,比如 USART、I2C、SPI 等,可连接很多传感器,可以控制很多设备。现实生活中,接触到的很多电器产品中都有 STM32 的身影。比如智能手环、微型四轴飞行器、平衡车、移动 POS 机、智能电饭锅、3D 打印机等。以智能手表为例(图 1.1.1)。

图 1.1.1　STM32 主控芯片智能手表

（1）STM32F411CEU6 处理器，主频为 100 MHz，128 KB RAM，512 KB ROM。

（2）电池管理部分使用的是 TP4056，单节锂电池恒定电流/电压线性充电器。芯片的底部带有散热片的 SOP8/MSOP8 封装，外部的元件数较少，是便携应用设备的理想选择，适合 USB 电源和适配器电源工作。

（3）屏幕使用的是中景园的 ST7789 IPS 1.14inch TFT 彩色液晶高清屏，SPI 接口，分辨率可达 135 像素×240 像素，刷新率为 100 Hz。

现在的无人机，尤其是四轴微型飞行器也可以用 STM32 进行制作。以 STM32 为主控芯片的四轴微型飞行器具有开源特点，支持二次开发，四轴微型飞行器可以实现支持定高、定点和手动飞行、支持 4D 空翻、支持抛飞、支持有头、无头飞行、支持一键起飞、一键降落、支持多机同时飞行、支持 USB 固件升级（图 1.1.2）。

图 1.1.2　四轴微型飞行器

1.2　STM32 单片机芯片

图 1.2.1 中，左侧是 STM32F103ZET6 芯片，右侧是芯片开盖后的图片，即芯片内部视图。图 1.2.2 为 STM32F103ZET6 芯片引脚分布。从引脚 1 开始，按照逆时针的顺序排列。在开发板中，把芯片的引脚引出来，连接到各种传感器上，然后在 STM32 上编程并控制各种传感器工作。图 1.2.3 为 STM32F103ZET6 最小系统板 ARM 开发板，Flash 为 512 KB，RAM 为 64 KB。

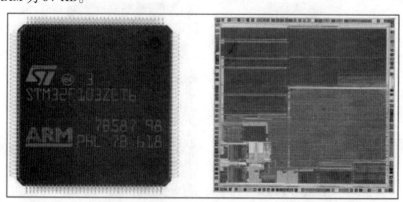

图 1.2.1　STM32F103ZET6 芯片（LQFP144 脚）

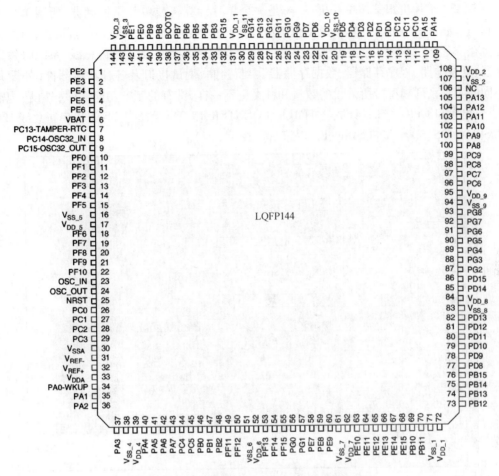

图 1.2.2 STM32F103ZET6 芯片引脚分布

图 1.2.3 STM32F103ZET6 最小系统板 ARM 开发板

STM32 单片机跟其他单片机一样,是一个单片计算机或单片微控制器,所谓单片就是在一个芯片上集成了计算机或微控制器该有的基本功能部件。这些功能部件通过总线连接在一起。于 STM32 而言,这些功能部件主要包括 Cortex-M 内核、总线、系统时钟发生器、复位电路、程序存储器、数据存储器、中断控制、调试接口及各种功能部件(外设)。不同的芯片系列和型号所外设的数量和种类也不一样,常有的基本功能部件(外设)为输入/输出接口 GPIO、定时/计数器 TIMER/COUNTER、串行通信接口 USART、串行总线 12C 和 SPI 或 I2S、SD 卡接口 SDIO、USB 接口等(图 1.2.4)。

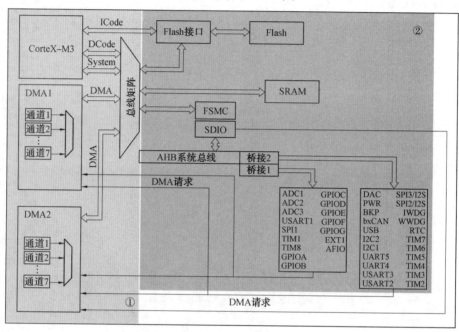

图 1.2.4　STM32F10X 系统结构

为了更加简明地理解 STM32 单片机的内部结构,对图 1.2.4 进行抽象简化后,得到图 1.2.5,这样会使初学者的学习理解起来更容易。

现结合图 1.2.4 和图 1.2.5 对 STM32 单片机的基本原理做一简单分析,主要包括以下内容。

(1)程序存储器、静态数据存储器、所有的外设都统一编址,地址空间为 4 GB,但各自都有固定的存储空间区域,使用不同的总线进行访问。这一点跟 51 单片机完全不一样。具体的地址空间请参阅 ST 官方手册。如果采用固件库开发程序,则可以不必关注具体的地址问题。

(2)可将 Cortex-M3 内核视为 STM32 单片机的"CPU",程序存储器、静态数据存储器、所有的外设均通过相应的总线,再经总线矩阵与之相接。

(3)STM32 单片机的功能外设较多,分为高速外设、低速外设两类,各自先通过桥接,再通过 AHB 系统总线连接至总线矩阵,从而实现与 Cortex-M3 内核的接口。两类外设的时钟可各自配置,速度不一样。具体某个外设属于高速还是低速,已经被 ST 公司明确规定。所有外设均有两种访问操作方式:一种是传统的方式,通过相应总线由 CPU 发出读

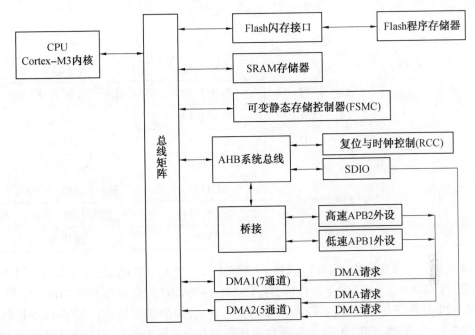

图 1.2.5　STM32F10X 系统结构简化

写指令进行访问,这种方式适用于读写数据较小、速度相对较低的场合;另一种是 DMA 方式,即直接存储器存取,在这种方式下,外设可发出 DMA 请求,不再通过 CPU 而是直接与指定的存储区发生数据交换,因此,可以大大提高数据访问操作的速度。

(4)STM32 的系统时钟均由复位与时钟控制器 RCC 产生,它有一整套的时钟管理设备,由它为系统和各种外设提供所需要的时钟,以确定各自的工作速度。

1.3　STM32 单片机型号

STM32 有很多系列,可以满足市场的各种需求,从内核上分为 Cortex-M0、Cortex-M3、Cortex-M4 和 Cortex-M7 这 4 种,每个内核大概分为主流、高性能和低功耗等种类(表 1.3.1)。

表 1.3.1　STM8 和 STM32 分类

CPU 位数	内核	系列	描述
32	Cortex-M0	STM32-F0	入门级
		STM32-L0	低功耗
	Cortex-M3	STM32-F1	基础型,主频为 72 MHz
		STM32-F2	高性能
		STM32-L1	低功耗

续表1.3.1

CPU 位数	内核	系列	描述
32	Cortex-M4	STM32-F3	混合信号
		STM32-F4	高性能,主频为 180 MHz
		STM32-L4	低功耗
	Cortex-M7	STM32-F7	高性能
8	超级版6502	STM8S	标准系列
		STM8AF	标准系列的汽车应用
		STM8AL	低功耗的汽车应用
		STM8L	低功耗

单纯从学习的角度出发,可以选择 F1 和 F4,F1 代表了基础型,基于 Cortex-M3 内核,主频为 72 MHz;F4 代表了高性能,基于 Cortex-M4 内核,主频为 180 MHz。与 F1 相比,F4(429 系列以上)除内核不同和主频的提升外,升级的明显特色是带了 LCD 控制器和摄像头接口,支持 SDRAM,这个区别在项目选型上会被优先考虑,但是就大学教学和初学者而言,还是首选 F1 系列,因为目前在市场上资料最多、产品占有量最大的就是 F1 系列的 STM32 单片机。

以 F103 型号的 STM32F103VET6 来讲解 STM32 的命名方法(表 1.3.2)。

表 1.3.2 STM32F103VET6 命名解释

	STM32	F	103	V	E	T	6
家族	STM32 表示 32 位的 MCU						
产品类型	F 表示基础型						
具体特性	基础型						
引脚数目	V 表示 100pin,其他常用的为 C 表示 48pin,R 表示 64pin,Z 表示 144pin,B 表示 208pin,N 表示 216pin						
Flash 大小	E 表示 512 KB,其他常用的为:C 表示 256 KB,I 表示 2 048 KB						
封装	T 表示 QFP 封装,是最常用的封装						
温度	6 表示温度等级为 A:-40~85 ℃						

了解 STM32 单片机的分类和命名方法后,就可以根据项目的具体需求去判断选择哪一类内核的 MCU。普通应用、不需要外接 RGB 大屏幕的一般选择 Cortex-M3 内核的 F1系列;如果追求高性能,需要大量的数据运算,且需要外接 RGB 大屏幕的则选择 Cortex-M4 内核的 F429 系列。

明确大方向后,接下来是细分选型。先确定引脚数,引脚数多的功能多,价格高,具体要根据实际项目中需要使用的功能来确定,合适即可。确定好引脚数目后再选择 Flash 大小,相同引脚数的 MCU 会有不同的 Flash 大小可供选择,这个也是根据实际需要选择,程序大的就选择大一些的 Flash,合适即可。

在画原理图前,一般的做法是先把引脚分类好,再开始画原理图。引脚分类如表 1.3.3 所示。

表 1.3.3　引脚分类

引脚分类	引脚说明
电源	(VBAT)、(VDD VSS)、(VDDA VSSA)、(VREF+VREF−)等
晶振 IO	主晶振 IO,RTC 晶振 IO
下载 IO	用于 JTAG 下载的 IO:JTMS、JTCK、JTDI、JTDO、NJTRST
BOOT IO	BOOT0、BOOT1,用于设置系统的启动方式
复位 IO	NRST,用于外部复位
GPIO	专用器件接到专用的总线,比如 I2C、SPI、FSMC、DCMI 等总线的器件需要接到专用 IO
	普通的元器件接到 GPIO,比如蜂鸣器、LED、按键等元器件用普通 GPIO
	如果还有剩下的 IO,可根据项目需要引出或不引出

注:由上面 5 部分 IO 组成的系统也称为最小系统。

想要根据功能来分配 IO,那就得先知道每个 IO 的功能说明,可以从官方的数据手册里面找到。在学习的时候,有两个官方资料会经常用到,一个是参考手册(Reference Manual),另一个是数据手册(Data Sheet),两者的具体区别如表 1.3.4 所示。

表 1.3.4　参考手册和数据手册的内容区别

手册	主要内容	说明
参考手册	片上外设的功能说明和寄存器描述	对片上每一个外设的功能和使用做了详细的说明,包含寄存器的详细描述。编程时需要反复查询该手册
数据手册	功能概览	芯片功能,概括性介绍。芯片选型时首先阅读此部分
	引脚说明	详细描述每个引脚功能,设计原理图和写程序时需要参考
	内存映射	芯片内存映射,列举每个总线的地址和包含的外设
	封装特性	芯片封装,引脚长度、宽度等

数据手册主要在芯片选型和设计原理图时参考,参考手册主要在编程的时候查阅。官方的两个文档可以从官方网址中下载:http://www.stmcu.org/document/list/index/category-150。引脚定义说明如表 1.3.5 所示。

例如,Fl03 指南者使用的 MCU 型号是 STM32F103VET6,封装为 LQFPIOO。在数据手册中找到这个封装的引脚定义,然后根据引脚序号,一个一个复制出来,整理成 Excel 表。具体整理方法按照表 1.3.3 画原理图时的引脚分类即可。分配好后就可以开始画原理图了。

表 1.3.5　引脚定义说明

名称	缩写	说明
引脚序号	阿拉伯数字表示 LQFP 封装,英文字母开头表示 BGA 封装	
引脚名称	复位状态下的引脚名称	
引脚类型	S	电源
	I	输入
	I/O	输入/输出
I/O 结构	FT	兼容 5 V
	TTa	只支持 3.3 V,且直接到 ADC
	B	BOOT 引脚
	RST	复位引脚,内部带弱上拉
主功能	每个引脚复位后的功能	
复用功能	这里指的是 I/O 默认的复用功能	
重映射功能	I/O 可以通过重映射的方法映射到其他的 I/O,其可以增加 I/O 口功能的多样性和灵活性	

1.4　STM32 单片机的时钟配置

STM32 单片机的时钟系统比较复杂,但又十分重要。理解 STM32 单片机的时钟系统对理解 STM32 单片机十分重要。

1.4.1　认识时钟树

数字电路的知识告诉我们:任意复杂的电路控制系统都可以经由门电路组成的组合电路实现。STM32 单片机内部也是由多种多样的电路模块组合在一起实现的。当一个电路越复杂,在达到正确的输出结果前,它越可能因为延时而出现一些短暂的中间状态,而这些中间状态有时会导致输出结果有一个短暂的错误,这叫作电路中的"毛刺现象",如果电路需要运行得足够快,那么这些错误状态会被其他电路作为输入采样,最终形成一系列的系统错误。为了解决这个问题,在设计单片机系统时,以时序电路控制替代纯粹的组合电路,在每一级输出结果前对各个信号进行采样,从而使得电路中的某些信号即使出现延时,也可以保证各个信号的同步,可以避免电路中发生的"毛刺现象",达到精确控制输出的效果。

由于时序电路的重要性,在 MCU 设计时设计了专门用于控制时序的电路,在芯片设计中被称为"时钟树"。由此设计出来的时钟,可以精确地控制单片机系统,这也是本节要展开分析的时钟分析。为什么是时钟树而不是时钟呢? 一个 MCU 越复杂,时钟系统也会相应地变得复杂,如 STM32F1 的时钟系统比较复杂,不像简单的 51 单片机的一个系统时钟就可以解决一切。对于 STM32F1 系列的芯片,正常工作的主频可以达到 72 MHz,但并不是所有外设都需要系统时钟这么高的频率,比如看门狗及 RTC 只需要几十 kHz 的时钟即可。同一个电路,时钟越快功耗越大,同时抗电磁干扰能力也越弱,所以对于较为复杂的 MCU 一般都是采取多时钟源的方法来解决这些问题。

STM32 本身非常复杂,外设非常多,为了保持低功耗工作,STM32 的主控默认不开启这些外设功能。用户可以根据自己的需要决定 STM32 芯片要使用的功能,这个功能开关在 STM32 主控中也就是各个外设的时钟。

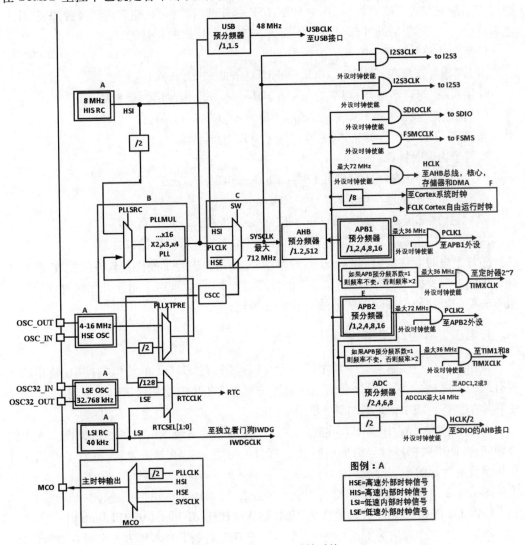

图 1.4.1　STM32F1 时钟系统

图 1.4.1 为一个简化的 STM32F1 时钟系统。图中已经把需要主要关注的几处进行标注。A 部分表示其他电路需要的输入源时钟信号;B 为一个特殊的振荡电路"PLL",由几个部分构成;C 为需要重点关注的 MCU 内的主时钟"SYSCLK";AHB 预分频器将 SYSCLK 分频或不分频后分发给其他外设进行处理,包括到 F 部分的 Cortex-M 内核系统

的时钟。D、E 分别为定时器等外设的时钟源 APB1/APB2。G 是 STM32 的时钟输出功能,接下来详细了解这些部分的功能。

1.4.2　时钟源

对于 STM32F1,输入时钟源(Input Clock)主要包括 HSI、HSE、LSI、LSE。其中,从时钟频率来讲,可以分为高速时钟源和低速时钟源,其中 HSI、HSE 为高速时钟源,LSI 和 LSE 为低速时钟源。从来源来讲,可分为外部时钟源和内部时钟源,外部时钟源是从外部通过接晶振的方式获取时钟源,其中 HSE、LSE 是外部时钟源;其他为内部时钟源,芯片上电即可产生,不需要借助外部电路。下面为 STM32 单片机的时钟源。

1. 两个外部时钟源

(1)高速外部振荡器 HSE (High Speed External Clock signal)。

外接石英/陶瓷谐振器,频率为 4～16 MHz。本开发板使用的是 8 MHz。

(2)低速外部振荡器 LSE (Low Speed External Clock signal)。

外接 32.758 kHz 石英晶体,主要作用于 RTC 的时钟源。

2. 两个内部时钟源

(1)高速内部振荡器 HSI(High Speed Internal Clock signal)。

由内部 RC 振荡器产生,频率为 8 MHz。

(2)低速内部振荡器 LSI(Low Speed Internal Clock signal)。

由内部 RC 振荡器产生,频率为 40 kHz,可作为独立看门狗的时钟源。

芯片上电时默认由内部的 HSI 时钟启动,如果用户进行了硬件和软件的配置,芯片才会根据用户配置调试,尝试切换到对应的外部时钟源,所以同时了解这几个时钟源信号是很有必要的。如何设置时钟的方法会在后文提到。

1.4.3　锁相环 PLL

锁相环是自动控制系统中常用的一个反馈电路,在 STM32 单片机主控中,锁相环主要有两个作用:输入时钟净化和倍频。前者是利用锁相环电路的反馈机制实现,后者用于使芯片在更高且频率稳定的时钟下工作。

在 STM32 单片机中,锁相环的输出也可以作为芯片系统的时钟源。根据图 1.4.1 的时钟结构,使用锁相环时只需要进行 3 个部分的配置。为了方便查看,截取了使用 PLL 作为系统时钟源的配置部分(图 1.4.2)。

图 1.4.2 借用了在 CubeMX 下用锁相环配置 72 MHz 时钟的一个示例:

1. PLLXTPRE:HSE 分频器作为 PLL 输入 (HSE divider for PLL entry)

图 1.4.2 中在标注为①的地方,是专门用于 HSE 的,ST 有两种方式来对它进行设计,并把它的控制功能放在 RCC_CFGR 寄存器中(图 1.4.3)。

从 F103 参考手册可知,它的值有两种:一种是 2 分频,另一种是 1 分频(不分频)。经过 HSE 分频器处理后的输出振荡时钟信号比直接输入的时钟信号更稳定。

2. PLLSRC:PLL 输入时钟源 (PLL entry clock source)

图 1.4.2 中②表示的是 PLL 时钟源的选择器,同样参考 F103 参考手册(图 1.4.4)。

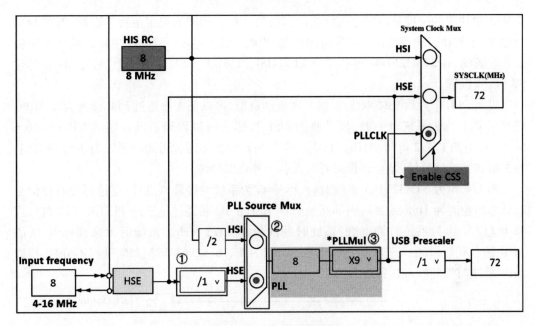

图 1.4.2　PLL 时钟配置

位17	**PLLXTPRE：HSE分频器作为PLL输入（HSE divider for PLL entry）** 由软件置"1"或清"0"来分频HSE后作为**PLL**输入时钟。只能在关闭**PLL**时才能写入此位。 **0：HSE不分频** **1：HSE2分频**

图 1.4.3　PLLXTPRE 设置选项值

位16	**PLLSRC：PLL输入时钟源（PLL entry clock source）** 由软件置"1"或清"0"来选择**PLL**输入时钟源。只能在关闭**PLL**时才能写入此位。 **0：HIS振荡器时钟经2分频后作为PLL输入时钟** **1：HSE时钟作为PLL输入时钟**

图 1.4.4　PLLSRC 锁相环时钟源选择

　　它有两种可选择的输入源：一种是设计为 HSI 的 2 分频时钟，另一种是 A 处的
PLLXTPRE 处理后的 HSE 信号。

3. PLLMUL：PLL 倍频系数（PLL multiplication factor）

　　图 1.4.2 中③所表示的是配置锁相环倍频系数，同样可以查到在 STM32F1 系列中，
ST 设置其有效倍频范围为 2 ~ 16 倍。

　　结合图 1.4.2，要实现 72 MHz 的主频率，通过选择 HSE 不分频作为 PLL 输入的时钟
信号，即输入 8 MHz，通过标号③选择倍频因子，可选择 2 ~ 16 倍频或 9 倍频，这样得到的
时钟信号为 8×9 = 72 MHz。

1.4.4　系统时钟 SYSCLK

　　STM32 单片机的系统时钟 SYSCLK 为整个芯片提供了时序信号。我们已经大致知道

STM32 单片机的主控是由时序电路连接起来的。对于相同的稳定运行的电路,时钟频率越高,指令的执行速度越快,单位时间内能处理的功能越多。STM32 单片机的系统时钟是可配置的,在 STM32F1 系列中,它可以为 HSI、PLLCLK、HSE 中的一个,通过 CFGR 的位 SW[1:0]设置。

讲解 PLL 作为系统时钟时,根据开发板的资源,可以把主频通过 PLL 设置为72 MHz。仍使用 PLL 作为系统时钟源,如果使用 HSI/2,那么可以得到最高主频 8 MHz/2×16 = 64 MHz。由图 1.4.2 可知,AHB、APB1、APB2、内核时钟等时钟可通过系统时钟分频得到。根据得到的系统时钟,结合外设来看一看各个外设时钟源。

图 1.4.5 为 STM32F103 系统时钟,标号 C 为系统时钟输入选择,可选择的时钟信号有外部高速时钟 HSE(8 M)、内部高速时钟 HSI(8 M)和经过倍频的 PLLCLK(72 M),选择 PLLCLK 作为系统时钟,此时系统时钟的频率为 72 MHz。系统时钟来到标号 D 的 AHB 预分频器,其中可选择的分频系数为 1、2、4、8、16、32、64、128、256,选择不分频,所以 AHB 总线时钟的频率达到最大的 72 MHz。

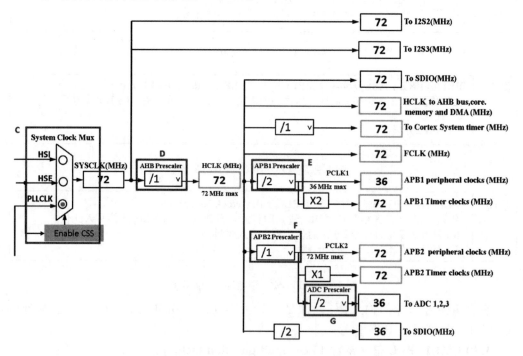

图 1.4.5　STM32F103 系统时钟

下面介绍一下由 AHB 总线时钟得到的时钟:

APB1 总线时钟,可由 HCLK 经过标号 E 的低速 APB1 预分频器得到,分频因子可以选择 1、2、4、8、16,这里选择的是 2 分频,所以 APB1 总线时钟的频率为 36 MHz。由于 APB1 是低速总线时钟,所以 APB1 总线的最高频率为 36 MHz,片上低速的外设挂载在该总线上,如看门狗定时器、定时器 2/3/4/5/6/7、RTC 时钟、USART2/3/4/5、SPI2(I2S2)与 SPI3(I2S3)、I2C1 与 I2C2、CAN、USB 设备和 2 个 DAC 等。

APB2 总线时钟可由 HCLK 经过标号 F 的高速 APB2 预分频器得到,分频因子可以选择 1、2、4、8、16，这里选择的是 1 分频（即不分频），所以 APB2 总线时钟的频率为 72 MHz。与 APB2 高速总线链接的外设有外部中断与唤醒控制、7 个通用目的输入/输出口（PA、PB、PC、PD、PE、PF 和 PG）、定时器 1、定时器 8、SPI1、USART1、3 个 ADC 和内部温度传感器。其中标号 G 是 ADC 的预分频器，该部分会在后面 ADC 实验中详细说明。

此外，AHB 总线时钟可直接作为 SDIO、FSMC、AHB 总线、Cortex 内核、存储器和 DMA 的 HCLK 时钟，并作为 Cortex 内核自由运行时钟 FCLK。

标号 H 是 USBCLK，是一个通用串行接口时钟，此时钟来源于 PLLCLK。STM32F103 内置全速功能的 USB 外设，其串行接口引擎需要一个频率为 48 MHz 的时钟源。该时钟源只能从 PLL 输出端获取，可以选择为 1.5 分频或 1 分频，也就是当需要使用 USB 模块时，PLL 必须使能，并且时钟频率为 48 MHz 或 72 MHz。

标号 I 是 MCO 输出内部时钟，即 STM32 单片机的一个时钟输出 IO（PA8），它可以选择一个时钟信号输出，可以选择为 PLL 输出的 2 分频、HSI、HSE 或系统时钟。这个时钟可以用来给外部其他系统提供时钟源。

标号 J 是 RTC 定时器，其时钟源为 HSE/128、LSE 或 LSI。

1.4.5　时钟信号输出 MCO

STM32 单片机允许通过 MCO 引脚输出一个稳定的时钟信号，即图 1.4.6 中标注为 "G" 的部分，以下 4 个时钟信号可被选作 MCO 时钟。

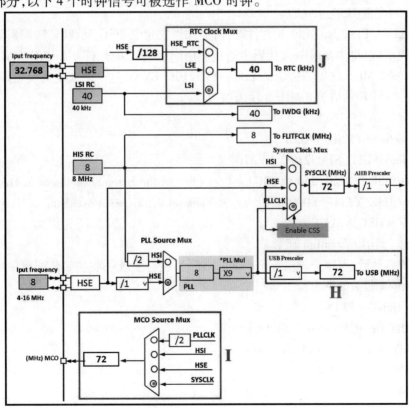

图 1.4.6　USB、RTC、MCO 相关时钟

(1)SYSCLK;

(2)HSI;

(3)HSE;

(4)除 2 的 PLL 时钟。

时钟的选择由时钟配置寄存器(RCC_CFGR)中的 MCO[2:0]位控制。

可以通过 MCO 引脚来输出时钟信号,以测试输出时钟的频率,或作为其他需要时钟信号的外部电路的时钟。

1.5　如何修改主频

STM32F103 在默认的情况下(如串口 IAP 或未初始化时钟)使用的是内部 8 M 的 HSI 作为时钟源,所以不需要外部晶振也可以下载和运行代码。

如何让 STM32F103 芯片在 72 MHz 的频率下工作,72 MHz 是官方推荐使用的最高的稳定时钟频率,而正点原子的 STM32F103 战舰开发板的外部高速晶振的频率就是8 MHz,在这个晶振频率的基础上,通过各种倍频和分频得到 72 MHz 的系统工作频率。

1.5.1　STM32F1 时钟系统配置

STM32F1 时钟系统配置过程很重要,可以按以下步骤进行。

第 1 步:配置 HSE_VALUE。

讲解 STM32F1xx_hal_conf. h 文件时,需要知道宏定义 HSE_VALUE 匹配实际硬件的高速晶振频率(这里为 8 MHz),代码中通过使用宏定义的方式来选择 HSE_VALUE 的值是 25 MHz 或 8 MHz,这里不去定义 USE_STM3210C_EVAL 这个宏或全局变量即可,选择定义 HSE_VALUE 的值为 8 MHz。代码如下:

```
#if ! defined (HSE_VALUE)
#if defined(USE_STM3210C_EVAL)
#define HSE_VALUE 25000000U/ * ! < Value of the External oscillator in Hz */#else
#define HSE_VALUE 8000000U/ * ! < Value of the External oscillator in Hz */#endif
#endif/ * HSE_VALUE */
```

第 2 步:调用 SystemInit 函数。

在系统启动后,程序会先执行 SystemInit 函数,进行系统一些初始化配置。启动代码调用 SystemInit 函数如下:

```
Reset_Handler PROC
EXPORT Reset_Handler [WEAK]
IMPORT SystemInit IMPORT _main
LDR R0, =SystemInit
BLX R0
LDR R0 = _main
```

BX R0

ENDP

下面为 system_stm32f1xx.c 文件下定义的 SystemInit 程序,源码在第 176 行到第 188 行,简化函数如下:

void SystemInit(void)

{

\#if defined(STM32F100xE) || defined(STM32F101xE) || defined(STM32F101xG) || defined(STM32F103xE) || defined(STM32F103xG)

\#ifdef DATA_IN_ExtSRAM

SystemInit_ExtMemCtl();

\#endif/ * 配置扩展 SRAM * /

\#endif

/ * 配置中断向量表 * /

\#if defined(USER_VECT_TAB_ADDRESS)

SCB->VTOR = VECT_TAB_BASE_ADDRESS | VECT_TAB_OFFSET;/ * Vector Table Reloca- tion in Internal SRAM. * /

\#endif/ * USER_VECT_TAB_ADDRESS * /

从以上代码可以看出,SystemInit 主要做了如下两个方面的工作。

(1)外部存储器配置。

(2)中断向量表地址配置。

然而,代码中实际并没有定义 DATA_IN_ExtSRAM 和 USER_VECT_TAB_ADDRESS 这两个宏。实际上,SystemInit 对于正点原子的例程并没有起作用,但却保留了这个接口,从而避免了去修改启动文件。另外,可以把一些重要的初始化放到 SystemInit 中,在 main 函数运行前就把重要的一些初始化配置好(如 ST 在运行 main 函数前先把外部的 SRAM 初始化),这个一般用不到,直接到 main 函数中处理即可,但也有厂商(如 RT-Thread)采取了这样的做法,使得 main 函数变得更加简单,但对于初学者,此处暂时不建议这种用法。

HAL 库的 SystemInit 函数没有任何时钟相关配置,所以后续的初始化步骤,还需要编写自己的时钟配置函数。

第 3 步:在 main 函数里调用用户编写的时钟设置函数。

打开 HAL 库例程实验 1 跑马灯实验,查阅在工程目录 Drivers\SYSTEM 分组下面定义的 sys.c 文件中的时钟设置函数 sys_stm32_clock_init 的内容:

/ * *

 * @ brief 系统时钟初始化函数

 * @ param plln:PLL 倍频系数(PLL 倍频),取值范围:2 ~ 16 中断向量表位置在启动时已经在 SystemInit()中初始化

 * @ retval 无 * /

```
void sys_stm32_clock_init( uint32_t plln)
{
    HAL_StatusTypeDef ret = HAL_ERROR;
    RCC_OscInitTypeDef rcc_osc_init = {0};
    RCC_ClkInitTypeDef rcc_clk_init = {0};
    rcc_osc_init. OscillatorType = RCC_OSCILLATORTYPE_HSE;/* 选择要配置
HSE */
    rcc_osc_init. HSEState = RCC_HSE_ON;/* 打开 HSE */
    rcc_osc_init. HSEPredivValue = RCC_HSE_PREDIV_DIV1;/* HSE 预分频系数
*/
    rcc_osc_init. PLL. PLLState = RCC_PLL_ON;/* 打开 PLL */
    rcc_osc_init. PLL. PLLSource = RCC_PLLSOURCE_HSE;/* PLL 时钟源选择
HSE */
    rcc_osc_init. PLL. PLLMUL = plln;/* PLL 倍频系数 */
    ret = HAL_RCC_OscConfig( &rcc_osc_init);/* 初始化 */
    if ( ret ! = HAL_OK)
    {
    while ( 1);/* 时钟初始化失败后,程序可能无法正常执行,可以在这里加入自己的
处理 */}
    /* 选中 PLL 作为系统时钟源并且配置 HCLK、PCLK1 和 PCLK2 */
    rcc_clk_init. ClockType = ( RCC_CLOCKTYPE_SYSCLK | RCC_CLOCKTYPE_HCLK
    | RCC_CLOCKTYPE_PCLK1 | RCC_CLOCKTYPE_PCLK2);
    rcc_clk_init. SYSCLKSource = RCC_SYSCLKSOURCE_PLLCLK;/* 设置系统时
钟来自 PLL */
    rcc_clk_init. AHBCLKDivider = RCC_SYSCLK_DIV1;/* AHB 分频系数为 1 */
    rcc_clk_init. APB1CLKDivider = RCC_HCLK_DIV2;/* APB1 分频系数为 2 */
    rcc_clk_init. APB2CLKDivider = RCC_HCLK_DIV1;/* APB2 分频系数为 1 *//
* 同时设置 FLASH 延时周期为 2WS,也就是 3 个 CPU 周期 */
    ret = HAL_RCC_ClockConfig( &rcc_clk_init, FLASH_LATENCY_2);
    if ( ret ! = HAL_OK)
    {
    while ( 1);/* 时钟初始化失败后,程序可能无法正常执行,可以在这里加入自己的
处理 */}
    }
    /* 选中 PLL 作为系统时钟源并且配置 HCLK、PCLK1 和 PCLK2 */
    rcc_clk_init. ClockType = ( RCC_CLOCKTYPE_SYSCLK | RCC_CLOCKTYPE_HCLK
    | RCC_CLOCKTYPE_PCLK1 | RCC_CLOCKTYPE_PCLK2);
```

rcc_clk_init. SYSCLKSource = RCC_SYSCLKSOURCE_PLLCLK;/ * 设置系统时钟来自 PLL */

rcc_clk_init. AHBCLKDivider = RCC_SYSCLK_DIV1;/ * AHB 分频系数为 1 */

rcc_clk_init. APB1CLKDivider = RCC_HCLK_DIV2;/ * APB1 分频系数为 2 */

rcc_clk_init. APB2CLKDivider = RCC_HCLK_DIV1;/ * APB2 分频系数为 1 *// * 同时设置 FLASH 延时周期为 2WS,即 3 个 CPU 周期 */

ret = HAL_RCC_ClockConfig(&rcc_clk_init, FLASH_LATENCY_2);

if (ret ! = HAL_OK)

{

while (1);/ * 时钟初始化失败后,程序可能无法正常执行,可以在这里加入自己的处理 */}

}

函数 sys_stm32_clock_init 是用户的时钟系统配置函数,除配置 PLL 相关参数确定 SYSCLK 值外,还配置了 AHB、APB1 和 APB2 的分频系数,即确定 HCLK、PCLK1 和 PCLK2 的时钟值。

使用 HAL 库配置 STM32F1 时钟系统的一般步骤如下:

(1)配置时钟源相关参数:调用函数 HAL_RCC_OscConfig( )。

(2)配置系统时钟源及 SYSCLK、AHB、APB1 和 APB2 的分频系数:调用函数 HAL_RCC_ClockConfig( )。

下面详细讲解以上两个步骤。

步骤 1:配置时钟源的相关参数,令其使能并选择 HSE 作为 PLL 时钟源,配置 PLL1,调用的函数为 HAL_RCC_OscConfig( ),该函数在 HAL 库头文件 STM32F1xx_hal_rcc. h 中声明,在文件 STM32F1xx_hal_rcc. c 中定义。该函数声明如下:

HAL_StatusTypeDef　HAL_RCC_OscConfig(RCC_OscInitTypeDef * RCC_OscInitStruct);

该函数只有一个形参,即结构体 RCC_OscInitTypeDef 类型指针。结构体 RCC_OscInitTypeDef 的定义如下:

typedef struct

{

uint32_t OscillatorType;/ * 需要选择配置的振荡器类型 */

uint32_t HSEState;/ * HSE 状态 */

uint32_t HSEPredivValue;/ * HSE 预分频值 */

uint32_t LSEState;/ * LSE 状态 */

uint32_t HSIState;/ * HIS 状态 */

uint32_t HSICalibrationValue;/ * HIS 校准值 */

uint32_t LSIState;/ * LSI 状态 */RCC_PLLInitTypeDef PLL;/ * PLL 配置 */

}RCC_OscInitTypeDef;

该结构体前面几个参数主要用来选择配置的振荡器类型。比如开启 HSE,需要设置

OscillatorType 的值为 RCC_OSCILLATORTYPE_HSE,再设置 HSEState 的值为 RCC_HSE_ON 来开启 HSE。对于 HIS、LSI、LSE 等其他时钟源,配置方法类似。

RCC_OscInitTypeDef 这个结构体还有一个很重要的成员变量是 PLL,它是结构体 RCC_PLLInitTypeDef 类型,其作用为配置 PLL 相关参数,它的定义如下:

```
typedef struct
{
    uint32_t PLLState;/*PLL 状态*/
    uint32_t PLLSource;/*PLL 时钟源*/
    uint32_t PLLMUL;/*PLL 倍频系数 M*/
}RCC_PLLInitTypeDef;
```

从 RCC_PLLInitTypeDef 结构体的定义很容易看出该结构体主要用来设置 PLL 时钟源及相关分频倍频参数。这个结构体定义的相关内容请结合时钟树中的内容一起理解。

时钟初始化函数 sys_stm32_clock_init 中的配置内容如下:

```
/*使能 HSE,并选择 HSE 作为 PLL 时钟源,配置 PLLMUL*/
RCC_OscInitTypeDef rcc_osc_init = {0};
rcc_osc_init.OscillatorType = RCC_OSCILLATORTYPE_HSE;/*使能 HSE*/
rcc_osc_init.HSEState = RCC_HSE_ON;/*打开 HSE*/
rcc_osc_init.HSEPredivValue = RCC_HSE_PREDIV_DIV1;/*HSE 预分频*/
rcc_osc_init.PLL.PLLState = RCC_PLL_ON;/*打开 PLL*/
rcc_osc_init.PLL.PLLSource = RCC_PLLSOURCE_HSE;/*PLL 时钟源为 HSE*/
rcc_osc_init.PLL.PLLMUL = plln;/*主 PLL 倍频因子*/
ret = HAL_RCC_OscConfig(&rcc_osc_init);/*初始化*/
```

通过函数的该段程序开启 HSE 时钟源,同时选择 PLL 时钟源为 HSE,再把 sys_stm32_clock_init 的形参直接设置为 PLL 的参数 M 的值,这样就达到设置 PLL 时钟源相关参数的目的。

设置好 PLL 时钟源参数后,即确定了 PLL 的时钟频率,然后到达步骤 2。

步骤 2:配置系统时钟源及 SYSCLK、AHB、APB1 和 APB2 相关参数,用函数 HAL_RCC_ClockConfig(),声明如下:

HAL_StatusTypeDef HAL_RCC_ClockConfig(RCC_ClkInitTypeDef * RCC_ClkInitStruct, uint32_t FLatency);

该函数有两个形参,第一个形参 RCC_ClkInitStruct 是结构体 RCC_ClkInitTypeDef 类型指针变量,用于设置 SYSCLK 时钟源及 SYSCLK、AHB、APB1 和 APB2 的分频系数。第二个形参 FLatency 用于设置 FLASH 延迟。

RCC_ClkInitTypeDef 结构体类型定义比较简单,其定义如下:

```
typedef struct
{
    uint32_t ClockType;/*要配置的时钟*/
    uint32_t SYSCLKSource;/*系统时钟源*/
```

uint32_t AHBCLKDivider;/＊AHB 分频系数＊/

uint32_t APB1CLKDivider;/＊APB1 分频系数＊/uint32_t APB2CLKDivider;／＊APB2 分频系数＊/

｜RCC_ClkInitTypeDef;

在 sys_stm32_clock_init 函数中的实际应用配置内容如下:

/＊＊＊＊＊＊＊＊＊＊＊＊＊＊＊＊具体配置＊＊＊＊＊＊＊＊＊＊＊＊＊＊＊＊＊＊＊＊＊＊＊/

/＊选中 PLL 作为系统时钟源并且配置 HCLK、PCLK1 和 PCLK2＊/

/＊设置系统时钟时钟源为 PLL＊/

/＊AHB 分频系数为 1＊//＊APB1 分频系数为 2＊//＊APB2 分频系数为 1＊/

/＊同时设置 FLASH 延时周期为 2WS,即 3 个 CPU 周期＊/

rcc_clk_init. ClockType = (RCC_CLOCKTYPE_SYSCLK ｜

RCC_CLOCKTYPE_HCLK ｜

RCC_CLOCKTYPE_PCLK1 ｜ RCC_CLOCKTYPE_PCLK2);

rcc_clk_init. SYSCLKSource = RCC_SYSCLKSOURCE_PLLCLK;

rcc_clk_init. AHBCLKDivider = RCC_SYSCLK_DIV1;

rcc_clk_init. APB1CLKDivider = RCC_HCLK_DIV2; rcc_clk_init. APB2CLKDivider = RCC_HCLK_DIV1;

ret = HAL_RCC_ClockConfig(&rcc_clk_init, FLASH_LATENCY_2);

sys_stm32_clock_init 函数中的 RCC_ClkInitTypeDef 结构体配置内容:

第一个参数 ClockType 表示要配置的是 SYSCLK、HCLK、PCLK1 和 PCLK 四个时钟。

第二个参数 SYSCLKSource 配置选择系统时钟源为 PLL。

第三个参数 AHBCLKDivider 配置 AHB 分频系数为 1。

第四个参数 APB1CLKDivider 配置 APB1 分频系数为 2。

第五个参数 APB2CLKDivider 配置 APB2 分频系数为 1。

根据在 mian 函数中调用 sys_stm32_clock_init(RCC_PLL_MUL9)时设置的形参数值,可以计算出,PLL 时钟为 PLLCLK = HSE×9 = 8 MHz×9 = 72 MHz。同时选择系统时钟源为 PLL,所以系统时钟 SYSCLK=72 MHz。AHB 分频系数为 1,故频率为 HCLK=SYSCLK/1 = 72 MHz。APB1 分频为 2,故其频率为 PCLK1=HCLK/2=36 MHz。APB2 分频系数为 1,故其频率为 PCLK2=HCLK/1=72 MHz。

总结一下通过调用函数 sys_stm32_clock_init(RCC_PLL_MUL9)后的关键时钟频率值:

SYSCLK(系统时钟)= 72 MHz;

PLL 主时钟 =72 MHz;

AHB 总线时钟(HCLK=SYSCLK/1)= 72 MHz;

APB1 总线时钟(PCLK1=HCLK/2)= 36 MHz;

APB2 总线时钟(PCLK2=HCLK/1)= 72 MHz。

函数 HAL_RCC_ClockConfig 第二个入口参数 FLatency 的含义如下:为了使 FLASH

读写正确(因为 72 MHz 的时钟比 FLASH 的操作速度 24 MHz 要快得多,操作速度不匹配容易导致 FLASH 操作失败),所以需要设置延时时间。对于 STM32F1 系列,FLASH 延迟配置参数值是通过图 1.5.1 来确定的,具体可以参考《STM32F10xxx 闪存编程参考手册》中第 3 节寄存器说明及第 3.1 节闪存访问控制寄存器。

```
LATENCY:时延
这些位表示SYSCLK(系统时钟)周期与闪存访问时间的比例
000:零等待状态,当0<SYSCLK≤24 MHz
001:一个等待状态,当24 MHz<SYSCLK≤48 MHz
001:两个等待状态,当48 MHz<SYSCLK≤72 MHz
```

图 1.5.1   FLASH 推荐的等待状态和编程延迟数

通过以上可以看出,设置值为 FLASH_LATENCY_2,也就是 2WS(3 个 CPU 周期),因为经过上面的配置后,系统时钟频率达到了最高的 72 MHz,对应的是两个等待状态,所以应选择 FLASH_LATENCY_2。

1.5.2   STM32F1 时钟使能和配置

上一节的内容为时钟系统配置。在配置好时钟系统后,如果要使用某些外设,如 GPIO、ADC 等,还要使能这些外设时钟。需要注意的是,如果在使用外设前没有使能外设时钟,这个外设是不可能正常运行的。STM32 单片机的外设时钟使能是在 RCC 相关寄存器中配置的。因为 RCC 相关寄存器非常多,有兴趣的同学可以直接打开《STM32F10xxx 参考手册_V10(中文版)》中 6.3 小节,去查看所有 RCC 相关寄存器的配置。通过 STM32F1 的 HAL 库使能外设时钟的方法如下。

在 STM32F1 的 HAL 库中,外设时钟使能操作都是在 RCC 相关固件库文件头文件 STM32F1xx_hal_rcc.h 定义的。打开 STM32F1xx_hal_rcc.h 头文件可以看到,文件中除少数几个函数声明外,大部分都是宏定义标识符。外设时钟使能在 HAL 库中都是通过宏定义标识符来实现的。GPIOA 的外设时钟使能宏定义标识符如下:

```
#define _HAL_RCC_GPIOA_CLK_ENABLE( )do | \
_IO uint32_t tmpreg; \
                    SET_BIT(RCC->APB2ENR, RCC_APB2ENR_IOPAEN);\
                     tmpreg = READ_BIT(RCC->APB2ENR, RCC_APB2ENR_IO-
PAEN);\
                    UNUSED(tmpreg); \
| while(0U)
```

这段代码主要定义一个宏定义标识符:_HAL_RCC_GPIOA_CLK_ENABLE( ),它的核心操作是通过以下这行代码实现的:

SET_BIT(RCC->APB2ENR, RCC_APB2ENR_IOPAEN);

这行代码的作用是设置寄存器 RCC→APB2ENR 的相关位为 1,至于是哪个相关位,是由宏定义标识符 RCC_APB2ENR_IOPAEN 的值决定的,而它的值如下:

```
#define RCC_APB2ENR_IOPAEN_Pos (0U)
#define RCC_APB2ENR_IOPAEN_Msk (0x1UL << RCC_APB2ENR_IOPAEN_Pos)
#define RCC_APB2ENR_IOPAEN RCC_APB2ENR_IOPAEN_Msk
```

以上 3 行代码很容易计算出 RCC_APB2ENR_IOPAEN =（0x00000001<<2），因此以上代码的作用是设置寄存器 RCC->APB2ENR 的位 2 为 1。可以从 STM32F1 的参考手册中搜索 APB2ENR 寄存器的定义，位 2 的作用是用来使用 GPIOA 时钟。APB2ENR 寄存器的位 2 描述如下：

位 0 IOPAEN：IO 端 A 时钟使能（I/O port A clock enable）

由软件置'1'或清'0'

0：IO 端口 A 时钟关闭，1：IO 端口 A 时钟开启。

那么只需要在用户程序中调用宏定义标识符就可以实现 GPIOA 时钟使能。使用方法：

_HAL_RCC_GPIOA_CLK_ENABLE()；/＊使能 GPIOA 时钟＊/

对于其他外设，同样是在 STM32F1xx_hal_rcc.h 头文件中定义，大家只需要找到相关宏定义标识符即可，这里列出几个常用的使能外设时钟的宏定义标识符使用方法：

_HAL_RCC_DMA1_CLK_ENABLE()；/＊使能 DMA1 时钟＊/_HAL_RCC_USART2_CLK_ENABLE()；/＊使能串口 2 时钟＊/_HAL_RCC_TIM1_CLK_ENABLE()；/＊使能 TIM1 时钟＊/

使用外设时需要使能外设时钟，如果不需要使用某个外设，同样可以禁止某个外设时钟。禁止外设时钟使用方法和使能外设时钟非常类似，同样是头文件中定义的宏定义标识符。同样以 GPIOA 为例，宏定义标识符如下：

```
#define _HAL_RCC_GPIOA_CLK_DISABLE()(RCC->APB2ENR)&=~(RCC_APB2ENR_GPIOAEN)
```

宏定义标识符_HAL_RCC_GPIOA_CLK_DISABLE()的作用是设置 RCC→APB2ENR 寄存器的位 2 为 0，也就是禁止 GPIOA 时钟。几个常用的禁止外设时钟的宏定义标识符使用方法如下：

_HAL_RCC_DMA1_CLK_DISABLE()；/＊禁止 DMA1 时钟＊/

_HAL_RCC_USART2_CLK_DISABLE()；/＊禁止串口 2 时钟＊/

_HAL_RCC_TIM1_CLK_DISABLE()；/＊禁止 TIM1 时钟＊/

1.6　工具与平台

1.6.1　J-LINK 仿真器

J-LINK 是 SEGGER 公司为支持仿真 ARM 内核芯片而推出的 JTAG 仿真器。它与众多集成开发环境（如 IAREWAR、ADS、KEIL、WINARM、RealView 等）配合，可支持 ARM7/ARM9/ARM11、Cortex M0/M1/M3/M4、Cortex AS/A8/A9 等内核芯片的仿真。它可与 IAR、KEIL 等编译环境无缝连接，因此操作方便、连接方便、简单易学，是目前学习开发

ARW 最好、最实用的开发工具。

J-LINK 具有 J-Link Plus、J-Link Ultra、J-Link Ultra+、J-Link Pro、J-Link EDU、J-Trace 等多个版本,可以根据不同的需求来选择不同的产品。

J-LINK 为德国 SEGGER 公司原厂产品,目前仅在中国设有代理商,没有国产版本。购买 J-LINK 后,可以通过 SEGGER 官方网站或 SEGGER 公司中国区代理商广州市风标电子联系认证是否为正版产品。

J-LINK 主要用于在线调试,它集程序下载器和控制器为一体,使得 PC 上的集成开发软件能够对 ARM 的运行进行控制,如单步运行、设置断点、查看寄存器等。一般调试信息用串口"打印"出来,好像 VC 用 printf 在屏幕上显示信息一样,通过串口 ARM 可以将需要的信息输出到计算机的串口界面。由于笔记本一般都没有串口,所以常用 USB 转串口电缆或转接头来实现。

作为初学者,J-LINK 和 USB 转串口电缆或转接头这两个设备很常用,价格不贵。

1.6.2　Keil MDK

Keil MDK 是 ARM 公司提供的编译环境。目前,最新的版本支持自动补全关键字的功能,非常方便。Keil 的使用操作非常简单,很容易上手,因为大多数 51 单片机学习者和开发者都非常熟悉这个集成开发环境。网上关于如何用 Keil 进行开发的视频和资料很多。因此,作者倾向于使用 Keil,因为它在国内的用户最多,操作简单,资料丰富。

第2章 STM32单片机程序开发模式

STM32单片机程序的开发模式通常有两种:一种是基于寄存器的开发模式;另一种是基于ST公司官方提供的固件库的开发模式。

2.1 基于寄存器的开发模式

1.该模式的实现原理

(1)理论基础。

了解各功能部件的功能,主要有总线、总线桥、GPIO、定时器和计数器、串行通信US-ART、串行接口总线(SPI、I2C)、中断及其机理等。

熟悉主要寄存器(控制寄存器、模式寄存器、状态寄存器、数据寄存器、中断寄存器等),掌握主要寄存器的功能、每个寄存器位的定义与作用,通过赋值语句来设置或获取相关寄存器的值。

明确程序开发要使用的功能部件及其程序设计要点,能按照要求初始化相关寄存器、查询和设置相关寄存器。

(2)工程模板。

基于寄存器的程序开发模式可以使用更加精简的工程模板,也可以与基于库函数的开发模式一起使用统一的工程模板。关于如何建立STM32单片机系统的工程模板的内容详见第2章的相关部分。

(3)实践基础。

根据准备开发的程序的功能与性能要求,合理规划程序模块,合理选择STM32单片机的功能部件,根据各功能部件程序设计的要点,设计好各模块程序的流程图。采用"分而治之"的思想,先设计、调试各个模块的程序,最后将各模块程序有机组合,再对程序进行统调和测试。

2.基于寄存器的开发模式的实现步骤

(1)首先在桌面建立一个文件夹并将其命名为"寄存器工程模板",在该文件夹中新建两个子文件夹,分别命名为"User"和"Obj"(图2.1.1)。

(2)将主函数、启动文件和头文件放入"User"文件夹(图2.1.2)。在"User"文件夹内新建txt文档,命名为main.c、startup_stm32f10x_hd.s和stm32f10x.h。其中应用芯片所对应的启动文件startup_stm32f10x_hd.s,可以从其他现有工程中复制,也可以从网上资源获取。不同芯片型号所对应的启动文件不同。

(3)打开已经安装好的Keil软件,新建一个工程。在菜单项选择Project→New μvisiona Project,将其保存于新建的"寄存器工程模板"文件夹,命名为Template。在弹出的对话框中,选择一种型号芯片,这里使用f103,选择STM32F103ZE。如图2.1.3所示,

图 2.1.1　新建"寄存器工程模板"文件夹

图 2.1.2　"User"文件夹内文件

选择 OK,弹出"管理运行时环境"界面,如图 2.1.4 所示,选择 cancel。

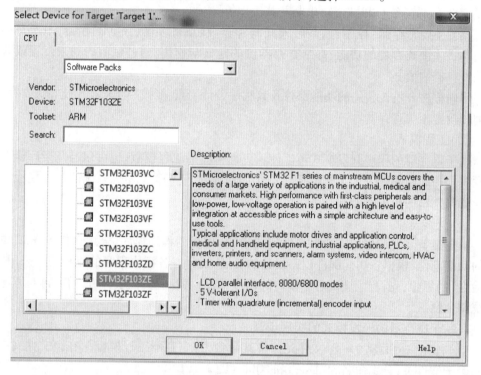

图 2.1.3　芯片型号选择

（4）在出现的 Keil 界面中,点击"Target1"前面的"+",出现"Source Group1"后右键点击,选择"Add Existing Files to Group 'Source Group1'"即将现有文件添加到"源组 1"。弹出文件夹选项,在"寄存器工程模板"文件夹内多出两个文件夹,可以将其删除。选择"User"文件夹,将其中的 3 个文件全部选中,选择"Add",在"Source Group1"下面会出现 3 个文件（图 2.1.5）。

（5）双击图 2.1.5 界面所示的 3 个文件,可以在右侧看到其文件的内容（图 2.1.6）,但

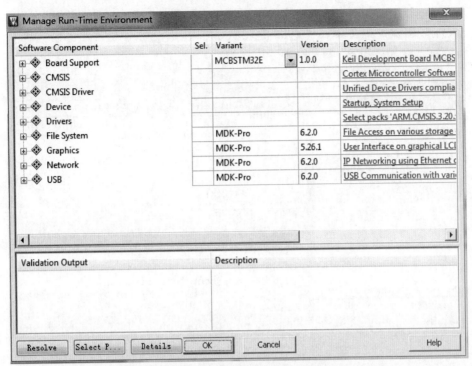

图 2.1.4　"管理运行时环境"界面

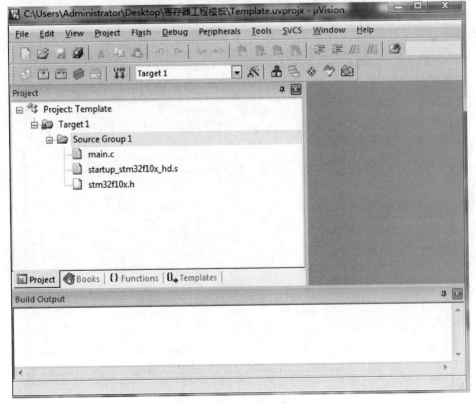

图 2.1.5　添加文件

main. c 和 stm32f10x. h 两个文件内容为空。在相应文件上点击右键即可将其关闭。

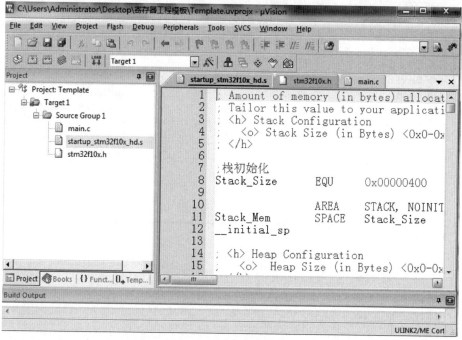

图 2.1.6　显示启动文件

（6）选择菜单栏中的魔术棒工具 ，弹出"工程设置"界面（图 2.1.7），需要对界面中的每项内容进行设置。

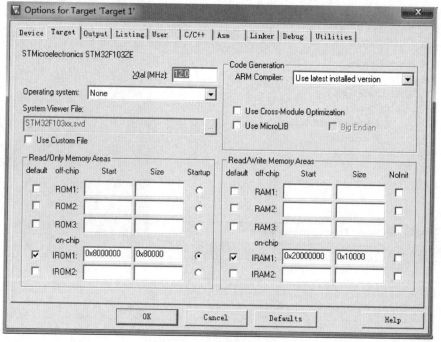

图 2.1.7　"工程设置"界面

（7）在 Device 选项中,芯片型号已经选择完成,如图 2.1.8 所示。

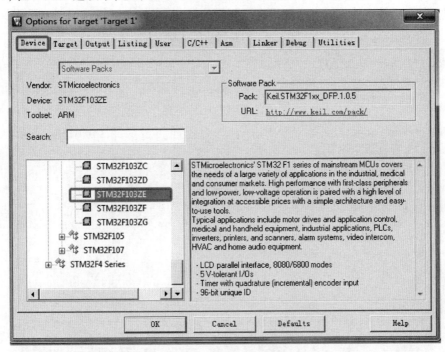

图 2.1.8　芯片型号选择

（8）在 Target 选项中,选择"Use MicroLIB",如图 2.1.9 所示。

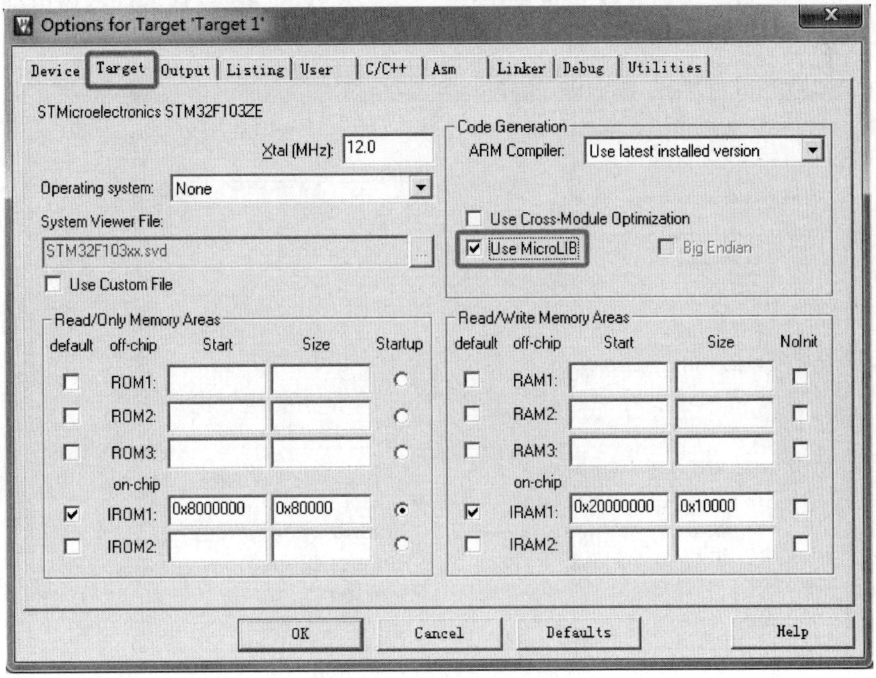

图 2.1.9　Target 选项

（9）在 Output 选项中，选中"Select Folder for Objects"选项，同时选择"Create HEX File"选项，在文件夹输出选项中选择自己创建的"Obj"文件夹，如图 2.1.10 所示。

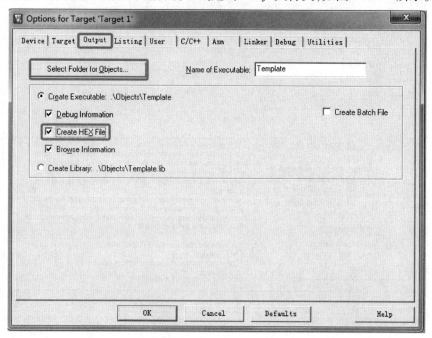

图 2.1.10　Output 选项

（10）在 Listing 选项中，选中"Select Folder for Listings"选项，在文件夹输出选项中选择自己创建的"Obj"文件夹，如图 2.1.11 所示。

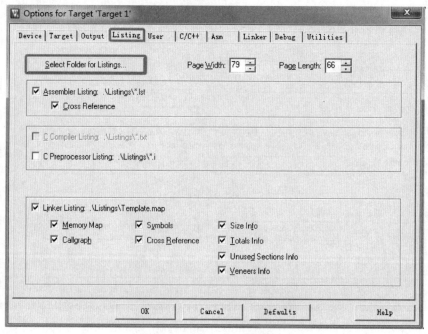

图 2.1.11　Listing 选项

（11）在 Debug 选项中，仿真器选择自己所用的型号，在这里选择 ST-Link Debugger 型号，再选择 Settings 进行设置，如图 2.1.12 和图 2.1.13 所示。

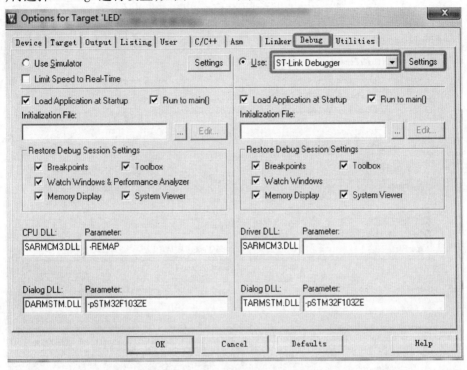

图 2.1.12　Debug 选项

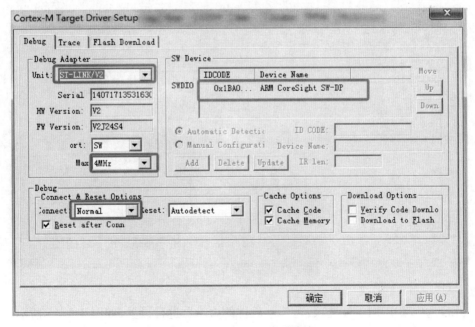

图 2.1.13　Settings 选项设置

（12）在 Utilities 选项中，选中"Use Debug Driver" 选项，点击 Settings 选项，出现如图 2.1.14 所示界面后，点击"确定"即可。

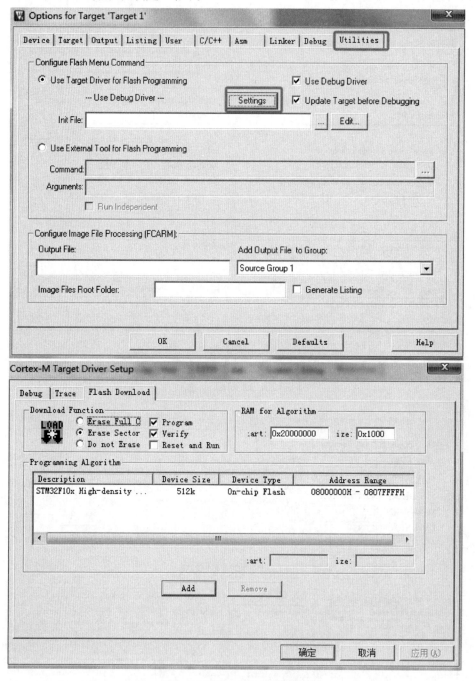

图 2.1.14　Settings 选项界面

（13）选中菜单中的 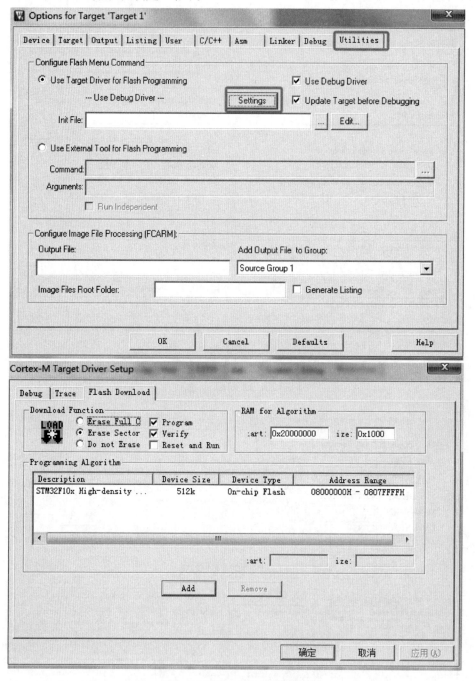 选项，对 Keil 软件的编辑器进行设置，如图 2.1.15 所示。Tab size 缩进的默认值为 2，需要将其改为 4。

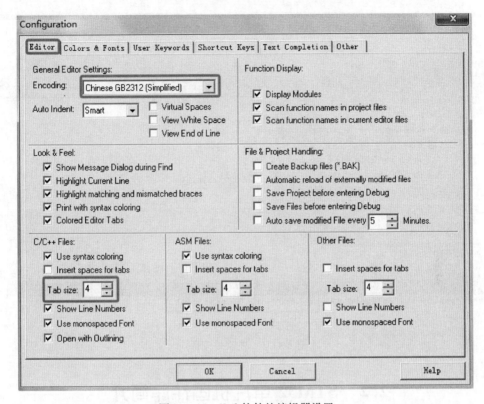

图 2.1.15　Keil 软件的编辑器设置

（14）在 Colors&Fonts 选项中可以对字体的颜色和大小进行更改，在 Text Completion 选项中可以进行代码提示的设置。

（15）选中菜单中的编译 选项，系统运行后会报错。原因是启动文件 startup_stm32f10x_hd. s 的系统复位函数没有进行定义。对其进行修改，在主文件中写入系统复位函数，如图 2.1.16 所示。写好后再对系统进行运行，则显示无错误。可将编译无误的文件下载到单片机中。

3. 基于寄存器的开发模式的特点

（1）与硬件关系密切。程序编写直接面对底层的部件、寄存器和引脚。

（2）要求对 STM32 单片机的结构与原理把握得很清楚。要求编程者比较熟练地掌握 STM32 单片机的体系架构、工作原理，尤其是对寄存器及其功能。

（3）程序代码比较紧凑、短小，代码冗余相对较少，因此源程序生成的机器码比较短小。

（4）开发难度较大、开发周期较长，后期维护、调试比较烦琐。在编程过程中，必须十分熟悉所涉及寄存器及其工作流程，必须按照要求完成相关设置、初始化工作等，开发难度相对较大。如果要进行扩充硬件、增加功能等后期的维护升级，相较于基于固件库的开发模式要困难很多。

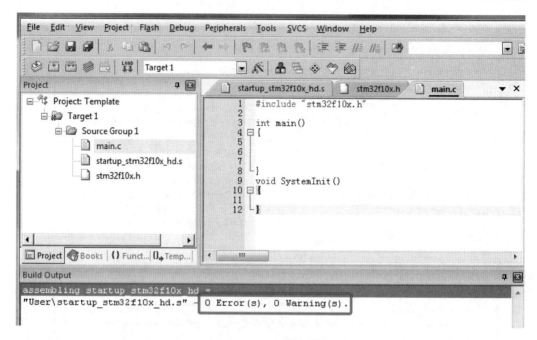

图 2.1.16 主文件编译

2.2 STM32 单片机固件库简介

STM32 单片机标准外设库前的版本也称固件函数库(简称"固件库"),是一个固件函数包,它由程序、数据结构和宏组成,包括微控制器所有外设的性能特征。该函数库还包括每一个外设的驱动描述和应用实例,为开发者访问底层硬件提供了一个中间 API,通过使用固件函数库,无须深入掌握底层硬件细节,开发者就可以轻松应用每一个外设。因此,使用固态函数库可以大大减少用户的程序编写时间,进而降低开发成本。每个外设驱动都由一组函数组成,这组函数覆盖了该外设的所有功能。每个器件的开发都由一个通用应用编程界面(application programming interface, API)驱动,API 对该驱动程序的结构、函数和参数名称都进行了标准化。

2007 年 10 月,ST 公司发布了 V1.0 版本的固件库,MDK ARM3.22 前的版本均支持该库。2008 年 6 月发布了 V2.0 版本的固件库,从 2008 年 9 月推出的 MDK ARM3.23 版本至今均使用 V2.0 版本的固件库。V3.0 后的版本相对于之前的版本改动较大,本书使用的是目前较新的 V3.4 版本。

简单来说,使用标准外设库进行开发最大的优势是可以使开发者不用深入了解底层硬件细节,就可以灵活规范地使用每一个外设。标准外设库覆盖了从 GPIO 到定时器,再到 CAN、I2C、SPI、UART 和 ADC 等所有标准外设。对应的 C 源代码只是用了最基本的 C 编程的知识,所有代码都经过严格测试,易于理解和使用,并配有完整的文档,非常方便进行二次开发和应用。

STM32 固件库是函数的集合,固件库函数的作用是向下负责并与寄存器直接打交道,向上提供用户函数调用的接口(API)。ARM 公司和芯片生产商共同提出了一套 CM-SIS 标准(cortex microcontroller software interface standard),即"ARM CortexTM 微控制器软件接口标准"。CMSIS 分为核内外设访问层、中间件访问层和外设访问层 3 个基本功能层。ARM 是一个做芯片标准的公司,它负责的是芯片内核的架构设计,而 TI、ST 公司,并不是做标准的,只是一个芯片公司,他们根据 ARM 公司提供的芯片内核为标准来设计自己的芯片。任何一个 Cortex-M3 芯片的内核结构都一样,只是在存储器容量、片上外设、端口数量、串口数量及其他模块上有所区别,这些资源可以根据自己的需求理念来设计。同一家公司设计的多种 Cortex-M3 内核芯片的片上外设也会有很大的区别,比如STM32F103RBT 和 STM32F103ZET 在片上外设就有很大的区别。ST 官方库(STM32 固件库)是根据这套 CMSIS 标准设计的。CMSIS 向下负责与内核和各个外设直接打交道,向上提供实时操作系统用户程序调用的函数接口。如果没有 CMSIS 标准,那么各个芯片公司就会设计自己喜欢风格的库函数,而 CMSIS 标准强制规定,芯片生产公司设计的库函数必须按照 CMSIS 规范来设计。CMSIS 还有各个外设驱动文件的文件名字规范化、函数的名字规范化等一系列规定。比如 GPIO_ResetBits 函数的名字是不能随便定义的,要遵循 CMSIS 规范。又如在使用 STM32 芯片时,首先要进行系统初始化,CMSIS 规定系统初始化函数名必须为 SystemInit,所以各个芯片公司写自己的库函数时必须用 SystemInit对系统进行初始化。

1. 实现方式

(1)理论基础。

①了解各功能部件的功能,主要有总线、总线桥、GPIO、定时器和计数器、串行通信USART、串行接口总线(SPI、I2C)、中断及其机理等。

②熟悉固件库中相关部件所涉及的主要库函数各自的功能、调用要领、注意事项,包括系统初始化等函数。

(2)CMSIS 标准。

CMSIS 标准,即 Cortex 微控制器软件接口标准,位于硬件层与操作系统或用户层之间,提供了与芯片厂商无关的硬件抽象层,可以为接口外设和实时操作系统提供简单的处理器软件接口,屏蔽了硬件差异。基于 CMSIS,ST 公司提供了官方库。用户可以基于官方库进行软件开发,图 2.2.1 为基于 CMSIS 应用程序的基本结构。CMSIS 层在整个系统程序结构中处于中间层,向下负责与内核、各个外设直接打交道,向上提供实时操作系统中用户程序调用的函数接口。

2. CMSIS 分为 3 个基本功能层

(1)核内外设访问层:ARM 公司提供的访问,定义处理器内部寄存器地址和功能函数。

(2)中间件访问层:定义访问中间件的通用 API。由 ARM 公司提供,芯片厂商根据需要更新。

(3)外设访问层:定义硬件寄存器的地址以及外设的访问函数。

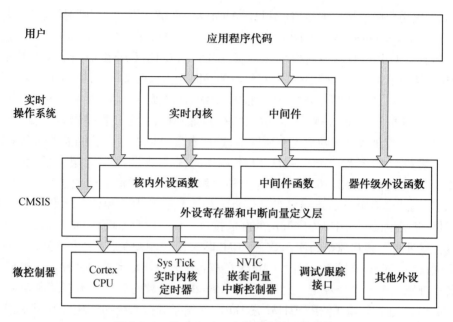

图 2.2.1　基于 CMSIS 应用程序的基本结构

2.3　基于操作系统的开发模式

1. 实现方式

嵌入式实时操作系统(embedded real-time operating system)专门用于嵌入式系统,简称 RTOS。

操作系统有实时系统和非实时系统,主要用于对时间响应要求较高的场合。常用的嵌入式操作系统有 small _RTOS、μC / OS-Ⅱ、clinux、Linux、WinCE、eCOS、FreeRTOS 等。eCOS 与 μC / OSⅡ是嵌入式实时操作系统中较为常用的两种操作系统。任务切换时间和中断延迟时间是评估 RTOS 性能的两个重要指标。任务切换时间可以反映出 RTOS 执行任务的速度,而中断延迟时间可以反映出 RTOS 对外界变化的反应速度。eCOS 的任务切换时间为 15.84 μs,而 μC / OSⅡ的任务切换时间为 29.7 ~ 34.2 μs。eCOS 的中断时间为 19.2 μs,而 μC / OSⅡ的任务中断时间为 78.8 μs。eCOS 是真正的 GPL 实时嵌入式操作系统,,它是为解决 Linux 的实时性不佳而开发的。μC / OSⅡ是开源嵌入式操作系统,如果用于商业则需要授权。它的内核简单清晰,是学习嵌入式实时操作系统极好的入门材料。

在 8 位或 16 位嵌入式系统应用中,由于 CPU 的资源量较少,任务较简单,程序员可以在应用程序中管理 CPU 资源,而不一定要专用的系统软件。如果嵌入式系统比较复杂并采用 32 位 CPU 时,情况就完全不同了。32 位 CPU 的资源量非常大,处理能力也非常强大,如果还是采用手工编制 CPU 的管理程序,面对复杂的应用,很难发挥出 32 位 CPU 的处理能力,并且程序也不一定可靠。

应用嵌入式实时操作系统的优点:

（1）操作系统的一个强项是可以使应用程序编码在很大程度上与目标板的硬件和结构无关，使程序员可以将尽可能多的精力放在应用程序本身，而不必去花更多的精力去关注系统资源的管理。

（2）使系统开发变得简单，缩短了开发周期，使应用系统更加健壮、高效、可靠。

2. 基于操作系统的程序开发模式

程序的开发建立在嵌入式操作系统的基础上，通过操作系统的 API 接口函数完成系统的程序开发。

这种模式至少有两个基本步骤：

（1）选择和使用合适的操作系统并将操作系统裁减后嵌入系统。

（2）基于操作系统的 API 接口函数，完成系统所需要的功能的程序开发。

3. 基于实时操作系统的开发模式的特点

从理论上讲，基于实时操作系统的开发模式具有快捷、高效的特点，开发的软件移植性、后期维护性、程序稳健性等都比较好。但不是所有系统都要基于实时操作系统，因为这种模式要求开发者对操作系统的原理有比较熟练的掌握，一般功能较简单的系统，不建议使用实时操作系统，毕竟实时操作系统也占用系统资源，而且不是所有系统都能使用实时操作系统，因为实时操作系统对系统的硬件有一定要求。因此，在通常情况下，虽然 STM32 单片机是 32 位系统，但不主张嵌入实时操作系统。

4. 开发模式的选取

基于操作系统的开发模式，对于初学者不是很适用，因为它对操作系统、多任务等理论把握的要求较高。建议学习者在对嵌入式系统的开发达到一定的阶段后，再开始尝试这种开发模式。

从学习的角度，可以从基于寄存器的开发模式入手，这样可以更加清晰地了解和掌握 STM32 的架构、原理。

从高效开发的角度及学习容易上手的角度，建议使用基于固件库函数的开发模式，这种模式把底层比较复杂的原理和概念封装起来，更容易理解。这种模式开发的程序更容易维护、移植，开发周期更短，程序出错的概率更低，也可以采用基于寄存器和基于固件库混合的方式。

2.4　STM32 单片机的最小系统

本章所用的 STM32F103C8T6 最小系统实验板的原理如图 2.4.1 所示。

一个 STM32 单片机最小系统，通常包含以下功能部件：STM32 芯片、时钟系统、复位系统、调试接口、程序下载（烧写）接口、至少一个串口、电源。图 2.4.1 所示的系统基本包含上述功能部件，是一个比较典型的 STM32 单片机最小系统。

现结合图 2.4.1，对该系统进行如下简单分析。

（1）电源：3.3 V。因为该系统本用于其他项目，所以供电电源为 12 V，然后通过可调稳压电路 LM2596S 降为 4 V（供 GPRS 模块），再经过低压差稳压芯片 ASMl 117－3.3 将4 V 转为 3.3 V 供 STM32F103 芯片使用。

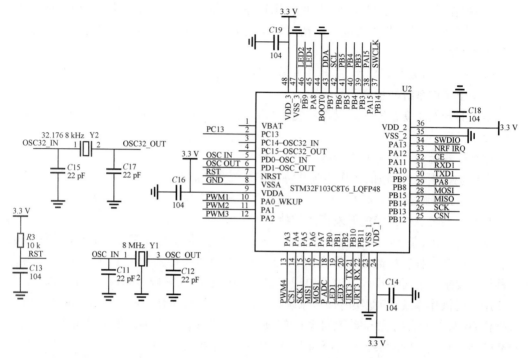

图 2.4.1　STM32F103C8T6 最小系统实验板的原理

（2）复位：采用上电复位，没有手动复位按键。

（3）时钟：外接晶振的频率为 8 MHz。

（4）串口 UART1：可用于程序下载（ISP）或其他串口通信。

（5）串口 UART3：在原设计中为 GPRS 模块所留。

（6）J-LINK（SWD）：为方便使用 J-LINK（SWD）方式对系统进行调试，可按照 4 线制 SWD 接口的要求，通过杜邦线与 J-LINK 连接，以便下载程序和调试程序。也可以采用 T-LINK，用法相同。

无论是基于寄存器方式还是基于固件库函数方式开发 STM32 单片机系统的程序，首先必须建立一个方便、合理的工程模板。当然，基于寄存器方式和基于固件库函数方式的工程模板可以有所不同，前者可以简单一些，但是必须建立必要的程序开发环境——工程模板。学会并真正理解如何建立工程模板是学习 STM32 单片机的第一步，因此，它是十分重要的。

建立工程模板的核心内容包含两个方面：一是必须包含哪些必要的文件；二是这些文件分别到哪里寻找，即对应的路径。

第3章 STM32 单片机的 I/O 应用

3.1 GPIO 简介

GPIO 是通用输入输出端口的简称,即 STM32 单片机可控制的引脚。将 STM32 单片机芯片的 GPIO 引脚与外部设备连接起来,即可实现与外部通信、控制及数据采集的功能。STM32 单片机芯片的 GPIO 被分成很多组,每组有 16 个引脚,如型号为 STM32F103VET6 的芯片有 GPIOA 至 GPIOE 共 5 组 GPIO。芯片一共 100 个引脚,其中 GPIO 占了一大部分,所有的 GPIO 引脚都有基本的输入输出功能。

IO 口的组数视芯片而定,STM32F103ZET6 芯片是 144 脚的芯片,具有 GPIOA、GPIOB、GPIOC、GPIOD、GPIOE、GPIOF 和 GPIOG 7 组 GPIO 口,共有 112 个 IO 口可供编程使用。这里重点说一下 STM32F103 的 IO 电平兼容性问题,STM32F103 的绝大部分 IO 口,都兼容 5 V,至于哪些是兼容 5 V 的,请看 STM32F103xE 的数据手册(注意是数据手册,不是中文参考手册),大容量 STM32F103xx 引脚定义,凡是有 FT 标志的,都是兼容 5 V 电平的 IO 口,可以直接接 5 V 的外设(注意:如果引脚设置的是模拟输入模式,则不能接 5 V),凡是不带 FT 标志的,建议不要接 5 V 了,可能会烧坏 MCU。

最基本的输出功能是由 STM32 控制的,引脚输出高、低电平,实现开关控制,如把 GPIO 引脚接入 LED 灯,可以控制 LED 灯的亮灭;引脚接入继电器或三极管,可以通过继电器或三极管控制外部大功率电路的通断。

最基本的输入功能是检测外部输入电平,如把 GPIO 引脚连接到按键,然后通过电平高低来区分按键是否被按下。

3.2 GPIO 基本结构分析

通过 GPIO 硬件结构框图,可以从整体上深入了解 GPIO 外设及其各种应用模式(图 3.2.1)。从最右端看起,最右端是代表 STM32 芯片引出的 GPIO 引脚,其余部件都位于芯片内部。

GPIO 有 8 种工作模式:①输入浮空;②输入上拉;③输入下拉;④模拟功能;⑤开漏输出;⑥推挽输出;⑦开漏式复用功能;⑧推挽式复用功能。

3.2.1 GPIO 8 种工作模式的实现

GPIO 8 种工作模式都是怎么实现的呢?下面通过 GPIO 基本结构图来分别进行详细分析(图 3.2.1)。

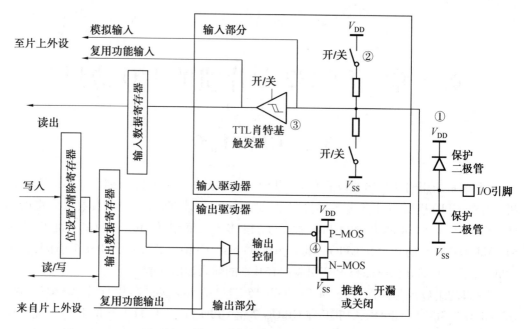

图 3.2.1　GPIO 基本结构

1. 保护二极管

保护二极管共有两个,用于保护引脚外部过高或过低的电压输入。当引脚输入电压高于 V_{DD} 时,上面的二极管导通,当引脚输入电压低于 V_{SS} 时,下面的二极管导通,从而使输入芯片内部的电压处于较稳定的值。虽然有二极管的保护,但其保护却很有限,强电压、大电流的接入很容易烧坏芯片。所以,在实际的设计中要考虑设计引脚的保护电路。

2. 上拉、下拉电阻

上拉、下拉电阻的阻值为 $30 \sim 50\ k\Omega$,可以通过上、下两个对应的开关控制,这两个开关由寄存器控制。当引脚外部的器件没有干扰引脚的电压时,即没有外部的上拉、下拉电压,引脚的电平由引脚内部上拉、下拉决定,开启内部上拉电阻工作,引脚电平为高,开启内部下拉电阻工作,则引脚电平为低。同样,如果内部上、下拉电阻都不开启,这种情况是浮空模式。在浮空模式下,引脚的电平是不可确定的。引脚的电平可以由外部的上、下拉电平决定。需要注意的是,STM32 单片机的内部上拉是一种"弱上拉",这样的上拉电流很弱,如果要求强电流还是得外部上拉。

3. 施密特触发器

对于标准施密特触发器,当输入电压高于正向阈值电压,输出为高;当输入电压低于负向阈值电压,输出为低;当输入在正负向阈值电压之间,输出不变,即输出由高电准位翻转为低电准位,或是由低电准位翻转为高电准位所对应的阈值电压是不同的。只有当输入电压发生足够的变化时,输出电压才会变化,因此将这种元件命名为触发器。这种双阈值动作被称为迟滞现象,表明施密特触发器有记忆性。从本质上来说,施密特触发器是一种双稳态多谐振荡器。施密特触发器可作为波形整形电路,能将模拟信号波形整形为数字电路能够处理的方波波形,而且由于施密特触发器具有滞回特性,所以可用于抗干扰,以及在闭回路正回授/负回授配置中用于实现多谐振荡器。

通过将比较器跟施密特触发器的作用进行比较,可以清楚地知道施密特触发器对外部输入信号具有一定抗干扰能力(图 3.2.2)。

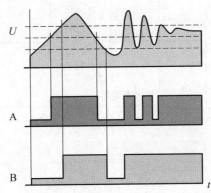

图 3.2.2 比较器(A)和施密特触发器(B)作用比较

4. P–MOS 管和 N–MOS 管

这个结构控制 GPIO 的开漏输出和推挽输出两种模式。

开漏输出:输出端相当于三极管的集电极,要得到高电平状态需要上拉电阻。

推挽输出:这两只对称的 MOS 管每次只有一只导通,所以导通损耗小、效率高。

输出既可以向负载灌电流,也可以从负载拉电流。推拉式输出既能提高电路的负载能力,又能提高开关速度。

以上对 GPIO 的基本结构图中的关键器件做了介绍,下面分别介绍 GPIO 8 种工作模式所对应结构图的工作情况。

3.2.2 GPIO 工作模式的工作情况

1. 输入浮空模式

上拉/下拉电阻为断开状态,施密特触发器打开,输出被禁止。在输入浮空模式下,IO 口的电平完全是由外部电路决定的。如果 IO 引脚没有连接其他的设备,那么检测其输入电平是不确定的。该模式可以用于按键检测等场景(图 3.2.3)。

2. 输入上拉模式

上拉电阻导通,施密特触发器打开,输出被禁止。在需要外部上拉电阻的时候,可以使用内部上拉电阻,这样可以节省一个外部电阻,但是内部上拉电阻的阻值较大,所以只是"弱上拉",不适合做电流型驱动,如图 3.2.4 所示。

3. 输入下拉模式

下拉电阻导通,施密特触发器打开,输出被禁止。在需要外部下拉电阻的时候,可以使用内部下拉电阻,这样可以节省一个外部电阻,但是内部下拉电阻的阻值较大,所以不适合做电流型驱动,如图 3.2.5 所示。

4. 模拟功能

上、下拉电阻断开,施密特触发器关闭,双 MOS 管关闭。其他外设可以通过模拟通道

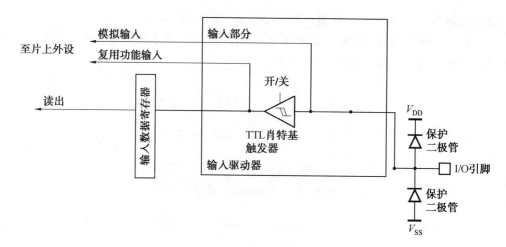

图 3.2.3　输入浮空模式

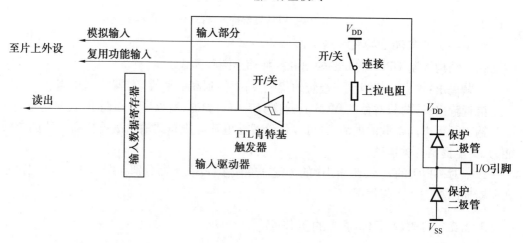

图 3.2.4　输入上拉模式

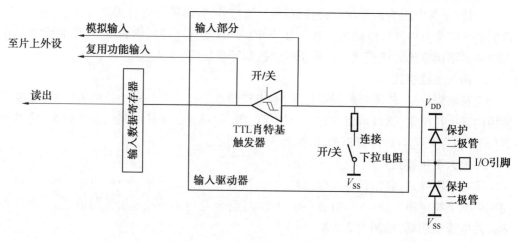

图 3.2.5　输入下拉模式

输入输出。该模式下需要用到芯片内部的模拟电路单元,用于 ADC、DAC、MCO 操作模拟信号的外设,如图 3.2.6 所示。

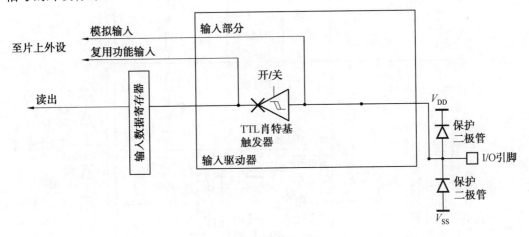

图 3.2.6　模拟功能

5. 开漏输出模式

STM32 单片机的开漏输出模式是一种数字电路输出,从结果上看,它只能输出低电平 V_{SS} 或高阻态,常用于 IIC 通信(IIC_SDA)或其他需要进行电平转换的场景。根据《STM32F10xxx 参考手册_V10(中文版)》可知,在开漏模式下,IO 是这样工作的:

(1)P-MOS 被"输出控制"控制在截止状态,因此 IO 的状态取决于 N-MOS 的导通状况。

(2)只有 N-MOS 还受控制于输出寄存器,"输出控制"对输入信号进行了逻辑非的操作。

(3)施密特触发器是工作的,即可以输入,且上、下拉电阻都断开,可视作浮空输入。

根据参考手册的描述,同时为了方便大家理解,在"输出控制"部分做了等效处理,如图 3.2.7 所示。图 3.2.7 中写入输出数据寄存器①的值怎么对应到 IO 引脚的输出状态②是设计中最关心的。

根据参考手册的描述:开漏输出模式下的 P-MOS 一直处于截止状态,即不导通,所以 P-MOS 管的栅极相当于一直接 V_{DD}。如果输出数据寄存器①的值为 0,那么 IO 引脚的输出状态②为低电平,这是需要的控制逻辑,输出数据寄存器的逻辑 0 经过"输出控制"的取反操作后,输出逻辑 1 到 N-MOS 管的栅极,这时 N-MOS 管会导通,使得 IO 引脚连接到 V_{SS},即输出低电平。如果输出数据寄存器的值为 1,经过"输出控制"的取反操作后,输出逻辑 0 到 N-MOS 管的栅极,这时 N-MOS 管会截止。又因为 P-MOS 管是一直截止的,使得 IO 引脚呈现高阻态,即不输出低电平,也不输出高电平。因此,要 IO 引脚输出高电平必须接上拉电阻。又由于 F1 系列的开漏输出模式下,内部的上下拉电阻不可用,所以只能通过接芯片外部上拉电阻的方式实现开漏输出模式下输出高电平。如果芯片外部不接上拉电阻,那么开漏输出模式下,IO 则无法输出高电平。

在开漏输出模式下,施密特触发器是工作的,所以 IO 口引脚的电平状态会被采集到输入数据寄存器中。如果对输入数据寄存器进行读访问可以得到 IO 口的状态,也就是说开漏输出模式下,可以读取 IO 引脚状态。

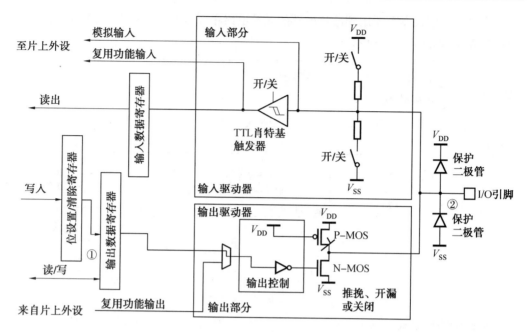

图 3.2.7　开漏输出模式

6. 推挽输出模式

STM32 单片机的推挽输出模式,从结果上看,它会输出低电平 V_{SS} 或高电平 V_{DD}。推挽输出跟开漏输出不同的是,推挽输出模式 P-MOS 管和 N-MOS 管都会用到。同样根据参考手册推挽模式的输出描述,可以得到等效原理图,如图 3.2.8 所示。根据手册描述,可以把“输出控制”简单等效为一个非门。

如果输出数据寄存器①的值为 0,经过“输出控制”取反操作后,输出逻辑 1 到 P-MOS 管的栅极,这时 P-MOS 管会截止,同时会输出逻辑 1 到 N-MOS 管的栅极,这时NMOS 管会导通,使得 IO 引脚接到 V_{SS},即输出低电平。

如果输出数据寄存器的值为 1,经过“输出控制”取反操作后,输出逻辑 0 到 N-MOS 管的栅极,这时 N-MOS 管会截止,同时会输出逻辑 0 到 P-MOS 管的栅极,这时 PMOS 管会导通,使得 IO 引脚接到 V_{DD},即输出高电平。

由上述可知,在推挽输出模式下,P-MOS 管和 N-MOS 管在同一时间内只能有一个管是导通的。当 IO 引脚在做高低电平切换时,两个管轮流导通,一个负责灌电流,另一个负责拉电流,使其负载能力和开关速度都有较大的提高。

另外,在推挽输出模式下,施密特触发器也是打开的,可以读取 IO 口的电平状态。由于推挽输出模式下输出高电平时是直接连接 V_{DD} 的,所以驱动能力较强,可以做电流型驱动,驱动电流最大可达 25 mA,但是芯片的总电流有限,所以并不建议这样使用,建议使用芯片外部的电源。

7. 开漏式复用功能

一个 IO 口可以是通用的 IO 口功能,还可以是其他外设的特殊功能引脚,这就是 IO 口的复用功能。一个 IO 口可以是多个外设的功能引脚,这时需要选择其作为其中一个外

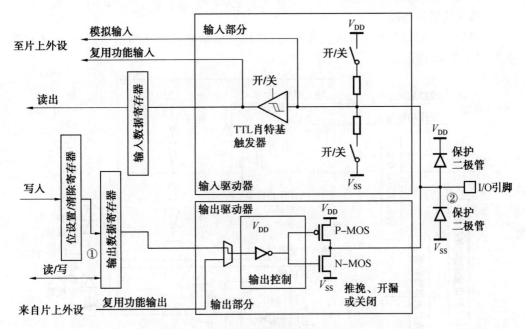

图 3.2.8　推挽输出模式

设的功能引脚。当选择复用功能时,引脚的状态是由对应的外设控制,而不是输出数据寄存器。除复用功能外,其他的结构分析参考开漏输出模式。另外,在开漏式复用功能模式下,施密特触发器也是打开的,可以读取 IO 口的电平状态,同时外设可以读 IO 口的信息,如图 3.2.9 所示。

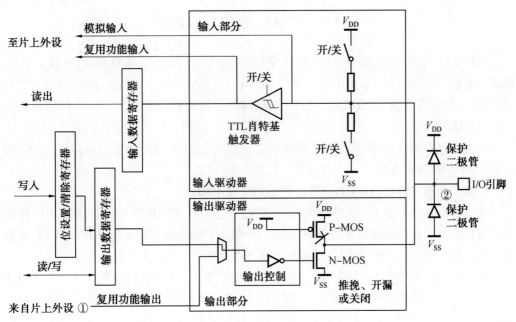

图 3.2.9　开漏式复用功能

8. 推挽式复用功能

复用功能介绍请参考开漏式复用功能,结构分析请参考推挽输出模式,这里不再赘述,如图 3.2.10 所示。

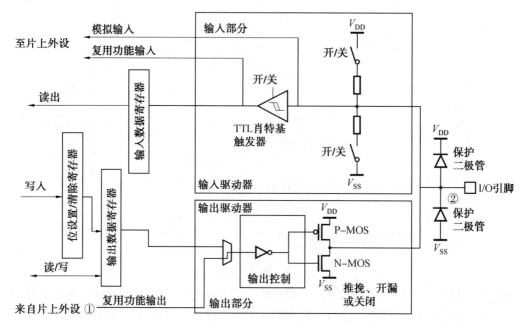

图 3.2.10 推挽式复用功能

3.3 GPIO 寄存器介绍

STM32F1 每组(这里是 A ~ D)通用 GPIO 口有 7 个 32 位寄存器控制,包括 2 个 32 位端口配置寄存器(CRL 和 CRH)、2 个 32 位端口数据寄存器(IDR 和 ODR)、1 个 32 位端口置位/复位寄存器(BSRR)、1 个 16 位端口复位寄存器(BRR)、1 个 32 位端口锁定寄存器(LCKR)。

因为寄存器的内容较多,所以不可能一个个列出,这里只讲述重要的寄存器,即 GPIO 的 2 个 32 位配置寄存器。

1. 端口配置寄存器(GPIOx_CRL 和 GPIO_x_CRH)

这 2 个寄存器都是 GPIO 端口配置寄存器,不过 CRL 控制端口的低八位,CRH 控制端口的高八位。寄存器的作用是控制 GPIO 口的工作模式和工作速度,GPIOx_CRL 寄存器的描述和 GPIO_x_CRH 如图 3.3.1 和图 3.3.2 所示。

每组 GPIO 下共有 16 个 IO 口,一个寄存器共 32 位,每 4 个位控制 1 个 IO,所以才需要两个寄存器来共同完成。这个寄存器的复位值,然后用复位值举例说明一下这样的配置值代表什么意思。比如 GPIOA_CRL 的复位值是 0x44444444,以 4 位为一个单位都是 0100,以寄存器低四位来说明,首先位 1 : 0 为 00 即设置 PA0 为输入模式,位 3 : 2 为 01 即设置为浮空输入模式。所以,假如 GPIOA_CRL 的值是 0x44444444,那么 PA0 ~ PA7

31	30	29	28	27	26	25	24	23	22	21	20	19	18	17	16
CNF7[1:0]		MODE7[1:0]		CNF6[1:0]		MODE6[1:0]		CNF5[1:0]		MODE5[1:0]		CNF4[1:0]		MODE4[1:0]	
rw	rw	rw	rw	rw	rw	rw	rw	rw	rw	rw	rw	rw	rw	rw	rw
15	14	13	12	11	10	9	8	7	6	5	4	3	2	1	0
CNF3[1:0]		MODE3[1:0]		CNF2[1:0]		MODE2[1:0]		CNF1[1:0]		MODE1[1:0]		CNF0[1:0]		MODE0[1:0]	
rw	rw	rw	rw	rw	rw	rw	rw	rw	rw	rw	rw	rw	rw	rw	rw

位31:30 27:26 23:22 19:18 15:14 11:10 7:6 3:2	CNF y[1:0]: 端口X配置位(y=0···7) (Port x configuration bits) 软件通过这些位配置相应的I/O端口 在输入模式 (MODE[1:0]=00): 在输出模式 (MODE[1:0]>00): 00:模拟输入模式 00:通用推挽输出模式 01:浮空输入模式 (复位后的状态) 01:通用开漏输出模式 10:上拉/下拉输入模式 10:复用功能推挽输出模式 11:保留 11:复用开漏输出模式
位29:28 25:24 21:20 17:16 13:12 9:8 5:4 1:0	MODE y[1:0]: 端口X的模式位(y=0···7) (Port x mode bits) 软件通过这些位配置相应的I/O端口 在输入模式 (MODE[1:0]=00): 00:输入模式 (复位后的状态) 01:输出模式, 最大速度10 MHz 10:输出模式, 最大速度2 MHz 11:输出模式, 最大速度50 MHz

图 3.3.1 GPIOx_CRL 寄存器的描述

31	30	29	28	27	26	25	24	23	22	21	20	19	18	17	16
CNF15[1:0]		MODE15[1:0]		CNF14[1:0]		MODE14[1:0]		CNF13[1:0]		MODE13[1:0]		CNF12[1:0]		MODE12[1:0]	
rw	rw	rw	rw	rw	rw	rw	rw	rw	rw	rw	rw	rw	rw	rw	rw
15	14	13	12	11	10	9	8	7	6	5	4	3	2	1	0
CNF11[1:0]		MODE11[1:0]		CNF10[1:0]		MODE10[1:0]		CNF9[1:0]		MODE9[1:0]		CNF8[1:0]		MODE8[1:0]	
rw	rw	rw	rw	rw	rw	rw	rw	rw	rw	rw	rw	rw	rw	rw	rw

位31:30 27:26 23:22 19:18 15:14 11:10 7:6 3:2	CNF y[1:0]: 端口X配置位(y=8···15) (Port x configuration bits) 软件通过这些位配置相应的I/O端口 在输入模式 (MODE[1:0]=00): 在输出模式 (MODE[1:0]>00): 00:模拟输入模式 00:通用推挽输出模式 01:浮空输入模式 (复位后的状态) 01:通用开漏输出模式 10:上拉/下拉输入模式 10:复用功能推挽输出模式 11:保留 11:复用开漏输出模式
位29:28 25:24 21:20 17:16 13:12 9:8 5:4 1:0	MODE y[1:0]: 端口X的模式位(y=8···15) (Port x mode bits) 软件通过这些位配置相应的I/O端口 00:输入模式 (复位后的状态) 01:输出模式, 最大速度10 MHz 10:输出模式, 最大速度2 MHz 11:输出模式, 最大速度50 MHz

图 3.3.2 GPIOx_CRH 寄存器的描述

都是设置为输入模式,而且是浮空输入模式。上面这 2 个配置寄存器是用来配置 GPIO 的相关工作模式和工作速度,它们通过不同的配置组合方法来决定上面所说的 8 种工作模式(表 3.3.1)。

表 3.3.1　配置寄存器 4 个组合下的 8 种工作模式

配置模式		CNF1	CNF0	MODE1	MODE0	PxODR 寄存器
通用输出	推挽(Push-Pull)	0	0	01 10 11		0 或 1
	开漏(Open-Drain)		1			0 或 1
复用功能 输出	推挽(Push-Pull)	1	0			不使用
	开漏(Open-Drain)		1			不使用
输入	模拟输入	0	0	00		不使用
	浮空输入		1			不使用
	下拉输入	1	0			0
	上拉输入					1

2. 端口输出数据寄存器(ODR)

该寄存器用于控制 GPIOx 的输出高电平或者低电平,GPIOx_ODR 寄存器描述如图 3.3.3 所示。

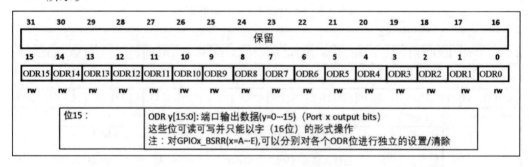

图 3.3.3　GPIOx_ODR 寄存器描述

该寄存器低 16 位有效,分别对应每一组 GPIO 的 16 个引脚。当 CPU 写访问该寄存器,如果对应的某位写 0(ODRy=0),则表示设置该 IO 口输出的是低电平,如果写 1 (ODRy=1),则表示设置该 IO 口输出的是高电平,y=0~15。此外,除了 ODR 寄存器,还有一个寄存器也是用于控制 GPIO 输出的,它就是 BSRR 寄存器。

3. 端口置位/复位寄存器(BSRR)

该寄存器用于控制 GPIOx 的输出高电平或低电平,GPIOx_BSRR 寄存器的描述如图 3.3.4 所示。

为什么有了 ODR 寄存器,还需要 BSRR 寄存器呢? 首先 BSRR 寄存器是只写权限,而 ODR 是可读可写权限。BSRR 寄存器 32 位有效,对于低 16 位(0~15),往相应的位写 1(BSy=1),那么对应的 IO 口会输出高电平,往相应的位写 0(BSy=0),对 IO 口没有任何影响,高 16 位(16~31)作用相反,对相应的位写 1(BRy=1)会输出低电平,写 0(BRy=0)没有任何影响,y=0~15。也就是说,对于 BSRR 寄存器,写 0 对 IO 口电平是没有任何影响的,要设置某个 IO 口电平,只需要相关位设置为 1。而 ODR 寄存器要设置某个 IO 口电平,首先需要读出 ODR 寄存器的值,然后对整个 ODR 寄存器重新赋值来达到设置某个

31	30	29	28	27	26	25	24	23	22	21	20	19	18	17	16
BR15	BR14	BR13	BR12	BR11	BR10	BR9	BR8	BR7	BR6	BR5	BR4	BR3	BR2	BR1	BR0
w	w	w	w	w	w	w	w	w	w	w	w	w	w	w	w
15	14	13	12	11	10	9	8	7	6	5	4	3	2	1	0
BS15	BS14	BS13	BS12	BS11	BS10	BS9	BS8	BS7	BS6	BS5	BS4	BS3	BS2	BS1	BS0
w	w	w	w	w	w	w	w	w	w	w	w	w	w	w	w

位31:16	BR y[15:0]: 清除端口x的位y(y=0…15)（Port x Reset bit y） 这些位只能写入并只能以字（16位）的形式操作 0：对应的ODRy位不产生影响 注：如果同时设置了BS y和BR y的对应位，BS y位起作用
位15:0	BS y: 设置端口x的位y（y=0…15）（Port x Set bit y） 这些位只能写入并只能以字（16位）的形式操作 0：对应的ODRy位不产生影响　　　1：设置对应的ODRy位为1

图 3.3.4　GPIOx_BSRR 寄存器的描述

或某些 IO 口的目的,而 BSRR 寄存器直接设置即可,这在多任务实时操作系统中作用很大。BSRR 寄存器还有一个好处,就是 BSRR 寄存器改变引脚状态的时候,不会被中断,而 ODR 寄存器有被中断的风险。

3.4　硬件设计

1.例程功能

LED 灯:DS0 和 DS1 每经过 500 ms 有一次交替闪烁,实现类似跑马灯的效果。

2.硬件资源

LED 灯,DS0-PB5,DS1-PE5。

3.原理图

电路在开发板上成功连接,所以在硬件上不需要动任何东西,直接下载代码就可以测试使用。LED 与 STM32F103 连接原理图如图 3.4.1 所示。

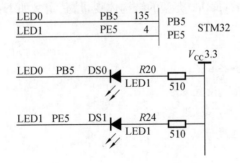

图 3.4.1　LED 与 STM32F103 连接原理图

3.5 程序设计

了解 GPIO 的结构原理和寄存器与实验功能后,下面开始设计程序。

3.5.1 GPIO 的 HAL 库驱动分析

HAL 库中关于 GPIO 的驱动程序在 STM32F1xx_hal_gpio. c 文件以及其对应的头文件。

1. HAL_GPIO_Init 函数

要使用一个外设,首先需要对它进行初始化,所以先看外设 GPIO 的初始化函数。其声明如下:

void HAL_GPIO_Init(GPIO_TypeDef * GPIOx, GPIO_InitTypeDef * GPIO_Init);

(1)函数描述。

用于配置 GPIO 功能模式,还可以设置 EXTI 功能。

(2)函数形参。

形参 1 是端口号,可以有以下的选择:

#define GPIOA ((GPIO_TypeDef *) GPIOA_BASE)

#define GPIOB ((GPIO_TypeDef *) GPIOB_BASE)

#define GPIOC ((GPIO_TypeDef *) GPIOC_BASE)

#define GPIOD ((GPIO_TypeDef *) GPIOD_BASE)

#define GPIOE ((GPIO_TypeDef *) GPIOE_BASE)

#define GPIOF ((GPIO_TypeDef *) GPIOF_BASE)

#define GPIOG ((GPIO_TypeDef *) GPIOG_BASE)

这是库里面的选择项,实际上此芯片只能从 GPIOA ~ GPIOE 选择,因为它只有 5 组 IO 口。

形参 2 是 GPIO_InitTypeDef 类型的结构体变量,其定义如下:

typedef struct

{

uint32_t Pin;/ * 引脚号 * /

uint32_t Mode;/ * 模式设置 * /

uint32_t Pull;/ * 上拉、下拉设置 * /

uint32_t Speed;/ * 速度设置 * /

} GPIO_InitTypeDef;

该结构体很重要,成员 Pin 表示引脚号,范围为 GPIO_PIN_0 到 GPIO_PIN_15,还有 GPIO_PIN_All 和 GPIO_PIN_MASK 可选。成员 Mode 是 GPIO 的模式选择,有以下选择项:

#define GPIO_MODE_INPUT   (0x00000000U)/ * 输入模式 * /

#define GPIO_MODE_OUTPUT_PP   (0x00000001U)/ * 推挽输出 * /

```
#define GPIO_MODE_OUTPUT_OD        (0x00000011U)/* 开漏输出 */
#define GPIO_MODE_AF_PP            (0x00000002U)/* 推挽式复用 */
#define GPIO_MODE_AF_OD            (0x00000012U)/* 开漏式复用 */
#define GPIO_MODE_AF_INPUT         GPIO_MODE_INPUT
#define GPIO_MODE_ANALOG           (0x00000003U)/* 模拟模式 */
#define GPIO_MODE_IT_RISING        (0x11110000U)/* 外部中断,上升沿触
发检测 */
#define GPIO_MODE_IT_FALLING       (0x11210000U)/* 外部中断,下降沿触
发检测 */
/* 外部中断,上升和下降双沿触发检测 */
#define GPIO_MODE_IT_RISING_FALLING  (0x11310000U)
#define GPIO_MODE_EVT_RISING       (0x11120000U)/* 外部事件,上升沿触
发检测 */
#define GPIO_MODE_EVT_FALLING      (0x11220000U)/* 外部事件,下降沿触
发检测 */
/* 外部事件,上升和下降双沿触发检测 */
#define GPIO_MODE_EVT_RISING_FALLING(0x11320000U)
```

成员 Pull 用于配置上下拉电阻,有以下选择项:

```
#define GPIO_NOPULL                (0x00000000U)/* 无上下拉 */
#define GPIO_PULLUP                (0x00000001U)/* 上拉 */
#define GPIO_PULLDOWN              (0x00000002U)/* 下拉 */
```

成员 Speed 用于配置 GPIO 的速度,有以下选择项:

```
#define GPIO_SPEED_FREQ_LOW        (0x00000002U)/* 低速 */
#define GPIO_SPEED_FREQ_MEDIUM     (0x00000001U)/* 中速 */
#define GPIO_SPEED_FREQ_HIGH       (0x00000003U)/* 高速 */
```

(3)函数返回值。

无。

(4)注意事项。

将 HAL 库的 EXTI 外部中断的设置功能整合到此函数里面,而不是独立一个文件。此部分在外部中断实验中会详细描述。

2. HAL_GPIO_WritePin 函数

HAL_GPIO_WritePin 函数是 GPIO 口的写引脚函数。其声明如下:

```
void HAL_GPIO_WritePin( GPIO_TypeDef * GPIOx,
uint16_t GPIO_Pin, GPIO_PinState PinState);
```

(1)函数描述。

用于设置引脚输出高电平或低电平,通过 BSRR 寄存器复位或置位操作。

(2)函数形参。

形参 1 是端口号,可选择范围:GPIOA ~ GPIOG。

形参 2 是引脚号,可选择范围:GPIO_PIN_0 ～ GPIO_PIN_15。

形参 3 是要设置输出的状态。枚举型有两个选择:GPIO_PIN_SET 表示高电平,GPIO_PIN_RESET 表示低电平。

(3)函数返回值。

无。

3. HAL_GPIO_TogglePin 函数

HAL_GPIO_TogglePin 函数是 GPIO 口的电平翻转函数。其声明如下:

void HAL_GPIO_TogglePin(GPIO_TypeDef * GPIOx, uint16_t GPIO_Pin);

(1)函数描述。

用于设置引脚的电平翻转,也是通过 BSRR 寄存器复位或置位操作。

(2)函数形参。

形参 1 是端口号,可选择范围:GPIOA ~ GPIOG。

形参 2 是引脚号,可选择范围:GPIO_PIN_0 ～ GPIO_PIN_15。

(3)函数返回值。

无。

本实验需要用到以上 3 个函数,其他的 API 函数后面用到再进行讲解。

4. GPIO 输出配置步骤

(1)使能对应 GPIO 时钟。

①STM32 单片机在使用任何外设之前,都要先使能其时钟(下同)。本实验用到 PB5 和 PE5 两个 IO 口,因此需要先使能 GPIOB 和 GPIOE 的时钟,代码如下:

_HAL_RCC_GPIOB_CLK_ENABLE();

_HAL_RCC_GPIOE_CLK_ENABLE();

②设置对应 GPIO 工作模式(推挽输出)。

本实验 GPIO 使用推挽输出模式,控制 LED 亮灭,通过函数 HAL_GPIO_Init 设置实现。

(2)控制 GPIO 引脚输出高低电平。

在配置好 GPIO 工作模式后,就可以通过 HAL_GPIO_WritePin 函数控制 GPIO 引脚输出高低电平,从而控制 LED 的亮灭。

3.5.2 程序流程图

程序流程图有助于理解一个工程的功能和实现的过程,对学习和设计工程有很好的主导作用。流水灯实验程序流程如图 3.5.1 所示。

3.5.3 程序解析

1. led 驱动代码

该部分内容为核心代码,详细的源码请参考正点原子资料相应实例对应的源码。LED 驱动源码包括两个文件:led.c 和 led.h(正点原子编写的外设驱动基本都包含一个 .c文件和一个.h 文件,下同)。下面解析 led.h 的程序。

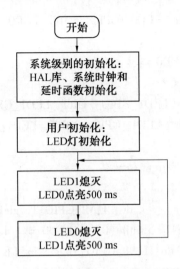

图 3.5.1　流水灯实验程序流程

（1）LED 灯引脚宏定义。

由硬件设计小节，可知 LED 灯在硬件上分别连接 PB5 和 PE5，再结合 HAL 库，做了以下引脚定义：

/∗ LED0 引脚定义 ∗/

#define LED0_GPIO_PORT GPIOB

#define LED0_GPIO_PIN GPIO_PIN_5

#define LED0_GPIO_CLK_ENABLE( ) do{ _HAL_RCC_GPIOB_CLK_ENABLE( ); } while(0)

/∗ LED1 引脚定义 ∗/

#define LED1_GPIO_PORT GPIOE

#define LED1_GPIO_PIN GPIO_PIN_5

#define LED1_GPIO_CLK_ENABLE( ) do{ _HAL_RCC_GPIOE_CLK_ENABLE( ); } while(0)

这样的好处是进一步隔离底层函数操作，使移植更加方便，函数命名更亲近实际的开发板。比如，当看到 LED0_GPIO_PORT 这个宏定义，就知道这是灯 LED0 的端口号；看到 LED0_GPIO_PIN 这个宏定义，就知道这是 LED0 的引脚号；看到 LED0_GPIO_CLK_ENA-BLE 这个宏定义，就知道这是灯 LED0 的时钟使能函数。

需要特别注意的是，这里的时钟使能函数宏定义使用了 do{ }while(0)结构，是为了避免在某些使用场景出错的问题。

_HAL_RCC_GPIOx_CLK_ENABLE 函数是 HAL 库的 IO 口时钟使能函数，x=A 到 G。

（2）LED 灯操作函数宏定义。

为了后续对 LED 灯进行便捷的操作，此处为 LED 灯操作函数做了以下定义。

/∗ LED 端口操作定义 ∗/

#define LED0(x)　 do { x ? \

　　HAL_GPIO_WritePin(LED0_GPIO_PORT, LED0_GPIO_PIN, GPIO_PIN_SET) : \

```
    HAL_GPIO_WritePin(LED0_GPIO_PORT, LED0_GPIO_PIN, GPIO_PIN_RE-
SET);\
        }while(0)/* LED0 翻转 */
    #define LED1(x)    do{ x ? \
        HAL_GPIO_WritePin(LED1_GPIO_PORT, LED1_GPIO_PIN, GPIO_PIN_SET): \
        HAL_GPIO_WritePin(LED1_GPIO_PORT, LED1_GPIO_PIN, GPIO_PIN_RE-
SET);\
        }while(0)/* LED1 翻转 */
/* LED 电平翻转定义 */
#define LED0_TOGGLE()        do{ HAL_GPIO_TogglePin(LED0_GPIO_PORT,
        LED0_GPIO_PIN); }while(0)/* LED0 = ! LED0 */
#define LED1_TOGGLE()do{ HAL_GPIO_TogglePin(LED1_GPIO_PORT,
        LED1_GPIO_PIN); }while(0)/* LED1 = ! LED1 */
```

LED0 和 LED1 这两个宏定义,分别控制 LED0 和 LED1 的亮灭。比如,对于宏定义标识符 LED0(x),它的值是通过条件运算符来确定的。

当 x=0 时,宏定义的值为 HAL_GPIO_WritePin(LED0_GPIO_PORT, LED0_GPIO_PIN,GPIO_PIN_RESET),也就是设置 LED0_GPIO_PORT(PB5)输出低电平;

当 n! =0 时,宏定义的值为 HAL_GPIO_WritePin(LED0_GPIO_PORT, LED0_GPIO_PIN,GPIO_PIN_SET),也就是设置 LED0_GPIO_PORT(PB5)输出高电平。

根据前述定义,如果要设置 LED0 输出低电平,那么调用宏定义 LED0(0)即可,如果要设置 LED0 输出高电平,调用宏定义 LED0(1)即可。宏定义 LED1(x)同理。

LED0_TOGGLE 和 LED1_TOGGLE 这两个宏定义,分别控制 LED0 和 LED1 的翻转。这里利用 HAL_GPIO_TogglePin 函数实现 IO 口输出电平翻转操作。

下面再解析 led.c 的程序,这里只有一个函数 led_init,也就是 LED 灯的初始化函数,其定义如下:

```
/**
 * @brief 初始化 LED 相关 IO 口,并使能时钟
 * @param 无
 * @retval 无
 */
void led_init(void)
{
GPIO_InitTypeDef gpio_init_struct;
LED0_GPIO_CLK_ENABLE();    /* LED0 时钟使能 */
LED0_GPIO_CLK_ENABLE();    /* LED0 时钟使能 */
LED1_GPIO_CLK_ENABLE();    /* LED1 时钟使能 */
gpio_init_struct. Pin = LED0_GPIO_PIN;      * LED0 引脚 */
gpio_init_struct. Mode = GPIO_MODE_OUTPUT_PP;  /* 推挽输出 */
```

```
gpio_init_struct. Pull = GPIO_PULLUP;   /*上拉*/
gpio_init_struct. Speed = GPIO_SPEED_FREQ_HIGH;   /*高速*/
HAL_GPIO_Init(LED0_GPIO_PORT, &gpio_init_struct);   /*初始化 LED0 引脚*/
gpio_init_struct. Pin = LED1_GPIO_PIN;   /*LED1 引脚*/
HAL_GPIO_Init(LED1_GPIO_PORT, &gpio_init_struct);   /*初始化 LED1 引脚*/
LED0(1);                /*关闭 LED0*/
LED1(1);                /*关闭 LED1*/}
```

对 LED 灯的两个引脚都设置为中速上拉的推挽输出,最后关闭 LED 灯的输出,防止没有操作就亮灯。

2. main. c 代码

在 main. c 里面编写如下代码:

```
#include ". /SYSTEM/sys/sys. h"
#include ". /SYSTEM/usart/usart. h"
#include ". /SYSTEM/delay/delay. h"#include ". /BSP/LED/led. h"


int main(void)
{
    HAL_Init();   /*初始化 HAL 库*/
    sys_stm32_clock_init(RCC_PLL_MUL9);   /*设置时钟,72 MHz*/
    delay_init(72);   /*延时初始化*/
    led_init();   /*初始化 LED*/
    while (1)
    {
    LED0(0);   /*LED0 灭*/
    LED1(1);   /*LED1 亮*/
    delay_ms(500);
    LED1(1);   /*LED0 灭*/
    LED0(0);   /*LED1 亮*/
    delay_ms(500);
    }
}
```

3.5.4 下载验证

编译结果如图 3.5.2 所示。编译结果为 0 错误、0 警告。从编译信息可知,代码占用 FLASH 大小为 5 804 字节(5 442+362+28),所用的 SRAM 大小为 1 928 个字节(28+1 900)。编译结果中的 4 个数据的意义:

①Code 表示程序所占用 FLASH 的大小(FLASH)。

②RO-data 即 Read Only-data,表示程序定义的常量(FLASH)。

```
Build Output

Compiling stm32f1xx_hal_rcc.c...
Compiling stm32f1xx_hal_uart.c...
Compiling stm32f1xx_hal_usart.c...
Compiling led.c...
linking...
Program Size: Code=5442   RO-data=362   RW-data=28   ZI-data=1900
FromELF: creating hex file ...
".. \.. \Output\atk_f103.axf" - 0 Error(s) , 0 Warning (s).
Build Time Elapsed:  00:00:02
```

图 3.5.2　编译结果

③RW-data 即 Read Write-data,表示已被初始化的变量(FLASH + RAM)。

④ZI-data 即 Zero Init-data,表示未被初始化的变量(RAM)。

有了这个就可以知道你当前使用的 flash 和 ram 大小了,所以,一定要注意的是程序的大小不是. hex 文件的大小,而是编译后的 Code 和 RO-data 之和。接下来,大家就可以下载验证了。这里使用 DAP 仿真器(也可以使用其他调试器)下载。下载完之后,运行结果,可以看到 LED 灯的 LED0 和 LED1 交替亮。

第4章　HAL库

HAL(hardware abstraction layer)即硬件抽象层。HAL库是ST公司提供的外设驱动代码的驱动库,用户只需要调用库的API函数,便可间接配置寄存器。如果要写程序控制STM32单片机芯片,其实最终是控制它的寄存器,使之需要的模式下工作,HAL库将大部分寄存器的操作封装成函数,只需要学习和掌握HAL库函数的结构和用法,就能方便地驱动STM32单片机工作,以节省开发时间。

HAL库与STM32CubeMX关系密切,后者是以HAL库为基础的,对于开发者来说,大大节省了开发时间。

4.1　HAL库简介

库函数的引入大大降低了STM主控芯片开发的难度。ST公司为了方便用户开发STM32单片机芯片而提供了3种库函数,其时间产生顺序为标准库、HAL库和LL库。目前,ST已经逐渐暂停对部分标准库的支持,ST的库函数维护重点已经转移到HAL库和LL库上,下面分别为这3种库做一下简单的介绍。

1. 标准外设库(standard peripheral library)

标准外设库是对STM32单片机芯片的一个完整的封装,包括所有标准器件外设的器件驱动器,是ST公司最早推出的针对STM系列主控的库函数。标准库设计的初衷是减少用户的程序编写时间,进而降低开发成本。实现几乎全部使用C语言并严格按照Strict ANSI-C、MISRA-C 2004等多个C语言标准编写。但标准外设库仍然接近于寄存器操作,主要是将一些基本的寄存器操作封装成C函数。开发者仍需要关注所使用的外设是在哪个总线上,以及具体寄存器的配置等底层信息。

ST公司为各系列提供的标准外设库稍有区别。比如STM32F1x的库和STM32F3x的库在文件结构上有所不同,此外,在内部实现上稍有区别,在具体使用(移植)时需要注意。但不同系列之间的差别并不大,而且在设计上是相同的。STM32单片机的标准外设库涵盖以下3个抽象级别:

(1)包含位域和寄存器在内的完整的寄存器地址映射。

(2)涵盖所有外围功能(具有公共API的驱动器)的例程和数据结构的集合。

(3)一组包含所有可用外设的示例,其中包含最常用的开发工具的模板项目。关于更详细的信息,可参考ST的官方文档《STM32固件库使用手册中文翻译版》,文档中对标准外设库函数命名、文件结构等都有详细说明。值得一提的是,由于STM32单片机的产品性能及标准库代码的规范和易读性,以及例程的全覆盖性,使STM32单片机的开发难度大大下降,但ST公司从L1后的芯片L0、L4和F7等系列后,没有再推出相应的标准库支持包。

2. HAL 库

HAL 是 ST 公司为可以更好地确保跨 STM32 单片机产品的最大可移植性而推出的 MCU 操作库。这种程序设计由于抽离应用程序和硬件底层的操作，更加符合跨平台和多人协作开发的需要。HAL 库是基于一个非限制性的 BSD 许可协议（berkeley software distribution）而发布的开源代码。ST 公司制作的中间件堆栈（USB 主机和设备库，STemWin）带有允许轻松重用的许可模式，只要是在 ST 公司的 MCU 芯片上使用，库中的中间件（USB 主机/设备库，STemWin）协议栈即被允许修改，并可以反复使用。至于基于其他著名的开源解决方案商的中间件（FreeRTOS、FatFs、LwIP 和 PolarSSL）也具有友好的用户许可条款。HAL 库是从 ST 公司从自身芯片的整个生产生态出发，为了方便维护而做的一次整合，以改变标准外设库带来各系列芯片操作函数结构差异大、分化大、不利于跨系列移植的情况。相比标准外设库，STM32Cube HAL 库表现出更高的抽象整合水平，HAL 库的 API 集中关注各外设的公共函数功能，这样便于定义一套通用的用户友好的 API 函数接口，从而可以轻松实现从一个 STM32 单片机产品移植到另一个不同的 STM32 单片机系列产品。但封闭函数为了适应最大的兼容性，HAL 库的一些代码实际上的执行效率要远低于寄存器操作。即便如此，HAL 库仍是 ST 公司未来主推的库。

3. LL 库

LL 库（low layer）目前与 HAL 库捆绑发布，它被设计为比 HAL 库更接近于硬件底层的操作，代码更轻量级，代码执行效率更高的库函数组件，可以完全独立于 HAL 库来使用，但 LL 库不匹配复杂的外设（如 USB 等）。所以 LL 库并不是每个外设都有对应的完整驱动配置程序。使用 LL 库需要对芯片的功能有一定的认知和了解，它可以独立使用，完全抛开 HAL 库，也可以混合使用，和 HAL 库结合使用。

HAL 库在设计时会更注重软硬件分离。HAL 库的 API 集中关注各个外设的公共函数功能，便于定义通用性更好、更友好的 API 函数接口，从而具有更好的可移植性。HAL 库写的代码在不同的 STM32 单片机产品上移植，非常方便。需要学会调用 HAL 库的 API 函数，并配置对应外设，这就是 HAL 库能做的事，但是无论库封装得多高级，最终还是要通过配置寄存器来实现。所以，学习 HAL 库的同时建议学习外设的工作原理和寄存器的配置。只有掌握了原理，才能更好地使用 HAL 库，一旦发生问题也能更快速地定位和解决问题。HAL 库可以和 STM32CubeMX（图形化软件配置工具）配套使用，开发者可以使用该工具进行可视化配置，并自动生成配置好的初始化代码，大大节省开发时间。

4.2 HAL 库驱动包

HAL 库是 ST 公司推出的 STM32Cube 软件生态下的一个分支。STM32Cube 是 ST 公司提供的一套免费开发工具和 STM32Cube 固件包，旨在通过减少开发工作、时间和成本来简化开发人员的工作，并覆盖整个 STM32 单片机产品。它包含两个关键部分：①允许用户通过图形化向导来生成 C 语言工程的图形配置工具 STM32CubeMX。可以通过 CubeMX 实现方便地下载各种软件或开发固件包。②包括由 STM32Cube 硬件抽象层（HAL），还有一组一致的中间件组件（RTOS、USB、FAT 文件系统、图形、TCP/IP 和以太网),以及一系列完整的例程组成的 STM32Cube 固件包。ST 公司提供了多种获取固件包的方法。本节只介绍从 ST 官方网站上直接获取固件库的方法。网页登陆:www.st.com,在打开的页面中依次选择:

"Tools & Software→Ecosystem →STM32Cube →新页面→Prodcut selector",如图 4.2.1 所示。

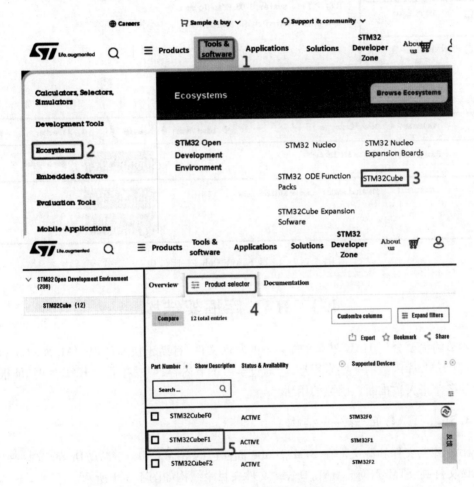

图 4.2.1　STM32CubeF1 的固件下载位置

在展开的页面中选择需要的固件,展开"STM32CubeF1"时即可看到需要的 F1 的安装包,如图 4.2.2 所示,在新的窗口中拉到底部,选择适合自己的下载方式,注册账号即可获取相应的驱动包。

STM32Cube 固件包完全兼容 STM32CubeMX。图形配置工具 STM32CubeMX 入门使用需要 STM32F1 基础,所以本内容安排在第 6 章讲述。

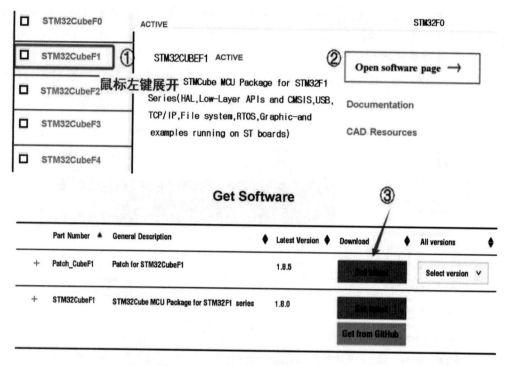

图 4.2.2　下载 STM32CubeF1 固件包

4.3　HAL 库框架结构

本节将简要分析 HAL 驱动文件夹下的驱动文件,有助于快速认识 HAL 库驱动的构成,以及 HAL 库函数的一些常用形式,通过学习本节内容,可以在遇到 HAL 库时,能根据函数的名字来大致推断该函数的用法。

4.3.1　HAL 库文件夹结构

HAL 库头文件和源文件在 STM32Cube 固件包的 STM32F1xx_HAL_Driver 文件夹中,打开该文件夹,STM32F1xx_HAL_Driver 文件夹目录结构如图 4.3.1 所示。

STM32F1xx_HAL_Driver 文件夹下的 Src(Source 的简写)文件夹存放的是所有外设的驱动程序源码,Inc(Include 的简写)文件夹存放的是对应源码的头文件。Release_ Notes.html 是 HAL 库的版本更新信息。最后 4 个是库的用户手册,方便查阅对应库函数的使用。打开 Src 和 Inc 文件夹,基本都是以 stm32f1xx_hal_ 和 stm32f1xx_ll_ 开头的.c 和.h 文件。stm32f1xx_hal_ 开头的文件是 HAL 库,stm32f1xx_ll_ 开头的文件是 LL 库。

4.3.2　HAL 库文件介绍

HAL 库关键文件介绍如表 4.3.1 所示,表中 ppp 代表任意外设。

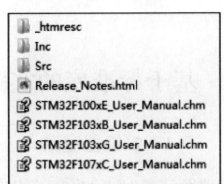

图 4.3.1　STM32F1xx_HAL_Driver 文件夹目录结构

表 4.3.1　HAL 库关键文件介绍

文件	描述
sm32flxx_hal. c stm32flxx_hal. h	初始化 HAL 库(如 HAL_Init、HAL_DeInit、HAL_DClay 等),主要实现 HLA 库的初始化、系统滴答、HAL 库延时函数、IO 重映射和 DBGMCU 功能
stm32flxx_hal_conf. h HAL 库中本身没有这个文件,可以自行定义,也可以直接使用"Inc"文件夹下 stm32flxx_hal_conf_templatc. h 的内容作为参考模板	HAL 的用户配置文件,stm32fxx_hal. h 引用了这个文件,用来对 HAL 库进行裁剪。由于 Hal 库的很多配置都是通过预编译的条件宏来决定是否使用这一 HAL 库的功能,这也是当前的主流库(如 LWIP/FrecRTOS 等)的做法,无须修改库函数的源码,通过使能/不使能一些宏来实现库函数的裁剪
stm32f1xx_hal_dcf. h	通用 HAL 库资源定义,包含 HAL 的通用数据类型定义。声明、枚举、结构体和宏定义。如 HAL 函数操作结果返回值类型 HAL_StausTypeDef 就是在这个文件中定义的
stm32flxx_hal_cortex. h stm32flxx_hal_cortex. c	它是一些 Cortex 内核通用函数声明和定义,如中断优先级 NVIC 配置、MPU、系统软复位及 Systick 配置等。与前面 core_cm3. h 的功能类似
stm32flxx_hal_ppp. c stm32flxx_hal_ppp. h	外设驱动函数。对于所有的 STM32 该驱动名称都相同。ppp 代表一类外设,包含该外设的操作 API 函数。比如,当 ppp 为 adc 时,这个函数就是 stm32flxx_hal_adc. c/h,可以分别在 Src/lnc 目录下找到
stm 32flxx_hal_ppp_ex. c stm32f1xx_hal_ppp_cx. h	外设特殊功能的 API 文件,作为标准外设驱动的功能补充和扩展,针对部分型号才有的特殊外设做功能扩展,或在外设的实现功能与标准方式完全不同的情况下做重新初始化的备用接口。ppp 的含义同标准外设驱动
stm32flxx_ll_ppp. c stm32f1xx_ll_ppp. h	LL 库文件,在一些复杂外设中实现底层功能,在部分 stm32flxx_hal_ppp. c 中被调用

以上是 HAL 库最常见的文件的列表,在 Src/Inc 下面还有 Legacy 文件夹,用于特殊外设的补充说明。

第5章　基于标准库的实践项目

5.1　蜂鸣器驱动

本章所举实例都可在正点原子战舰开发板上实现。STM32F1 的 I/O 口作为输出使用,不同的是本章讲的不是用 I/O 口直接驱动器件,而是通过三极管间接驱动。本书将利用一个 I/O 口来控制板载的有源蜂鸣器。

蜂鸣器是一种一体化结构的电子讯响器,采用直流电压供电,广泛应用于计算机、打印机、复印机、报警器、电子玩具、汽车电子设备、电话机、定时器等电子产品中作发声器件。蜂鸣器主要分为压电式蜂鸣器和电磁式蜂鸣器两种类型。

STM32F103 战舰开发板载的蜂鸣器是电磁式的有源蜂鸣器(图 5.1.1)。

图 5.1.1　有源蜂鸣器

这里的"有源"不是指电源的"源",而是指是否自带震荡电路,有源蜂鸣器自带震荡电路,通电就会发声;无源蜂鸣器则没有自带震荡电路,必须外部提供 2~5 kHz 的方波驱动才能发声。

第 4 章中利用 STM32 单片机的 I/O 口直接驱动 LED 灯,本章的蜂鸣器能否直接用 STM32 单片机的 I/O 口驱动呢? STM32F1 的单个 I/O 口最大可以提供 25 mA 电流(来自数据手册),而蜂鸣器的驱动电流为 30 mA 左右,两者十分相近,但是全盘考虑,STM32F1 整个芯片的电流,最大需要节省 150 mA,如果用 I/O 口直接驱动蜂鸣器,其他地方用电,所以不用 STM32F1 的 I/O 口直接驱动蜂鸣器,而是通过三极管扩流后再驱动蜂鸣器,这样 STM32F1 的 I/O 口只需要提供不到 1 mA 的电流就足够了。

I/O 口的使用虽然简单,但是和外部电路的匹配设计是十分讲究的,考虑越多,设计越可靠,可能出现的问题越少。

5.1.1　硬件设计

1. 例程功能

蜂鸣器每隔 300 ms 响或停一次。LED0 每隔 300 ms 亮或灭一次。LED0 亮的时候,蜂鸣器不叫;LED0 熄灭的时候,蜂鸣器叫。

2. 硬件资源

（1）LED 灯。

LED-PB5。

（2）蜂鸣器。

BEEP-PB8。

3. 原理图

蜂鸣器在硬件上是直接连接好的，不需要经过任何设置，直接编写代码即可。蜂鸣器的驱动信号连接在 STM32F1 的 PB8 上（图 5.1.2）。

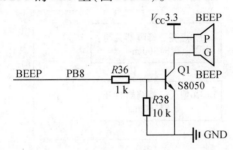

图 5.1.2　蜂鸣器与 STM32F1 连接原理

用一个 NPN 三极管（S8050）来驱动蜂鸣器，驱动信号通过 $R36$ 和 $R38$ 间的电压获得，芯片上电时默认电平为低电平，故上电时蜂鸣器不会直接响起。当 PB8 输出高电平的时候，蜂鸣器发声；当 PB8 输出低电平的时候，蜂鸣器停止发声。

5.1.2　程序设计

本实验只是用到 GPIO 外设输出功能，关于 HAL 库的 GPIO 的 API 函数请看跑马灯实验的介绍。蜂鸣器实验程序流程图如图 5.1.3 所示。

1. 蜂鸣器驱动代码

该部分内容为核心代码，详细的源码请大家参考正点原子资料相应实例对应的源码。蜂鸣器（BEEP）驱动源码包括两个文件：beep.c 和 beep.h。

下面先解析 beep.h 的程序，将其分为两部分功能进行解析。

（1）蜂鸣器引脚定义。

由硬件设计小节可知，驱动蜂鸣器的三极管在硬件上连接到 PB8，类似跑马灯实验，本书做了以下引脚定义。

```
/* 引脚定义 */
#define BEEP_GPIO_PORT GPIOB
#define BEEP_GPIO_PIN GPIO_PIN_8
/* PB 口时钟使能 */
#define BEEP_GPIO_CLK_ENABLE() do{ __HAL_RCC_GPIOB_CLK_ENABLE(); } while(0)
```

（2）蜂鸣器操作函数定义。

为了后续对蜂鸣器进行便捷的操作，本书为蜂鸣器操作函数做了以下定义。

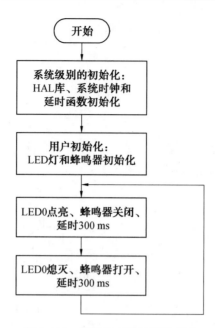

图 5.1.3　蜂鸣器实验程序流程图

／＊蜂鸣器控制＊／

#define BEEP(x)do{ x ? \

HAL_GPIO_WritePin(BEEP_GPIO_PORT,BEEP_GPIO_PIN,GPIO_PIN_SET):\

HAL_GPIO_WritePin(BEEP_GPIO_PORT, BEEP_GPIO_PIN,GPIO_PIN_RESET);\

|while(0)

／＊BEEP 状态翻转＊／

#define BEEP_TOGGLE()do{HAL_GPIO_TogglePin(BEEP_GPIO_PORT,BEEP_GPIO

_PIN);\

|while(0)

BEEP(x)这个宏定义是控制蜂鸣器的打开和关闭的。比如,如果要打开蜂鸣器,那么调用宏定义 BEEP(1)即可;如果要关闭蜂鸣器,那么调用宏定义 BEEP(0)即可。

BEEP_TOGGLE()是控制蜂鸣器进行翻转的。这里也利用 HAL_GPIO_TogglePin 函数实现 IO 口输出电平取反操作。

下面再解析 beep.c 的程序,这里只有一个函数 beep_init,即蜂鸣器的初始化函数,其定义如下:

／＊＊

＊@ brief 初始化 BEEP 相关 IO 口,并使能时钟

＊@ param 无 ＊@ retval 无

＊／

void beep_init(void)

{

GPIO_InitTypeDef gpio_init_struct;

```
BEEP_GPIO_CLK_ENABLE( );/ * BEEP 时钟使能 */
gpio_init_struct. Pin = BEEP_GPIO_PIN;/ * 蜂鸣器引脚 */
gpio_init_struct. Mode = GPIO_MODE_OUTPUT_PP;/ * 推挽输出 */
gpio_init_struct. Pull = GPIO_PULLUP;/ * 上拉 */
gpio_init_struct. Speed = GPIO_SPEED_FREQ_HIGH;/ * 高速 */
HAL_GPIO_Init( BEEP_GPIO_PORT, &gpio_init_struct);/ * 初始化蜂鸣器引脚 */
BEEP(0);/ * 关闭蜂鸣器 */}
```

对蜂鸣器的控制引脚模式设置为高速上拉的推挽输出。最后,关闭蜂鸣器,防止其没有操作就发出声音。

2. main. c 代码

在 main. c 里面编写如下代码:

```
#include ". /SYSTEM/sys/sys. h"
#include ". /SYSTEM/usart/usart. h"
#include ". /SYSTEM/delay/delay. h"
#include ". /BSP/LED/led. h" #include ". /BSP/BEEP/beep. h"
int main( void)
{
HAL_Init( );   / * 初始化 HAL 库 */
sys_stm32_clock_init( RCC_PLL_MUL9);   / * 设置时钟,72 MHz */
delay_init(72);   / * 初始化延时函数 */
led_init( );   / * 初始化 LED */
beep_init( );   / * 初始化蜂鸣器 */
while (1)
{
    LED0(0);
    BEEP(0);
    delay_ms(300);
    LED0(1);
    BEEP(1);
    delay_ms(300);
}
}
```

首先初始化 HAL 库、系统时钟和延时函数。接下来,调用 led_init 来初始化 RGB 灯,调用 beep_init 函数初始化蜂鸣器。最后,在无限循环里实现 LED0 和蜂鸣器间隔 300 ms 交替闪烁并打开、关闭各一次。

5.1.3　下载验证

下载完成后,可以看到 LED0 亮的时候,蜂鸣器不叫;LED0 熄灭的时候,蜂鸣器叫

（因为它们的有效信号相反）。间隔为 0.3 s 左右,符合预期设计。

5.2 按键输入

使用 STM32F1 的 IO 口作为输入。将利用板载的 3 个按键来控制板载的两个 LED 灯的亮灭。几乎每个开发板都会板载且有独立按键,因为按键的用处很多。常态下,独立按键是断开的,按下的时候才闭合。每个独立按键会单独占用一个 IO 口,通过 IO 口的高低电平来判断按键的状态。但是按键在闭合和断开的时候,都存在抖动现象,即按键在闭合时不会马上就稳定的连接,断开时也不会马上断开。这是机械触点,是无法避免的。独立按键抖动波形如图 5.2.1 所示。

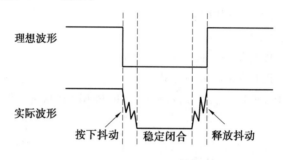

图 5.2.1 独立按键抖动波形

图 5.2.1 中的按键按下抖动和释放抖动的时间一般为 5～10 ms,如果在抖动阶段采样,其不稳定状态可能出现一次按键动作被认为是多次按下的情况。为了避免抖动可能带来的错误操作,要做的措施是给按键消抖(即采样稳定闭合阶段)。消抖方法分为硬件消抖和软件消抖,常用的方法是软件消抖。

(1)软件消抖。软件消抖的方法很多,例程中使用的是最简单的延时消抖。当检测到按键按下后,一般进行 10 ms 延时,用于跳过抖动的时间段,如果消抖效果不好,可以调整 10 ms 延时,因为不同类型的按键抖动时间可能有偏差。待延时过后再检测按键状态,如果没有按下,那就判断这是抖动或干扰造成的;如果按下,那么认为按键真正按下。对按键释放的判断同理。

(2)硬件消抖。利用 RC 电路的电容充放电特性来对抖动产生的电压毛刺进行平滑处理,从而实现消抖,但是成本会高一些,本着节约的原则,推荐使用软件消抖。

5.2.1 GPIO 端口输入数据寄存器(IDR)

本实验将会用到 GPIO 端口输入数据寄存器。该寄存器用于存储 GPIOx 的输入状态,它被连接到施密特触发器上,IO 口外部的电平信号经过触发器后,模拟信号被转化成 0 和 1 这样的数字信号,并存储到该寄存器中。GPIOx IDR 寄存器描述如图 5.2.2 所示。

该寄存器低 16 位有效,分别对应每一组 GPIO 的 16 个引脚。当 CPU 访问该寄存器,如果对应的某位为 0(IDRy = 0),则说明该 IO 口输入的是低电平,如果对应的某位为 1(IDRy = 1),则表示输入的是高电平,y = 0～15。

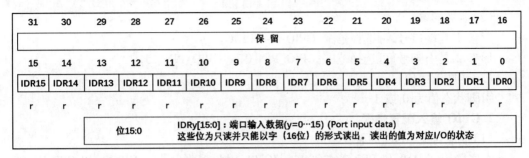

31	30	29	28	27	26	25	24	23	22	21	20	19	18	17	16
保　留															

15	14	13	12	11	10	9	8	7	6	5	4	3	2	1	0
IDR15	IDR14	IDR13	IDR12	IDR11	IDR10	IDR9	IDR8	IDR7	IDR6	IDR5	IDR4	IDR3	IDR2	IDR1	IDR0
r	r	r	r	r	r	r	r	r	r	r	r	r	r	r	r

位15:0	IDRy[15:0]：端口输入数据(y=0…15) (Port input data) 这些位为只读并只能以字〔16位〕的形式读出。读出的值为对应I/O的状态

图 5.2.2　GPIOx IDR 寄存器描述

5.2.2　硬件设计

1. 例程功能

通过开发板上的 4 个独立按键控制 LED 灯：KEY_UP 控制蜂鸣器翻转，KEY1 控制 LED1 翻转，KEY2 控制 LED0 翻转，KEY0 控制 LED0/LED1 同时翻转。

2. 硬件资源

（1）LED 灯。

LED0—PB5、LED1—PE5。

（2）独立按键。

KEY0—PE4、KEY1—PE3、KEY2—PE2、KEY_UP—PA0。

3. 原理图

独立按键与 STM32F1 连接原理如图 5.2.3 所示。

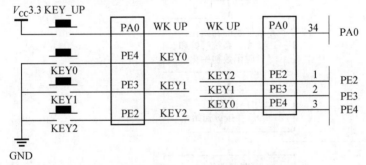

图 5.2.3　独立按键与 STM32F1 连接原理

需要注意的是，KEY0、KEY1 和 KEY2 是低电平有效的，而 KEY_UP 则是高电平有效的，并且外部都没有上下拉电阻，所以需要在 STM32F103 内部设置上下拉电阻，来确定设置空闲电平状态。

5.2.3　程序设计

1. HAL_GPIO_ReadPin 函数

HAL_GPIO_ReadPin 函数是 GPIO 口的读引脚函数。其声明如下：GPIO_PinState HAL_GPIO_ReadPin(GPIO_TypeDef ∗ GPIOx，uint16_t GPIO_Pin)。

（1）函数描述。

用于读取 GPIO 引脚状态，通过 IDR 寄存器读取。

（2）函数形参。

形参 1 是端口号,可选择范围:GPIOA ~ GPIOG。

形参 2 是引脚号,可选择范围:GPIO_PIN_0 ~ GPIO_PIN_15。

（3）函数返回值。

引脚状态值为 0 或 1。

2. GPIO 输入配置步骤

（1）使能对应 GPIO 时钟。

本实验用到 PA0 和 PE2/3/4 等 4 个 IO 口,因此需要先使能 GPIOA 和 GPIOE 的时钟,代码如下:

_HAL_RCC_GPIOA_CLK_ENABLE( );

_HAL_RCC_GPIOE_CLK_ENABLE( );

（2）设置对应 GPIO 工作模式(上拉/下拉输入)。

本实验 GPIO 使用输入模式(带上拉/下拉),从而可以读取 IO 口的状态,实现按键检测,GPIO 模式通过函数 HAL_GPIO_Init 来设置实现。

（3）读取 GPIO 引脚高低电平。

在配置好 GPIO 工作模式后,可通过 HAL_GPIO_ReadPin 函数读取 GPIO 引脚的高低电平,从而实现按键检测。

3. 程序流程图

本实验关于按键功能的使用,下面直接给出本实验的连接流程(图 5.2.4)。

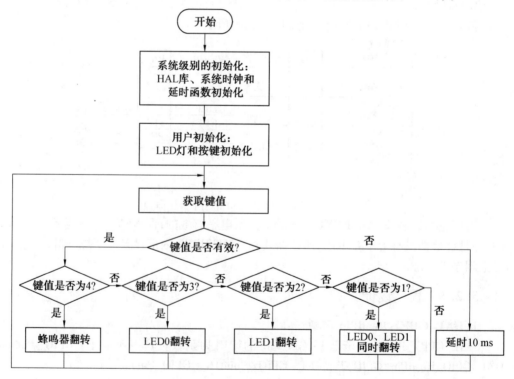

图 5.2.4　独立按键与 STM32F1 连接流程

5.2.4　程序解析

1. 按键驱动代码

该部分内容为核心代码,详细的源码请大家参考正点原子资料相应实例对应的源码。按键(KEY)驱动源码包括两个文件:key. c 和 key. h。

(1)key. h 的程序。

①按键引脚定义。由硬件设计小节可知,KEY0、KEY1、KEY2 和 KEY_UP 分别连接到 PE4、PE3、PE2 和 PA0 上,本书做了以下引脚定义。

```
/*引脚定义*/
#define   KEY0_GPIO_PORT                GPIOE
#define KEY0_GPIO_PIN                   GPIO_PIN_4
/* PE 口时钟使能*/
#define KEY0_GPIO_CLK_ENABLE( )          do{ _HAL_RCC_GPIOE_CLK_ENABLE
( ); }while(0)
#define KEY1_GPIO_PORT                  GPIOE
#define KEY1_GPIO_PIN                   GPIO_PIN_3
/* PE 口时钟使能*/
#define KEY1_GPIO_CLK_ENABLE( )          do{ _HAL_RCC_GPIOE_CLK_ENABLE
( ); }while(0)
#define KEY2_GPIO_PORT                  GPIOE
#define KEY2_GPIO_PIN                   GPIO_PIN_2
/* PE 口时钟使能*/
#define KEY2_GPIO_CLK_ENABLE( )          do{ _HAL_RCC_GPIOE_CLK_ENABLE
( ); }while(0)
#define WKUP_GPIO_PORT                  GPIOA
#define WKUP_GPIO_PIN                   GPIO_PIN_0
/* PA 口时钟使能*/
#define WKUP_GPIO_CLK_ENABLE( )          do{ _HAL_RCC_GPIOA_CLK_ENABLE
( ); }while(0)
```

②按键操作函数定义。为了后续对按键进行便捷的操作,为按键操作函数做了以下定义。

```
#define KEY0 HAL_GPIO_ReadPin( KEY0_GPIO_PORT, KEY0_GPIO_PIN)    /*读取
KEY0 引脚*/
#define KEY1 HAL_GPIO_ReadPin( KEY1_GPIO_PORT, KEY1_GPIO_PIN)    /*读取
KEY1 引脚*/
#define KEY2 HAL_GPIO_ReadPin( KEY2_GPIO_PORT, KEY2_GPIO_PIN)    /*读取
KEY2 引脚*/
#define WK_UP HAL_GPIO_ReadPin( WKUP_GPIO_PORT, WKUP_GPIO_PIN)    /*
```

读取 WKUP 引脚*/

```
#define KEY0_PRES 1    /* KEY0 按下*/
#define KEY1_PRES 2    /* KEY1 按下*/
#define KEY2_PRES 3    /* KEY2 按下*/
#define WKUP_PRES 4    /* KEY_UP 按下(即 WK_UP)*/
```

KEY0、KEY1、KEY2 和 WK_UP 分别是读取对应按键状态的宏定义。用 HAL_GPIO_ReadPin 函数实现,该函数的返回值是 IO 口的状态,返回值是枚举类型,取值为 0 或 1。

KEY0_PRES、KEY1_PRES、KEY2_PRES 和 WKUP_PRES 是按键对应的 4 个键值宏定义标识符。

(2)key.c 的程序。

①按键初始化函数,其定义如下:

```
/**
 *@brief 按键初始化函数
 *@param 无 *@retval
 无
 */
void key_init(void)
{
GPIO_InitTypeDef gpio_init_struct;   /* GPIO 配置参数存储变量*/
KEY0_GPIO_CLK_ENABLE();   /* KEY0 时钟使能*/
KEY1_GPIO_CLK_ENABLE();   /* KEY1 时钟使能*/
KEY2_GPIO_CLK_ENABLE();   /* KEY2 时钟使能*/
WKUP_GPIO_CLK_ENABLE();   /* WKUP 时钟使能*/

gpio_init_struct.Pin = KEY0_GPIO_PIN;   /* KEY0 引脚*/
gpio_init_struct.Mode = GPIO_MODE_INPUT;   /* 输入*/
gpio_init_struct.Pull = GPIO_PULLUP;   /* 上拉*/
gpio_init_struct.Speed = GPIO_SPEED_FREQ_HIGH;   /* 高速*/
HAL_GPIO_Init(KEY0_GPIO_PORT, &gpio_init_struct);   /* KEY0 引脚模式设置*/
gpio_init_struct.Pin = KEY1_GPIO_PIN;   /* KEY1 引脚*/
gpio_init_struct.Mode = GPIO_MODE_INPUT;   /* 输入*/
gpio_init_struct.Pull = GPIO_PULLUP;   /* 上拉*/
gpio_init_struct.Speed = GPIO_SPEED_FREQ_HIGH;   /* 高速*/
HAL_GPIO_Init(KEY1_GPIO_PORT, &gpio_init_struct);   /* KEY1 引脚模式设置*/
gpio_init_struct.Pin = KEY2_GPIO_PIN;   /* KEY2 引脚*/
gpio_init_struct.Mode = GPIO_MODE_INPUT;   /* 输入*/
gpio_init_struct.Pull = GPIO_PULLUP;   /* 上拉*/
gpio_init_struct.Speed = GPIO_SPEED_FREQ_HIGH;   /* 高速*/
```

HAL_GPIO_Init(KEY2_GPIO_PORT, &gpio_init_struct)；　/＊KEY2 引脚模式设置＊/

gpio_init_struct. Pin = WKUP_GPIO_PIN；　/＊WKUP 引脚＊/

gpio_init_struct. Mode = GPIO_MODE_INPUT；　/＊输入＊/

gpio_init_struct. Pull = GPIO_PULLDOWN；　/＊下拉＊/

gpio_init_struct. Speed = GPIO_SPEED_FREQ_HIGH；　/＊高速＊/HAL_GPIO_Init
(WKUP_GPIO_PORT, &gpio_init_struct)；　/＊WKUP 引脚模式设置＊/

　　}

　　需要注意的是,KEY0 和 KEY1 是低电平有效的(即一端接地),所以要设置为内部上拉,而 KEY_UP 是高电平有效的(即一端接电源),所以要设置为内部下拉。

　　②按键扫描函数,其定义如下:

/＊＊

＊@brief 按键扫描函数

＊@note 该函数有响应优先级(同时按下多个按键)：WK_UP > KEY2 > KEY1 > KEY0！！

＊@param mode:0/1, 具体含义如下:

＊@arg 0,不支持连续按(当按键按下不放时,只有第一次调用会返回键值,必须松开以后, 再次按下才会返回其他键值)

＊@arg 1, 支持连续按(当按键按下不放时, 每次调用该函数都会返回键值)

＊@retval 键值, 定义如下:

＊KEY0_PRES, 1, KEY0 按下

＊KEY1_PRES, 2, KEY1 按下

＊KEY2_PRES, 3, KEY2 按下

＊WKUP_PRES, 4, WKUP 按下

＊/

uint8_t key_scan(uint8_t mode)

{

static uint8_t key_up = 1；　/＊按键按松开标志＊/uint8_t keyval = 0；

if (mode)key_up = 1；　/＊支持连按＊/

if (key_up && (KEY0 == 0 || KEY1 == 0 || KEY2 == 0 || WK_UP == 1))

{/＊按键松开标志为 1, 且有任意一个按键按下了＊/

delay_ms(10)；　/＊去抖动＊/key_up = 0；

if (KEY0 == 0)keyval = KEY0_PRES；

　　if (KEY1 == 0)keyval = KEY1_PRES；

　　if (KEY2 == 0)keyval = KEY2_PRES；

　　if (WK_UP == 1)keyval = WKUP_PRES；

}

else if (KEY0 == 1 && KEY1 == 1 && KEY2 == 1 && WK_UP == 0)

{　/＊没有任何按键按下, 标记按键松开＊/

```
    key_up = 1;
}
return keyval;  /*返回键值
*/}
```

key_scan 函数用于扫描这 4 个 IO 口是否有按键按下。key_scan 函数支持两种扫描方式,通过 mode 参数来设置。

当 mode 为 0 时,key_scan 函数将不支持连续按,扫描某个按键,该按键按下后必须要松开,才能第二次触发,否则不会再响应这个按键,这样的好处是可以防止按一次多次触发,而坏处是在需要长按时比较不合适。

当 mode 为 1 时,key_scan 函数将支持连续按,如果某个按键一直按下,则会一直返回这个按键的键值,这样可以方便实现长按检测。

有了 mode 这个参数,大家可以根据自己的需要,选择不同的方式。该函数中有 static 变量,所以该函数不是一个可重入函数。该函数的消抖延时是 10 ms。同时有一点要注意的是,该函数的按键扫描是有优先级的,最优先的是 KEY_UP,第二优先的是 KEY0,最后是按键 KEY2。该函数有返回值,如果有按键按下,则返回非 0 值,如果没有或按键不正确,则返回 0 值。

2. main. c 代码

在 main. c 里编写如下代码:

```
int main(void)
{
    uint8_t key;
    HAL_Init();  /*初始化 HAL 库*/
    sys_stm32_clock_init(RCC_PLL_MUL9);  /*设置时钟,72 MHz*/
    delay_init(72);  /*延时初始化*/
    led_init();  /*初始化 LED*/
    beep_init();  /*初始化蜂鸣器*/
    key_init();  /*初始化按键*/
        LED0(0);  /*先点亮 LED0*/
    while(1)
{
    key = key_scan(0);  /*得到键值*/
    if (key)
    {
    switch (key)
    case WKUP_PRES:  /*控制蜂鸣器*/
        BEEP_TOGGLE();  /*BEEP 状态取反*/
        break;
    case KEY2_PRES:  /*控制 LED0(RED)翻转*/
```

```
        LED0_TOGGLE( ) ；　／＊LED0 状态取反＊／
            break ；
        case KEY1_PRES：　／＊控制 LED1（GREEN）翻转＊／
        LED1_TOGGLE( ) ；　／＊LED1 状态取反＊／
            break ；
        case KEY0_PRES：　／＊同时控制 LED0、LED1 翻转＊／
        LED0_TOGGLE( ) ；　／＊LED0 状态取反＊／
        LED1_TOGGLE( ) ；　／＊LED1 状态取反＊／
            break ；
        }
    }
        else
    {
        delay_ms( 10 ) ；
            }
    }
```

首先是调用系统级别的初始化：初始化 HAL 库、系统时钟和延时函数。接下来,调用 led_init 来初始化 LED 灯,调用 key_init 函数初始化按键。最后在无限循环中扫描获取键值,接着用键值判断哪个按键按下,如果有按键按下则翻转相应的灯,如果没有按键按下则延时 10 ms。

5.2.5　下载验证

在下载好程序后,可以按 KEY0、KEY1、KEY2 和 KEY_UP 来观察 LED 灯的变化是否与预期的结果一致。

本章学习了 STM32F103 的 IO 作为输入的使用方法,在前面的 GPIO 输出的基础上又学习了一种 GPIO 使用模式,可以回顾前面跑马灯实验介绍的 GPIO 的 8 种模式类型来巩固 GPIO 的知识。

5.3　电容触摸按键

5.3.1　电容触摸按键简介

电容式触摸按键已经广泛应用在家用电器、消费电子市场,其主要优势为无机械装置,使用寿命长；非接触式感应,面板不需要开孔；产品更加美观简洁；防水效果好。

本实验选用正点原子战舰 STM32F103ZE 开发板,开发板上的触摸按键标识符是 TPAD,TPAD 其实是一小块覆铜区域,其形状是正点原子的 logo,如图 5.3.1 所示。

与机械按键不同,这里使用的是检测电容充放电时间的方法来判断其是否有触摸,图 5.3.2 中的 A、B 分别表示有无触摸按下时电容的充放电曲线。其中 R 是外接的电容充

图 5.3.1　电容按键 TPAD 外观

电电阻, C_S 是没有触摸按下时 TPAD 与 PCB 之间的杂散电容。而 C_X 则是有手指按下时, 手指与 TPAD 之间形成的电容。图中的开关是电容放电开关(实际使用时, 由 STM32F1 的 IO 代替)。

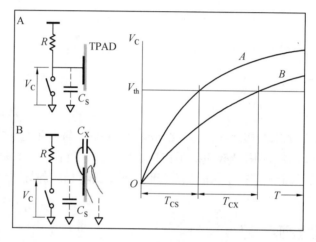

图 5.3.2　电容按键 TPAD 电路

先用开关将 C_S(或 C_S+C_X)上的电放尽, 然后断开开关, 让 R 给 C_S(或 C_S+C_X)充电, 当没有手指触摸的时候, C_S 的充电曲线如图中的 A 曲线一样。而当有手指触摸的时候, 手指和 TPAD 之间引入了新的电容 C_X, 此时 C_S+C_X 的充电曲线如图中的 B 曲线一样。 由图 5.3.2 可知, A、B 两种情况下, V_C 达到 V_{th} 的时间分别为 T_{CS} 和 $T_{CS}+T_{CX}$。

其中, 除了 C_S 和 C_X 需要计算, 其他都是已知的, 根据电容充放电公式

$$V_C = V_0 \times (1 - e^{\frac{-t}{RC}})$$

式中, V_C 为电容电压; V_0 为充电电压; R 为充电电阻; C 为电容容值; e 为自然底数; t 为充电时间。

根据这个公式可以计算出 C_S 和 C_X。利用这个公式可以把战舰开发板作为一个简单的电容计来直接测电容容量。

在本章中只要能够区分 T_{CS} 和 $T_{CS}+T_{CX}$ 就可以实现触摸检测, 当充电时间在 T_{CS} 附近就可以认为没有触摸, 而当充电时间大于 $T_{CS}+T_X$ 时, 就认为有触摸按下(T_X 为检测阀值)。

本章使用 PA1(TIM5_CH2)来检测 TPAD 是否有触摸, 在每次检测前先配置 PA1 为推挽输出, 将电容 C_S(或 C_S+C_X)放电, 再配置 PA1 为浮空输入, 利用外部上拉电阻给电容 $C_S(C_S+C_X)$充电, 同时开启 TIM5_CH2 的输入捕获, 检测上升沿, 当检测到上升沿时, 认为

电容充电完成,完成一次捕获检测。

在 MCU 每次复位重启时,需要执行一次捕获检测(可以认为没触摸),记录此时的值,记为 tpad_default_val,作为判断的依据。在后续的捕获检测中通过与 tpad_default_val 的对比来判断是不是有触摸发生。

5.3.2　硬件设计

1. 例程功能

LED0 用来指示程序运行,150 ms 变换一次状态,即约 300 ms 一次闪烁。不断扫描按键的状态,如果判定了电容触摸按键已按下,就把 LED1 的状态翻转一次。

2. 硬件资源

(1)LED 灯。

LED0–PB5、LED1–PE5。

(2)定时器 TIM5。

(3)GPIO:PA1,用于控制触摸按键 TPAD。

3. 原理图

电容按键 TPAD 的连接原理如图 5.3.3 所示。

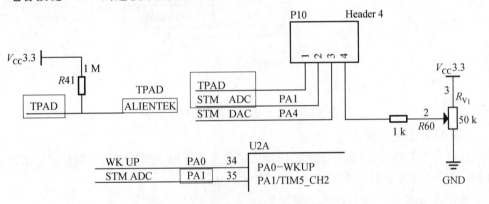

图 5.3.3　电容按键 TPAD 的连接原理

由于设计时 PA1 不直接连接到电容触摸按键,而是引到插针上,需要通过跳线帽把 P10 上标为 ADC 的引脚与 TPAD 的按键连接到一起,如图 5.3.4 所示。

图 5.3.4　用跳线帽连接电容按键 TPAD 和 PA1

5.3.3 程序设计

在基本定时器一节已经学习过定时器的输入捕获功能,这里可以类似地,用定时器 5 来实现这对 TPAD 引脚上的电平状态进行捕获的功能。本实验用到的 HAL 库驱动请回顾基本定时器实验的介绍。电容触摸按键实验程序流程如图 5.3.5 所示。

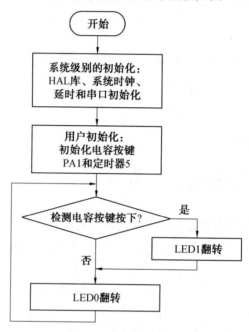

图 5.3.5　电容触摸按键实验程序流程

1. TPAD 驱动代码

这里只讲解核心代码,详细的源码请大家参考正点原子资料相应实例所对应的源码,TPAD 的驱动主要包括两个文件:tpad. c 和 tpad. h。

首先看 tpad. h 头文件的几个宏定义:

　/＊TPAD 引脚及定时器定义＊/

#define TPAD_GPIO_PORT GPIOA

#define TPAD_GPIO_PIN GPIO_PIN_1

/＊PA 口时钟使能＊/

#define TPAD_GPIO_CLK_ENABLE()　　　do{ _HAL_RCC_GPIOA_CLK_ENABLE
();}while(0)

#define TPAD_TIMX_CAP TIM5

#define TPAD_TIMX_CAP_CHY TIM_CHANNEL_2　/＊通道 Y, 1<= Y <=4 ＊/

#define TPAD_TIMX_CAP_CHY_CCRX TIM5->CCR2　/＊通道 Y 的捕获/比较寄存器＊/

#define TPAD_TIMX_CAP_CHY_CLK_ENABLE()\

do{ _HAL_RCC_TIM5_CLK_ENABLE();}while(0)　/＊TIM5 时钟使能＊/

PA1 是定时器 5 的 PWM 通道 2，如果使用其他定时器和它们对应的捕获通道的其他 I/O，只需要修改上面的宏。

利用前面描述的触摸按键的原理，上电时检测 TPA 上的电容的充放电时间，并以此为基准，每次需要重新检测 TPAD 时，通过比较充放电的时长来检测当前按键是否有按下，所以需要用定时器的输入捕获来监测低 TPAD 上低电平的时间。编写 tpad_timx_cap_init( )函数如下：

```
/* *
 * @brief 触摸按键输入捕获设置
 * @param arr：自动重装值
 * @param psc：时钟预分频数
 * @retval 无
 */
static void tpad_timx_cap_init(uint16_t arr, uint16_t psc)
{
    GPIO_InitTypeDef gpio_init_struct;
    TIM_IC_InitTypeDef timx_ic_cap_chy;
    TPAD_GPIO_CLK_ENABLE();          /* TPAD 引脚时钟使能 */
    TPAD_TIMX_CAP_CHY_CLK_ENABLE();   /* 定时器时钟使能 */
    gpio_init_struct. Pin = TPAD_GPIO_PIN;      /* 输入捕获的 GPIO 口 */
    gpio_init_struct. Mode = GPIO_MODE_INPUT;    /* 复用推挽输出 */
    gpio_init_struct. Pull = GPIO_PULLDOWN;    /* 下拉 */
    gpio_init_struct. Speed = GPIO_SPEED_FREQ_MEDIUM;    /* 中速 */
    HAL_GPIO_Init(TPAD_GPIO_PORT, &gpio_init_struct);    /* TPAD 引脚浮空输
入 */
    g_timx_cap_chy_handle. Instance = TPAD_TIMX_CAP;    /* 定时器 5 */
    g_timx_cap_chy_handle. Init. Prescaler = psc;    /* 定时器分频 */
    g_timx_cap_chy_handle. Init. CounterMode = TIM_COUNTERMODE_UP;    /* 向
上计数模式 */
    g_timx_cap_chy_handle. Init. Period = arr;    /* 自动重装载值 */
    g_timx_cap_chy_handle. Init. ClockDivision = TIM_CLOCKDIVISION_DIV1;    /*
不分频 */
    HAL_TIM_IC_Init(&g_timx_cap_chy_handle);
    timx_ic_cap_chy. ICPolarity = TIM_ICPOLARITY_RISING;    /* 上升沿捕获 */
    timx_ic_cap_chy. ICSelection = TIM_ICSELECTION_DIRECTTI;    /* 映射 TI1 */
    timx_ic_cap_chy. ICPrescaler = TIM_ICPSC_DIV1;    /* 配置输入不分频 */
    timx_ic_cap_chy. ICFilter = 0;    /* 配置输入滤波器，不滤波 */
    HAL_TIM_IC_ConfigChannel(&g_timx_cap_chy,
        &timx_ic_cap_chy, TPAD_TIMX_CAP_CHY);    /* 配置 TIM5 通道 2 */
```

HAL_TIM_IC_Start(&g_timx_cap_chy_handle,TPAD_TIMX_CAP_CHY); /＊使能输入捕获＊/

每次先给 TPAD 放电(STM32 输出低电平)相同时间,然后释放,监测 V_{cc} 每次给 TPAD 的充电时间,由此可以得到一个充电时间,操作的代码如下:

```
/＊＊
＊@ brief   复位 TPAD
＊@ note   我们将 TPAD 按键看做是一个电容,当手指按下/不按下时容值有变化
＊   该函数将 GPIO 设置成推挽输出,然后输出 0 进行放电,再设置 GPIO 为浮空输
入,等待外部大电阻慢慢充电
＊@ param 无 ＊@ retval 无
＊/
static voidtpad_reset(void)
{
    GPIO_InitTypeDef gpio_init_struct;
    gpio_init_struct. Pin = TPAD_GPIO_PIN; a  /＊输入捕获的 GPIO 口＊/
    gpio_init_struct. Mode = GPIO_MODE_OUTPUT_PP;  /＊复用推挽输出＊/
    gpio_init_struct. Pull = GPIO_PULLUP;  /＊上拉＊/gpio_init_struct. Speed =
GPIO_SPEED_FREQ_MEDIUM;/＊中速＊/
    HAL_GPIO_Init(TPAD_GPIO_PORT, &gpio_init_struct);  /＊TPAD 引脚输出
0,放电＊/
    HAL_GPIO_WritePin(TPAD_GPIO_PORT, TPAD_GPIO_PIN, GPIO_PIN_RE-
SET);
    delay_ms(5);
    g_timx_cap_chy_handle. Instance->SR = 0;  /＊清除标记＊/
    g_timx_cap_chy_handle. Instance->CNT = 0;  /＊归零＊/
    gpio_init_struct. Pin = TPAD_GPIO_PIN;  /＊输入捕获的 GPIO 口＊/
    gpio_init_struct. Mode = GPIO_MODE_INPUT;  /＊复用推挽输出＊/
    gpio_init_struct. Pull = GPIO_NOPULL;  /＊浮空＊/
    gpio_init_struct. Speed = GPIO_SPEED_FREQ_MEDIUM;  /＊中速＊/
    HAL_GPIO_Init(TPAD_GPIO_PORT, &gpio_init_struct);  /＊TPAD 引脚浮空
输入＊/
}
/＊＊
＊@ brief       得到定时器捕获值
＊@ note       如果超时,则直接返回定时器的计数值
＊             我们定义超时时间为: TPAD_ARR_MAX_VAL-500
＊@ param       无
＊@ retval      捕获值/计数值(在超时的情况下返回)
```

```
    */
    static uint16_ttpad_get_val(void)
    {
        uint32_tflag = (TPAD_TIMX_CAP_CHY = = TIM_CHANNEL_1)? TIM_FLAG_
CC1:\
            (TPAD_TIMX_CAP_CHY = =TIM_CHANNEL_2)? TIM_FLAG_CC2:\
            (TPAD_TIMX_CAP_CHY = = TIM_CHANNEL_3)? TIM_FLAG_CC3:TIM_
FLAG_CC4;
        tpad_reset();
        while(_HAL_TIM_GET_FLAG(&g_timx_cap_chy_handle ,flag)= = RESET)
        {/*等待通道 CHY 捕获上升沿*/
            if(g_timx_cap_chy_handler. Instance->CNT > TPAD_ARR_MAX_VAL-500)
            {
                returng_timx_cap_chy_handle. Instance->CNT;  /*超时,直接返回
CNT 的值*/
            }
        }
    returnTPAD_TIMX_CAP_CHY_CCRX;  /*返回捕获/比较值
    */}
/**
 *@brief:读取 n 次, 取最大值
 *@param n:连续获取的次数
 *@retval:n 次读数里面读到的最大读数值*/
    static uint16_ttpad_get_maxval(uint8_t n)
    {
        uint16_ttemp = 0;
        uint16_tmaxval = 0;
        while(n--)
        {
            temp= tpad_get_val();  /*得到一次值*/
                if (temp > maxval)maxval = temp;
        }
    return
    maxval; }
```

得到充电时间后,接下来要做的是获取没有按下 TPAD 时的充电时间,并把它作为基准来确认后续有无按下操作,定义全局变量 g_tpad_default_val 来保存这个值,通过多次平均的滤波算法来减小误差,编写的初始化函数 tpad_init 代码如下。

```
/**
```

```
* @ brief:初始化触摸按键
* @ param psc：分频系数(值越小，越灵敏，最小值为 1)
* @ retval:0, 初始化成功; 1, 初始化失败;
*/
uint8_ttpad_init( uint16_t psc )
{
    uint16_tbuf[10];
    uint16_t temp;
    uint8_t j, i;
tpad_timx_cap_init( TPAD_ARR_MAX_VAL, psc-1);   /* 以 72/(psc-1)MHz 的频
率计数 */
    for( i = 0; i < 10; i++)a   /* 连续读取 10 次 */
    {
        buf[i] = tpad_get_val( );
            delay_ms( 10 );
    }
    for( i = 0; i < 9; i++)   /* 排序 */
    {
        for( j = i + 1; j < 10; j++)
        {
            if( buf[i] > buf[j] )   /* 升序排列 */
            {
                temp = buf[i];
                buf[i] = buf[j];
                buf[j] = temp;
            }
        }
    }
    temp = 0;
    for( i = 2; i < 8; i++)   /* 取中间的 6 个数据进行平均 */
    {
        temp += buf[i];
    }
g_tpad_default_val = temp/6;
printf( "g_tpad_default_val:% d\r\n", g_tpad_default_val );
if( g_tpad_default_val > TPAD_ARR_MAX_VAL/2)
{
    return1;   /* 初始化遇到超过 TPAD_ARR_MAX_VAL/2 的数值,不正常！ */}
```

```
    return0;
}
```

得到初始值后,需要编写一个按键扫描函数,以方便在需要监控 TPAD 的地方调用,代码如下:

```
/**
 * @brief          扫描触摸按键
 * @param          mode:扫描模式
 * @arg            0,不支持连续触发(按下一次必须松开才能按下一次);
 * @arg            1,支持连续触发(可以一直按下)
 * @retval         0,没有按下;1,有按下
 */
uint8_ttpad_scan(uint8_t mode)
{
    static uint8_t keyen = 0;    /*0,可以开始检测;>0,还不能开始检测*/
        uint8_tres = 0;
        uint8_tsample = 3;    /*默认采样次数为 3 次*/
        uint16_trval;
        if(mode)
    {
        sample = 6;    /*支持连按的时候,设置采样次数为 6 次*/
        keyen = 0;    /*支持连按,每次调用该函数都可以检测*/
    }
    rval = tpad_get_maxval(sample);
    if(rval > (g_tpad_default_val + TPAD_GATE_VAL))
    {/*大于 tpad_default_val+TPAD_GATE_VAL,有效*/
        if(keyen == 0)
    {
        res = 1;/*keyen==0,有效
    */}
//printf("r:%d\r\n", rval);    /*输出计数值,调试时才会用到*/
        keyen= 3;    /*至少要再过 3 次后才能按键有效*/
    }
        if(keyen)keyen--;
    return res;
}
```

TPAD 函数到此就编写完了,接下来通过 main 函数编写测试代码来验证一下 TPAD 的逻辑是否正确。

2. main. c 代码

在 main. c 里编写如下代码：

```c
intmain(void)
{
uint8_t t = 0;
HAL_Init();    /*初始化 HAL 库*/
sys_stm32_clock_init(RCC_PLL_MUL9);    /*设置时钟,72 MHz*/
delay_init(72);    /*延时初始化*/
usart_init(115200);    /*串口初始化为 115 200*/
led_init();    /*初始化 LED*/
tpad_init(6);    /*初始化触摸按键*/
while(1)
{
    if(tpad_scan(0))    /*成功捕获到了一次上升沿(此函数执行时间至少为 15 ms)*/
    {
        LED1_TOGGLE();    /*LED1 取反
        */}
    t++;
        if (t == 15)
        {
            t = 0;
            LED0_TOGGLE();    /*LED0 取反
        */}
        delay_ms(10);
    }
}
```

初始必要的外设后,通过循环来实现代码操作。在扫描函数中定义电容按触摸发生后的状态,通过返回值来判断是否符合按下的条件,如果按下就翻转一次 LED1。LED0 通过累计延时次数的方法,既能保证扫描的频率,又能达到定时翻转的目的。

5.3.4　下载验证

下载代码后,可以看到 LED0 不停闪烁(每 300 ms 闪烁一次),用手指按下电容按键时,LED1 的状态发生改变(亮灭交替一次)。这里记得 TPAD 引脚和 PA1 都是连接到开发板上的排针上的,开始测试前需要连接好,否则测试不准,如果下载代码前没有连接好,连接后复位重新测试即可。

5.4　TFT-LCD 实验

5.4.1　TFT-LCD 简介

本节将通过 STM32F103 的 FSMC 外设来控制 TFT-LCD 的显示,这样就可以用 STM32 单片机输出一些信息到显示屏上。

液晶显示器,即 Liquid Crystal Display,利用液晶导电后透光性可变的特性,配合显示器光源、彩色滤光片和电压控制等工艺,最终可以在液晶阵列上显示彩色的图像。目前,液晶显示技术以 TN、STN、TFT 3 种技术为主,TFT-LCD 采用了 TFT(Thin Film Transistor)技术的液晶显示器,也叫薄膜晶体管液晶显示器。

TFT-LCD 与无源 TN-LCD、STN-LCD 的简单矩阵不同的是,它在液晶显示屏的每一个像素上都设置一个薄膜晶体管(TFT),可有效地克服非选通时的串扰,使显示液晶屏的静态特性与扫描线数无关,因此大大提高了图像质量。TFT 式显示器具有很多优点:高响应度、高亮度、高对比度等。TFT 式屏幕的显示效果非常出色,广泛应用于手机屏幕、笔记本电脑和台式机显示器上。

由于液晶本身不会发光,加上液晶本身的特性等原因,使得液晶屏的成像角受限,从屏幕的一侧可能无法看清液晶的显示内容。液晶显示器的成像角的大小也是评估一个液晶显示器优劣的指标,目前,规格较好的液晶显示器成像角一般在 120°~160°。

正点原子 TFT-LCD 模块(MCU 屏)有如下特点:

(1) 2.8′、3.5′、4.3′、7′等 4 种大小的屏幕可选。

(2) 320×240 的分辨率(3.5′分辨率为 320×480,4.3′和 7′分辨率为 800×480)。

(3) 16 位真彩显示。

(4) 自带触摸屏,可以用来作为控制输入。

本章以正点原子 2.8 寸(此处的“寸”代表英寸,下同)的 TFT-LCD 模块为例介绍,(其他尺寸的 LCD 可参考具体的 LCD 型号的资料,比较类似),该模块支持 65K 色显示,显示分辨率为 320×240,接口为 16 位的 8080 并口,自带触摸功能。该模块的外观如图 5.4.1 所示,模块原理图如图 5.4.2 所示。

图 5.4.1　正点原子 2.8 寸 TFT-LCD 外观

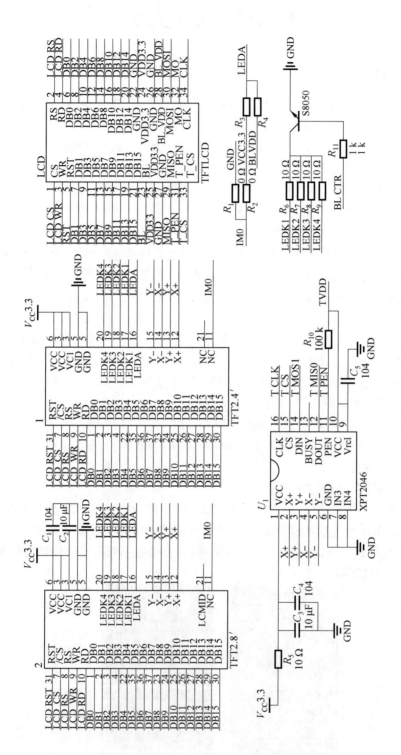

图5.4.2 正点原子2.8寸TFT-LCD原理图

TFT-LCD 模块采用 2×17 的 2.54 公排针与外部连接,即图中 TFTLCD 部分。从图 5.4.2 可以看出,正点原子 TFTLCD 模块采用 16 位的并方式与外部连接。图 5.4.2 还列出了触摸控制的接口,但触摸控制是在显示的基础上叠加的一个控制功能,不配置也不会对显示造成影响。TFT-LCD 接口信号线如表 5.4.1 所示。

表 5.4.1　TFT-LCD 接口信号线

名称	功能
CS	TFT-LCD 片选信号
WR	向 TFT-LCD 写入数据
RD	从 TFT-LCD 读取数据
DB[15:0]	16 位双向数据线
RST	硬复位 TFT-LCD
RS	命令/数据标志(0 为读写命令;1 为读写数据)
BL	背光控制

上述的接口线实际对应着液晶显示控制器,这个芯片位于液晶屏的下方,所以我们从外观图观察不到。控制 LCD 显示的过程是按其显示驱动芯片的时序,把色彩和位置信息正确地写入对应的寄存器的过程。

5.4.2　液晶显示控制器

正点原子提供 2.8′、3.5′、4.3′、7′ 等 4 种不同尺寸和分辨率的 TFT-LCD 模块,其驱动芯片为 ILI9341、ST7789、NT35310、NT35510、SSD1963 等(具体的型号,大家可以通过下载本章实验代码,通过串口或 LCD 显示查看),这里我们仅以 ILI9341 控制器为例进行介绍,其他的控制基本类似。

ILI9341 液晶控制器自带显存,可配置支持 8、9、16、18 位的总线中的一种,可以通过 3/4 线串行协议或 8080 并口驱动。正点原子的 TFT-LCD 模块上的电路配置为 8080 并口方式,其显存总大小为 172 800(240×320×18/8),即 18 位模式(26 万色)下的显存量。在 16 位模式下,ILI9341 采用 RGB565 格式存储颜色数据,此时 ILI9341 的 18 位显存与 MCU 的 16 位数据线及 RGB565 的对应关系如图 5.4.3 所示。

9341 显存	B17	B16	B15	B14	B13	B12	B11	B10	B9	B8	B7	B6	B5	B4	B3	B2	B1	B0
RGB565 GRAM	R[4]	R[3]	R[2]	R[1]	R[0]	NC	G[5]	G[4]	G[3]	G[2]	G[1]	G[0]	G[4]	G[3]	G[2]	G[1]	G[0]	NC
9341 数据线	DB15	DB14	DB13	DB12	DB11		DB10	DB9	DB8	DB7	DB6	DB5	DB4	DB3	DB2	DB1	DB0	
MCU 数据线	D15	D14	D13	D12	D11		D10	D9	D8	D7	D6	D5	D4	D3	D2	D1	D0	

图 5.4.3　16 位数据与显存对应关系

由图 5.4.3 可知,ILI9341 在 16 位模式下,18 位显存的 B0 和 B12 并没有用到,对外的数据线使用 DB0-DB15 连接 MCU 的 D0-D15 实现 16 位颜色的传输(使用 8080 MCU 16 bit I 型接口,详见 9341 数据手册 7.1.1 节)。这样 MCU 的 16 位数据,最低 5 位代表蓝色,中间 6 位代表绿色,最高 5 位代表红色。数值越大,表示该颜色越深。另外,特别注意 ILI9341 所有的指令都是 8 位的(高 8 位无效),且参数除读写 GRAM 时是 16 位,其他操作参数都是 8 位。

ILI9341 的 8080 通信接口时序可以由 STM32 单片机使用 GPIO 接口进行模拟,但这样效率太低,STM32 单片机提供了一种更高效的控制方法——使用 FSMC 接口实现 8080 时序,但 FSMC 是 STM32 单片机上外设的一种,并非所有的 STM32 单片机都拥有这种硬件接口,使用何种方式驱动需要在芯片选型时提前确定好。开发板支持 FSMC 接口,其功能如下。

FSMC,即灵活的静态存储控制器,能够与同步或异步存储器和 16 位 PC 存储器卡连接,FSMC 接口可以通过地址信号,快速地找到存储器所对应存储块上的数据。STM32F1 的 FSMC 接口支持包括 SRAM、NAND FLASH、NOR FLASH 和 PSRAM 等存储器。F1 系列的大容量型号,且引脚数目在 100 脚及以上的 STM32F103 芯片都带有 FSMC 接口,正点原子战舰 STM32F103 的主芯片为 STM32F103ZET6,是带有 FSMC 接口的。FSMC 接口的结构如图 5.4.4 所示。

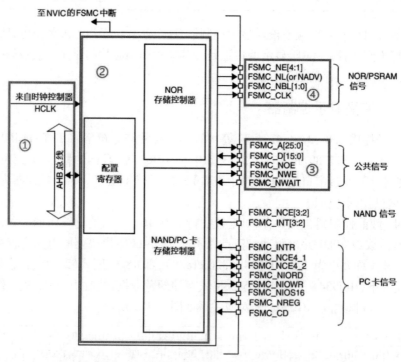

图 5.4.4　FSMC 接口的结构

由图 5.4.4 可知,STM32 单片机的 FSMC 可以驱动 NOR/PSRAM、NAND、PC 卡这 3 类设备,他们具有不同的 CS 以区分不同的设备。本部分我们要用到的是 NOR/PSRAM 的功能:①FSMC 的总线和时钟源;②STM32 内部的 FSMC 控制单元;③连接硬件的引脚,这里的"公共信号"表示无论我们驱动前面提到的 3 种设备中的哪一种,这些 IO 都是共享的,所以如果需要用到多种功能的情况,程序上还要考虑分时复用;④NOR/PSRAM 会使用到的信号控制线。③和④这些信号比较重要。

在数字电路的课程中介绍过存储器的知识,它是可以存储数据的器件。复杂的存储器为了存储更多的数据,常常通过地址线来管理数据存储的位置,这样只要先找到需要读写数据的位置,然后对数据进行读写操作。由于存储器的这种数据和地址存在对应关系,所以采用 FSMC 专门硬件接口能加快对存储器的数据访问。

STM32F1 的 FSMC 支持 8/16 位数据宽度,这里用到的 LCD 是 16 位宽度的,所以在设置时应选择 16 位宽。向这两个地址写的 16 进制数据会被直接送到数据线上,根据地址自动解析为命令或数据,通过此过程,我们完成了用 FSMC 模拟 8080 并口的操作,最终完成对液晶控制器的控制。

5.4.3 硬件设计

1. 例程功能

使用开发板的 MCU 屏接口连接正点原子 TFTLCD 模块(仅限 MCU 屏模块),实现 TFTLCD 模块的显示。通过把 LCD 模块插入底板上的 TFTLCD 模块接口,按下复位之后,就可以看到 LCD 模块不停地显示一些信息并不断切换底色。同时该实验会显示 LCD 驱动器的 ID,并且会在串口打印(按复位一次,打印一次)。LED0 闪烁用于提示程序正在运行。

2. 硬件资源

(1) LED 灯:LED0-PB5。

(2) 串口 1 (PA9/PA10 连接在板载 USB 转串口芯片 CH340 上面)。

(3) 正点原子 2.8′、3.5′、4.3′、7′、10′ TFTLCD 模块(仅限 MCU 屏,16 位 8080 并口驱动)。

3. 原理图

TFT-LCD 模块的电路如图 5.4.5 所示,而开发板的 LCD 接口和正点原子 TFTLCD 模块直接可以对插,TFTLCD 模块与开发板的连接原理如图 5.4.6 所示。

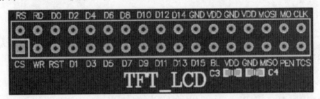

图 5.4.5　TFTLCD 模块与开发板对接的 LCD 接口示意图

在硬件上,TFTLCD 模块与开发板的 IO 口对应关系如下:

LCD_BL(背光控制)对应 PB0；LCD_CS 对应 PG12 即 FSMC_NE4；LCD_RS 对应 PG0 即 FSMC_A10；LCD_WR 对应 PD5 即 FSMC_NWE；LCD_RD 对应 PD4 FSMC_NOE；LCD _D[15:0]则直接连接在 FSMC_D15 ～ FSMC_D0。

这些线在开发板的内部已经连接好了,我们只需要将 TFTLCD 模块插上去。需要说明的是,开发板上设计的 TFT-LCD 模块插座已经把模块的 RST 信号线直接接到开发板的复位脚上,所以不需要软件控制,这样可以省下来一个 I/O 口。另外我们还需要一个

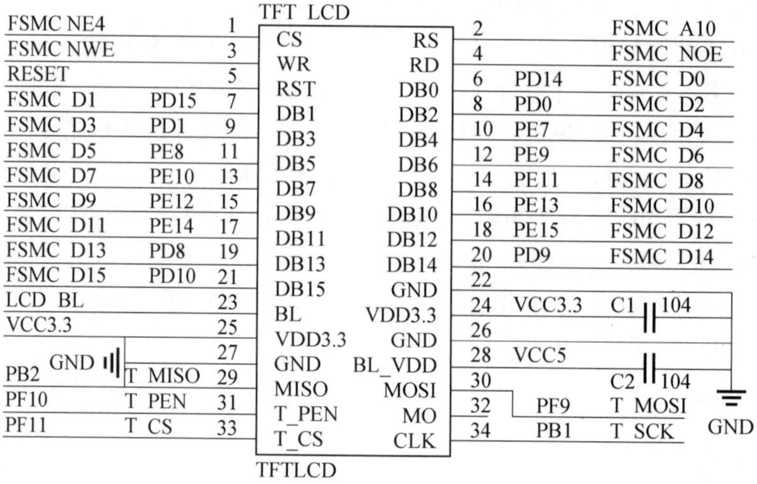

图 5.4.6　TFTLCD 模块与开发板的连接原理

背光控制线来控制 LCD 的背光灯,因为 LCD 不会自发光,没有背光灯的情况下是看不到 LCD 上的显示内容的。所以,我们共需要 I/O 口的数目为 22 个。

5.4.4　程序设计

FSMC 和 SRAM 的 HAL 库驱动。

SRAM 和 FMC 在 HAL 库中的驱动代码在 stm32f1xx_ll_fsmc. c/stm32f1xx_hal_sram. c 及 stm32f1xx_ll_fsmc. h/stm32f1xx_hal_sram. h 中。

1. HAL_SRAM_Init 函数

SRAM 的初始化函数,其声明如下:

HAL_StatusTypeDef HAL_SRAM_Init(SRAM_HandleTypeDef ∗ hsram,

FSMC_NORSRAM_TimingTypeDef ∗ Timing, FSMC_NORSRAM_TimingTypeDef ∗ ExtTiming) ;

(1)函数描述。

用于初始化 SRAM,注意这个函数不限制一定是 SRAM,只要时序类似均可使用。这里把 LCD 当作 SRAM 使用,因为他们时序类似。

(2)函数形参。

形参 1 是 SRAM_HandleTypeDef 结构体类型指针变量,其定义如下:

typedef struct
{
　　FSMC_NORSRAM_TypeDef ∗ Instance;a　 /∗寄存器基地址∗/
　　FSMC_NORSRAM_EXTENDED_TypeDef ∗ Extended;　 /∗扩展模式寄存器基地址∗/
　　FSMC_NORSRAM_InitTypeDef Init;　 /∗SRAM 初始化结构体∗/
　　HAL_LockTypeDef Lock;　 /∗SRAM 锁对象结构体∗/
　　_IO HAL_SRAM_StateTypeDef State;　 /∗SRAM 设备访问状态∗/

　　　　DMA_HandleTypeDef * hdma；　　／＊DMA 结构体＊／

　　｝SRAM_HandleTypeDef；

　　①Instance：指向 FSMC 寄存器基地址。我们直接写 FSMC_NORSRAM_DEVICE 即可，因为 HAL 库完成了宏定义为 FSMC_NORSRAM_DEVICE，也就是如果是 SRAM 设备，直接填写这个宏定义标识符即可。

　　②Extended：指向 FSMC 扩展模式寄存器基地址，因为要配置的读写时序是不一样的。前面讲的 FSMC_BCRx 寄存器的 EXTMOD 位，我们会配置为 1 允许读写不同的时序，所以还要指定写操作时序寄存器地址，也就是通过参数 Extended 来指定的，这里设置为 FSMC_NORSRAM_EXTENDED_DEVICE。

　　③Init：用于对 FSMC 的初始化配置。

　　④Lock：用于配置锁状态。

　　⑤State：SRAM 设备访问状态。

　　⑥hdma：在使用 DMA 时才使用。

　　成员变量 Init 是 FSMC_NORSRAM_InitTypeDef 结构体指针类型，该变量是真正用来设置 SRAM 控制接口参数的。下面详细了解这个结构体的定义：

　　typedef struct

　　｛

　　　　uint32_t NSBank；／＊存储区块号＊／

　　　　uint32_t DataAddressMux；／＊地址/数据复用使能＊／

　　　　uint32_t MemoryType；／＊存储器类型＊／

　　　　uint32_t MemoryDataWidth；／＊存储器数据宽度＊／

　　　　uint32_t BurstAccessMode；／＊突发模式配置＊／

　　　　uint32_t WaitSignalPolarity；／＊设置等待信号的极性＊／

　　　　uint32_t WrapMode；／＊突发下存储器传输使能＊／

　　　　uint32_t WaitSignalActive；／＊等待状态之前或等待状态期间＊／

　　　　uint32_t WriteOperation；／＊存储器写使能＊／

　　　　uint32_t WaitSignal；／＊使能或者禁止通过等待信号来插入等待状态＊／

　　　　uint32_t ExtendedMode；／＊使能或者禁止使能扩展模式＊／

　　　　uint32_t AsynchronousWait；／＊用于异步传输期间，使能或者禁止等待信号＊／

　　　　uint32_t WriteBurst；／＊用于使能或者禁止异步的写突发操作＊／

　　　　uint32_t PageSize；／＊设置页大小＊／

　　｝FSMC_NORSRAM_InitTypeDef；

　　NSBank 用来指定使用的存储块区号，硬件设计时使用的存储块区号为 4，所以选择值为 FSMC_NORSRAM_BANK4。

　　DataAddressMux 用来设置是否使能地址/数据复用，该变量仅对 NOR/PSRAM 有效，所以选择不使能地址/数据复用值 FSMC_DATA_ADDRESS_MUX_DISABLE 即可。

　　MemoryType 用来设置存储器类型，这里把 LCD 当 SRAM 使用，所以设置为 FSMC_MEMORY_TYPE_SRAM 即可。

MemoryDataWidth 用来设置存储器数据总线宽度,可选 8 位或 16 位,这里选择 16 位数据宽度 FSMC_NORSRAM_MEM_BUS_WIDTH_16。

WriteOperation 用来设置存储器写使能,即是否允许写入。毫无疑问,我们会进行存储器写操作,所以设置为 FSMC_WRITE_OPERATION_ENABLE。

ExtendedMode 用来设置是否为使能扩展模式,即是否允许读写使用不同时序,本实验读写采用不同时序,所以设置值为使能值 FSMC_EXTENDED_MODE_ENABLE。

其他参数 WriteBurst、BurstAccessMode、WaitSignalPolarity、WaitSignalActive、WaitSignal、AsynchronousWait 等是用在突发访问和异步时序情况下。

形参 2 Timing 和形参 3 ExtTiming 都是 FSMC_NORSRAM_TimingTypeDef 结构体类型指针变量,其定义如下:

```
typedef struct
{
    uint32_t AddressSetupTime;  /* 地址建立时间 */
    uint32_t AddressHoldTime;   /* 地址保持时间 */
    uint32_t DataSetupTime;     /* 数据建立时间 */
    uint32_t BusTurnAroundDuration;  /* 总线周转阶段的持续时间 */
    uint32_t CLKDivision;       /* CLK 时钟输出信号的周期 */
    uint32_t DataLatency;       /* 同步突发 NOR FLASH 的数据延迟 */
    uint32_t AccessMode;        /* 异步模式配置 */
} FSMC_NORSRAM_TimingTypeDef;
```

对于本实验,读的速度比写的速度慢得多,因此读写时序不一样,所以对于 Timing 和 ExtTiming 要设置不同的值,其中 Timing 设置写时序参数,ExtTiming 设置读时序参数。

下面解析一下结构体的成员变量:

AddressSetupTime 用来设置地址建立时间,可以理解为 RD/WR 的高电平时间。

AddressHoldTime 用来设置地址保持时间,模式 A 并没有用到。

DataSetupTime 用来设置数据建立时间,可以理解为 RD/WR 的低电平时间。

BusTurnAroundDuration 用来配置总线周转阶段的持续时间,NOR FLASH 会用到。

CLKDivision 用来配置 CLK 时钟输出信号的周期,以 HCLK 周期数表示。若控制异步存储器,则该参数无效。

DataLatency 用来设置同步突发 NOR FLASH 的数据延迟。若控制异步存储器,则该参数无效。

AccessMode 用来设置异步模式,HAL 库允许其取值范围为 FSMC_ACCESS_MODE_A、FSMC_ACCESS_MODE_B、FSMC_ACCESS_MODE_C 和 FSMC_ACCESS_MODE_D,这里我们用的是异步模式 A,所以取值为 FSMC_ACCESS_MODE_A。

函数返回值 HAL_StatusTypeDef 枚举类型的值。

注意事项:

与其他外设一样,HAL 库也提供了 SRAM 的初始化 MSP 回调函数,函数声明如下:
void HAL_SRAM_MspInit(SRAM_HandleTypeDef * hsram);

2. FSMC_NORSRAM_Extended_Timing_Init 函数

（1）FSMC_NORSRAM_Extended_Timing_Init 函数是初始化扩展时序模式函数。其声明如下：

HAL_StatusTypeDef FSMC_NORSRAM_Extended_Timing_Init(

FSMC_NORSRAM_EXTENDED_TypeDef * Device，FSMC_NORSRAM_TimingTypeDef * Timing，

uint32_t Bank，uint32_t ExtendedMode）；

①函数描述。

该函数用于初始化扩展时序模式。

②函数形参。

形参 1 是 FSMC_NORSRAM_EXTENDED_TypeDef 结构体类型指针变量，扩展模式寄存器基地址选择。

形参 2 是 FSMC_NORSRAM_TimingTypeDef 结构体类型指针变量，可以是读或写时序结构体。

形参 3 是储存区块号。

形参 4 是使能或禁止扩展模式。

③函数返回值。

HAL_StatusTypeDef 枚举类型的值。

④注意事项。

该函数用于重新配置写或读时序。

FSMC 驱动 LCD 显示配置步骤：

①使能 FSMC 和相关 GPIO 时钟，并设置好 GPIO 工作模式。

通过 FSMC 控制 LCD，所以先需要使能 FSMC 及相关 GPIO 口的时钟，并设置好 GPIO 的工作模式。

②设置 FSMC 参数。

需要设置 FSMC 的相关访问参数（数据位宽、访问时序、工作模式等），以匹配液晶驱动 IC，这里通过 HAL_SRAM_Init 函数完成 FSMC 参数配置，详见本例程源码。

③初始化 LCD。

由于例程兼容了很多种液晶驱动 IC，所以先要读取对应 IC 的驱动型号，然后根据不同的 IC 型号来调用不同的初始化函数，完成对 LCD 的初始化。

注意：这些初始化函数里面的代码都是由 LCD 厂家提供，一般不需要改动。

④实现 LCD 画点和读点函数。

在初始化 LCD 完成后，可以控制 LCD 显示，而最核心的函数是画点和读点函数，只要实现这两个函数，后续的各种 LCD 操作函数，都可以基于这两个函数来实现。

⑤实现其他 LCD 操作函数。

在完成画点和读点两个最基础的 LCD 操作函数后，就可以基于这两个函数实现各种 LCD 操作函数，如画线、画矩形、显示字符、显示字符串、显示数字等，如果不够用还可以根据需要来添加。详见本例程源码。

5.4.5 程序流程图

本实验是关于 LCD 功能的使用,TFTLCD(MCU 屏)实验程序流程图如图 5.4.7 所示。

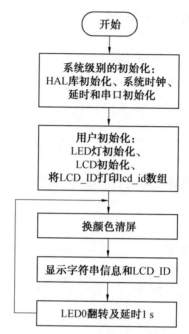

图 5.4.7 TFTLCD(MCU 屏)实验程序流程图

5.4.6 程序解析

1. LCD 驱动代码

这里我们只讲解核心代码,详细的源码请参考正点原子资料相应实例对应的源码。液晶(LCD)驱动源码包括 4 个文件:lcd. c、lcd. h、lcd_ex. c 和 lcdfont. h。

lcd. c 和 lcd. h 文件是驱动函数和引脚接口宏定义及函数声明等。lcd_ex. c 存放各个 LCD 驱动 IC 的寄存器初始化部分代码,是 lcd. c 文件的补充文件,起到简化 lcd. c 文件的作用。lcdfont. h 头文件存放了 4 种字体大小不同的 ASCII 字符集(12×12、16×16、24×24 和 32×32)。这个与 oledfont. h 头文件相同,只是多了 32×32 的 ASCII 字符集,制作方法请回顾 OLED 实验。下面我们介绍 lcd. h 文件,首先是 LCD 的引脚定义:

／＊LCD RST/WR/RD/BL/CS/RS 引脚定义

＊LCD_D0～D15,由于引脚太多,暂不定义,直接在 lcd_init 里面修改。所以在移植的时候,除了改这 6 个 IO 口,还得改 lcd_init 中的 D0～D15 所在的 IO 口

＊／

／＊RESET 和系统复位脚共用,所以这里不用定义 RESET 引脚＊／

//#define LCD_RST_GPIO_PORT   GPIOx

//#define LCD_RST_GPIO_PIN   SYS_GPIO_PINx

//#define LCD_RST_GPIO_CLK_ENABLE( )   do{ _HAL_RCC_GPIOx_CLK_ENA-
BLE( ) ; }while(0)   /＊所在 IO 口时钟使能＊/

#define LCD_WR_GPIO_PORT   GPIOD
#define LCD_WR_GPIO_PIN   GPIO_PIN_5
#define LCD_WR_GPIO_CLK_ENABLE( )   do{ _HAL_RCC_GPIOD_CLK_ENA-
BLE( ) ; }while(0)   /＊所在 IO 口时钟使能＊/

#define LCD_RD_GPIO_PORT   GPIOD
#define LCD_RD_GPIO_PIN   GPIO_PIN_4
#define LCD_RD_GPIO_CLK_ENABLE( )   do{ _HAL_RCC_GPIOD_CLK_ENA-
BLE( ) ; }while(0)   /＊所在 IO 口时钟使能＊/

#define LCD_BL_GPIO_PORT   GPIOB
#define LCD_BL_GPIO_PIN   GPIO_PIN_0
#define LCD_BL_GPIO_CLK_ENABLE( )   do{ _HAL_RCC_GPIOB_CLK_ENA-
BLE( ) ; }while(0)   /＊背光所在 IO 口时钟使能＊/

/＊LCD_CS(需要根据 LCD_FSMC_NEX 设置正确的 IO 口)和 LCD_RS(需要根据
LCD_FSMC_AX 设置正确的 IO 口)引脚定义＊/
#define LCD_CS_GPIO_PORT   GPIOG
#define LCD_CS_GPIO_PIN   GPIO_PIN_12
#define LCD_CS_GPIO_CLK_ENABLE( )   do{ _HAL_RCC_GPIOG_CLK_ENA-
BLE( ) ; }while(0)   /＊所在 IO 口时钟使能＊/

#define LCD_RS_GPIO_PORT   GPIOG
#define LCD_RS_GPIO_PIN   GPIO_PIN_0
#define LCD_RS_GPIO_CLK_ENABLE( )   do{ _HAL_RCC_GPIOG_CLK_ENA-
BLE( ) ; }while(0)   /＊所在 IO 口时钟使能＊/

第一部分的宏定义为 LCD WR/RD/BL/CS/RS/DATA 引脚定义,需要注意的是,LCD
的 RST 引脚和系统复位脚连接在一起,所以不用单独使用一个 IO 口(节省一个 IO 口)。
而 DATA 引脚直接用的是 FSMC_D[x]引脚,具体可以查看前面的描述。

2. lcd. h 中定义的一个重要的结构体

/＊LCD 重要参数集＊/
typedef struct
{
    uint16_t width;a   /＊LCD 宽度＊/

```
    uint16_t height;   /* LCD 高度 */
    uint16_t id;   /* LCD ID */
    uint8_t dir;   /* 横屏还是竖屏控制:0 为竖屏;1 为横屏 */
    uint16_t wramcmd;   /* 开始写 gram 指令 */
    uint16_t setxcmd;   /* 设置 x 坐标指令 */
    uint16_t setycmd;   /* 设置 y 坐标指令 */
} _lcd_dev;

/* LCD 参数 */extern _lcd_dev lcddev;   /* 管理 LCD 重要参数 */

/* LCD 的画笔颜色和背景色 */
extern uint32_t   g_point_color;   /* 默认红色 */
extern uint32_t   g_back_color;   /* 背景颜色:默认为白色 */
```

该结构体用于保存一些 LCD 重要参数信息,比如 LCD 的长与宽、LCD ID(驱动 IC 型号)、LCD 横竖屏状态等,这个结构体虽然占用了十几个字节的内存,但是可以让我们的驱动函数支持不同尺寸的 LCD,同时可以实现 LCD 横竖屏切换等重要功能,所以还是利大于弊的。最后声明_lcd_dev 结构体类型变量 lcddev,lcddev 在 lcd.c 中定义。g_point_color 和 g_back_color 变量的声明也是在 lcd.c 中被定义。g_point_color 变量用于保存 LCD 的画笔颜色,g_back_color 则是保存 LCD 的背景色。下面是 LCD 背光控制 IO 口的宏定义:

```
/* LCD 背光控制 */
#define LCD_BL(x)   do{ x ? \
        HAL_GPIO_WritePin(LCD_BL_GPIO_PORT, LCD_BL_GPIO_PIN, GPIO_
PIN_SET): \
        HAL_GPIO_WritePin(LCD_BL_GPIO_PORT, LCD_BL_GPIO_PIN, GPIO_
PIN_RESET); \
                    } while(0)
```

本实验主要用到 FSMC 驱动 LCD, TFTLCD 的 RS 接在 FSMC 的 A10 上,CS 接在 FSMC_NE4 上,并且是 16 位数据总线。即我们使用的是 FSMC 存储器 1 的第 4 区,LCD 操作结构体(在 lcd.h 定义)定义如下:

```
/* LCD 地址结构体 */
typedef struct
{
    volatile uint16_t LCD_REG;
    volatile uint16_t LCD_RAM;
} LCD_TypeDef;
```

/ ∗ LCD_BASE 的详细解算方法：

∗ 我们一般使用 FSMC 的块 1（BANK1）来驱动 TFTLCD 液晶屏（MCU 屏），块 1 地址范围总大小为 256 MB，被均分成 4 块：

∗ 存储块 1（FSMC_NE1）地址范围：0X6000 0000 ~ 0X63FF FFFF

∗ 存储块 2（FSMC_NE2）地址范围：0X6400 0000 ~ 0X67FF FFFF

∗ 存储块 3（FSMC_NE3）地址范围：0X6800 0000 ~ 0X6BFF FFFF

∗ 存储块 4（FSMC_NE4）地址范围：0X6C00 0000 ~ 0X6FFF FFFF

∗ 我们需要根据硬件的连接方式来选择合适的片选（连接 LCD_CS）和地址线（连接 LCD_RS）

∗ 战舰 F103 开发板使用 FSMC_NE4 连接 LCD_CS，FSMC_A10 连接 LCD_RS，16 位数据线的计算方法如下：

∗ 首先 FSMC_NE4 的基地址为：0X6C00 0000；　　　NEx 的基址为（x = 1/2/3/4）：0X6000 0000 + （0X400 0000 ∗（x−1））

∗ FSMC_A10 对应地址值：$2^{10} * 2$ = 0X800；　　　FSMC_Ay 对应的地址为（y = 0 ~ 25）：$2^y * 2$

∗ LCD→LCD_REG，对应 LCD_RS = 0（LCD 寄存器）；LCD→LCD_RAM，对应 LCD_RS = 1（LCD 数据）

∗ 则 LCD→LCD_RAM 的地址为　0X6C00 0000 + $2^{10} * 2$ = 0X6C00 0800

∗ LCD→LCD_REG 的地址可以为 LCD→LCD_RAM 之外的任意地址

∗ 由于我们使用结构体管理为 LCD_REG 和 LCD_RAM（REG 在前，RAM 在后，均为 16 位数据宽度）

∗ 因此，结构体的基地址（LCD_BASE）= LCD_RAM−2 = 0X6C00 0800 −2

∗ 更加通用的计算公式为（片选脚 FSMC_NEx）x = 1/2/3/4，（RS 接地址线 FSMC_Ay）y = 0 ~ 25）：

∗ LCD_BASE = （0X6000 0000 + （0X400 0000 ∗（x−1）））| （$2^y * 2$ −2）

∗ 等效于（使用移位操作）

∗ LCD_BASE = （0X6000 0000 + （0X400 0000 ∗（x−1）））| （（1 << y）∗ 2 −2）

∗ /

```
#define LCD_BASE        (uint32_t)((0X60000000 + (0X4000000 * (LCD_FSMC_
NEX−1)))|((((1 << LCD_FSMC_AX) * 2)−2))

#define LCD          ((LCD_TypeDef * )LCD_BASE)
```

其中 LCD_BASE 必须根据外部电路的连接来确定，这时使用 BANK1 的存储块 4 的寻址范围为 0X6C000000 ~ 6FFFFFFF，需要在这个地址范围内找到两个地址，实现对 RS 位（FSMC_A10 位）的 0 和 1 的控制。为了方便控制和节省内存，我们使这两个地址变成相邻的两个 16 进制指针，这样就可以用前面定义的 LCD_TypeDef 来管理这两个地址。根据相应的算法和定义，将这个地址强制转换为 LCD_TypeDef 结构体地址，那么可以得到 LCD→LCD_REG 的地址是 0X6C00 07FE，对应 A10 的状态为 0（即 RS=0），而 LCD→

LCD_RAM 的地址是 0X6C00 0800(结构体地址自增),对应 A10 的状态为 1(即 RS=1)。所以,有了这个定义,当要往 LCD 写命令/数据的时候,可以这样写:

LCD→LCD_REG = CMD;　/*写命令*/

LCD→LCD_RAM = DATA;　/*写数据*/

而读的时候反过来操作即可,如下所示:

CMD = LCD→LCD_REG;　/*读 LCD 寄存器*/

DATA = LCD→LCD_RAM;　/*读 LCD 数据*/

其中,CS、WR、RD 和 IO 口方向都是由 FSMC 硬件自动控制,不需要手动设置。最后是其他的宏定义,包括 LCD 扫描方向和颜色,以及 SSD1963 相关配置参数等。

3. lcd. c 文件介绍

先看 LCD 初始化函数。其定义如下:

```
/ * *
* @ brief 初始化 LCD
* @ note 该初始化函数可以初始化各种型号的 LCD(详见本.c 文件最前面的描述)
*
* @ param 无
* @ retval 无
*/
void lcd_init( void)
{
        GPIO_InitTypeDef gpio_init_struct;
        FSMC_NORSRAM_TimingTypeDef fsmc_read_handle;
        FSMC_NORSRAM_TimingTypeDef fsmc_write_handle;

        LCD_CS_GPIO_CLK_ENABLE( );　/*LCD_CS 脚时钟使能*/
        LCD_WR_GPIO_CLK_ENABLE( );　/*LCD_WR 脚时钟使能*/
        LCD_RD_GPIO_CLK_ENABLE( );　/*LCD_RD 脚时钟使能*/
        LCD_RS_GPIO_CLK_ENABLE( );　/*LCD_RS 脚时钟使能*/
        LCD_BL_GPIO_CLK_ENABLE( );　/*LCD_BL 脚时钟使能*/

        gpio_init_struct. Pin = LCD_CS_GPIO_PIN;
        gpio_init_struct. Mode = GPIO_MODE_AF_PP;　/*推挽复用*/
        gpio_init_struct. Pull = GPIO_PULLUP;　/*上拉*/
        gpio_init_struct. Speed = GPIO_SPEED_FREQ_HIGH;　/*高速*/
    HAL_GPIO_Init(LCD_CS_GPIO_PORT, &gpio_init_struct);

        gpio_init_struct. Pin = LCD_WR_GPIO_PIN;
        HAL_GPIO_Init(LCD_WR_GPIO_PORT, &gpio_init_struct);　/*初始化 LCD_WR
```

引脚 */

```
    gpio_init_struct. Pin = LCD_RD_GPIO_PIN;
    HAL_GPIO_Init(LCD_RD_GPIO_PORT, &gpio_init_struct);    /* 初始化 LCD_RD
引脚 */

    gpio_init_struct. Pin = LCD_RS_GPIO_PIN;
    HAL_GPIO_Init(LCD_RS_GPIO_PORT, &gpio_init_struct);    /* 初始化 LCD_RS
引脚 */

    gpio_init_struct. Pin = LCD_BL_GPIO_PIN;
    gpio_init_struct. Mode = GPIO_MODE_OUTPUT_PP;    /* 推挽输出 */
    HAL_GPIO_Init(LCD_BL_GPIO_PORT, &gpio_init_struct);    /* LCD_BL 引脚模
式设置(推挽输出) */


    g_sram_handle. Instance = FSMC_NORSRAM_DEVICE;
    g_sram_handle. Extended = FSMC_NORSRAM_EXTENDED_DEVICE;

    g_sram_handle. Init. NSBank = FSMC_NORSRAM_BANK4;    /* 使用 NE4 */
    g_sram_handle. Init. DataAddressMux = FSMC_DATA_ADDRESS_MUX_DISABLE;
    /* 地址/数据线不复用 */
    g_sram_handle. Init. MemoryDataWidth = FSMC_NORSRAM_MEM_BUS_WIDTH_
16;    /* 16 位数据宽度 */
    g_sram_handle. Init. BurstAccessMode = FSMC_BURST_ACCESS_MODE_DISA-
BLE;    /* 是否使能突发访问,仅对同步突发存储器有效,此处未用到 */
    g_sram_handle. Init. WaitSignalPolarity = FSMC_WAIT_SIGNAL_POLARITY_
LOW;    /* 等待信号的极性,仅在突发模式访问下有用 */
    g_sram_handle. Init. WaitSignalActive = FSMC_WAIT_TIMING_BEFORE_WS;    /
* 存储器是在等待周期之前的一个时钟周期还是在等待周期期间使能 NWAIT */
    g_sram_handle. Init. WriteOperation = FSMC_WRITE_OPERATION_ENABLE;    /
* 存储器写使能 */
    g_sram_handle. Init. WaitSignal = FSMC_WAIT_SIGNAL_DISABLE;    /* 等待使
能位,此处未用到 */
    g_sram_handle. Init. ExtendedMode = FSMC_EXTENDED_MODE_ENABLE;    /*
读写使用不同的时序 */
    g_sram_handle. Init. AsynchronousWait = FSMC_ASYNCHRONOUS_WAIT_DISA-
BLE;    /* 是否使能同步传输模式下的等待信号,此处未用到 */
    g_sram_handle. Init. WriteBurst = FSMC_WRITE_BURST_DISABLE;    /* 禁止突
```

发写 */

/* FSMC 读时序控制寄存器 */
    fsmc_read_handle. AddressSetupTime = 0； /* 地址建立时间(ADDSET)为 1 个
HCLK 1/72M = 13.9 ns(实际大于 200 ns) */
    fsmc_read_handle. AddressHoldTime = 0； /* 地址保持时间(ADDHLD)模式 A
没有用到 */
    /* 因为液晶驱动 IC 的读数据的时候,速度不能太快,尤其是个别芯片 */
    fsmc_read_handle. DataSetupTime = 15； /* 数据保存时间(DATAST)为 16 个
HCLK = 13.9 * 16 = 222.4 ns */
    fsmc_read_handle. AccessMode = FSMC_ACCESS_MODE_A； /* 模式 A */

/* FSMC 写时序控制寄存器 */
    fsmc_write_handle. AddressSetupTime = 0； /* 地址建立时间(ADDSET)为 1 个
HCLK = 13.9 ns */
    fsmc_write_handle. AddressHoldTime = 0； /* 地址保持时间(ADDHLD)模式 A
没有用到 */
    fsmc_write_handle. DataSetupTime = 1； /* 数据保存时间(DATAST)为 2 个
HCLK = 13.9 * 2 = 27.8 ns(实际大于 200 ns) */
    /* 某些液晶驱动 IC 的写信号脉宽,最少为 50 ns。 */
    fsmc_write_handle. AccessMode = FSMC_ACCESS_MODE_A； /* 模式 A */

    HAL_SRAM_Init(&g_sram_handle, &fsmc_read_handle, &fsmc_write_handle)；
    delay_ms(50)； /* 初始化 FSMC 后,必须等待一定时间才能开始初始化 */

/* 尝试 9341 ID 的读取 */
    lcd_wr_regno(0XD3)；
    lcddev. id = lcd_rd_data()； /* dummy read */
    lcddev. id = lcd_rd_data()； /* 读到 0X00 */
    lcddev. id = lcd_rd_data()； /* 读取 0X93 */
    lcddev. id <<= 8；
    lcddev. id |= lcd_rd_data()； /* 读取 0X41 */

    if (lcddev. id ! = 0X9341) /* 不是 9341 , 尝试看是否为 ST7789 */
    {
        lcd_wr_regno(0X04)；
        lcddev. id = lcd_rd_data()； /* dummy read */
        lcddev. id = lcd_rd_data()； /* 读到 0X85 */

```
        lcddev. id = lcd_rd_data( );    / * 读取 0X85 * /
        lcddev. id <<= 8;
        lcddev. id |= lcd_rd_data( );    / * 读取 0X52 * /

        if (lcddev. id == 0X8552)    / * 将 8552 的 ID 转换成 7789 * /
        {
            lcddev. id = 0x7789;
        }

        if (lcddev. id ! = 0x7789)    / * 也不是 ST7789, 尝试看是否为 NT35310 * /
        {
            lcd_wr_regno(0xD4);
            lcddev. id = lcd_rd_data( );    / * dummy read * /
            lcddev. id = lcd_rd_data( );    / * 读回 0x01 * /
            lcddev. id = lcd_rd_data( );    / * 读回 0x53 * /
            lcddev. id <<= 8;
            lcddev. id |= lcd_rd_data( );    / * 读回 0x10 * /

            if (lcddev. id ! = 0x5310)    / * 也不是 NT35310, 尝试看是否为
ST7796 * /
            {
                lcd_wr_regno(0XD3);
                lcddev. id = lcd_rd_data( );    / * dummy read * /
                lcddev. id = lcd_rd_data( );    / * 读到 0X00 * /
                lcddev. id = lcd_rd_data( );    / * 读取 0X77 * /
                lcddev. id <<= 8;
                lcddev. id |= lcd_rd_data( );    / * 读取 0X96 * /

                if (lcddev. id ! = 0x7796)    / * 也不是 ST7796, 尝试看是否为
NT35510 * /
                {
/ * 发送密钥(厂家提供) * /
                    lcd_write_reg(0xF000, 0x0055);
                    lcd_write_reg(0xF001, 0x00AA);
                    lcd_write_reg(0xF002, 0x0052);
                    lcd_write_reg(0xF003, 0x0008);
                    lcd_write_reg(0xF004, 0x0001);
```

```
        lcd_wr_regno(0xC500);  /* 读取 ID 低八位 */
        lcddev. id = lcd_rd_data();  /* 读回 0x55 */
        lcddev. id <<= 8;

        lcd_wr_regno(0xC501);  /* 读取 ID 高八位 */
        lcddev. id |= lcd_rd_data();  /* 读回 0x10 */

        delay_ms(5);  /* 等待 5 ms, 因为 0XC501 指令对 1963 来
说软件复位指令, 等待 5 ms 让 1963 复位完成再操作 */

        if (lcddev. id ! = 0x5510)  /* 也不是 NT5510,尝试看是否
为 ILI9806 */
        {
            lcd_wr_regno(0XD3);
            lcddev. id = lcd_rd_data();  /* dummy read */
            lcddev. id = lcd_rd_data();  /* 读回 0X00 */
            lcddev. id = lcd_rd_data();  /* 读回 0X98 */
            lcddev. id <<= 8;
            lcddev. id |= lcd_rd_data();  /* 读回 0X06 */

            if (lcddev. id ! = 0x9806)  /* 也不是 ILI9806,尝试看
是否为 SSD1963 */
            {
                lcd_wr_regno(0xA1);
                lcddev. id = lcd_rd_data();
                lcddev. id = lcd_rd_data();  /* 读回 0x57 */
                lcddev. id <<= 8;
                lcddev. id |= lcd_rd_data();  /* 读回 0x61 */

                if (lcddev. id = = 0x5761)lcddev. id = 0x1963;/*
SSD1963 读回的 ID 是 5761H,为方便区分,我们强制设置为 1963 */
                }
            }
        }
    }
```

　　／＊特别注意，如果在 main 函数中屏蔽串口 1 初始化，则会卡死在 printf 里面(卡死在 f_putc 函数)，所以必须初始化串口 1 或屏蔽掉下面

　　　　＊这行 printf 语句！

　　　　＊／

```
    printf("LCD ID:%x\r\n", lcddev. id);    /*打印 LCD ID */

    if (lcddev. id = = 0X7789)
    {
        lcd_ex_st7789_reginit();    /*执行 ST7789 初始化 */
    }
    else if (lcddev. id = = 0X9341)
    {
        lcd_ex_ili9341_reginit();    /*执行 ILI9341 初始化 */
    }
    else if (lcddev. id = = 0x5310)
    {
        lcd_ex_nt35310_reginit();    /*执行 NT35310 初始化 */
    }
    else if (lcddev. id = = 0x7796)
    {
        lcd_ex_st7796_reginit();    /*执行 ST7796 初始化 */
    }
    else if (lcddev. id = = 0x5510)
    {
        lcd_ex_nt35510_reginit();    /*执行 NT35510 初始化 */
    }
    else if (lcddev. id = = 0x9806)
    {
        lcd_ex_ili9806_reginit();    /*执行 ILI9806 初始化 */
    }
    else if (lcddev. id = = 0x1963)
    {
        lcd_ex_ssd1963_reginit();    /*执行 SSD1963 初始化 */
        lcd_ssd_backlight_set(100);    /*将背光设置为最亮 */
    }

    lcd_display_dir(0);    /*默认为竖屏 */
    LCD_BL(1);    /*点亮背光 */
```

```
    lcd_clear(WHITE);
}
```

该函数先对 FSMC 相关 IO 进行初始化,然后使用 HAL_SRAM_Init 函数初始化 FSMC 控制器,同时我们使用 HAL_SRAM_MspInit 回调函数来初始化相应的 IO 口,最后读取 LCD 控制器的型号,根据控制 IC 的型号执行不同的初始化代码,这样提高了整个程序的通用性。为了简化 lcd.c 的初始化程序,不同控制 IC 的芯片对应的初始化程序(如 lcd_ex_st7789_reginit( )、lcd_ex_ili9341_reginit( )等)我们放在 lcd_ex.c 文件中,这些初始化代码完成对 LCD 寄存器的初始化,由 LCD 厂家提供,一般不需要做任何修改,直接调用即可。

下面是 6 个简单但很重要的函数:

```
/* *
 * @ brief       LCD 写寄存器
 * @ param       regno:寄存器编号/地址
 * @ param       data:要写入的数据
 * @ retval      无
 */
void lcd_write_reg(uint16_t regno, uint16_t data)
{
    LCD->LCD_REG = regno;  /* 写入要写的寄存器序号 */
    LCD->LCD_RAM = data;   /* 写入数据 */
}


/* *
 * @ brief       LCD 延时函数,仅用于部分在 mdk -O1 时间优化时需要设置的地方
 * @ param       t 为延时的数值
 * @ retval      无
 */
static void lcd_opt_delay(uint32_t i)
{
    while (i--);
}


/* *
 * @ brief       LCD 读数据
 * @ param       无
 * @ retval      读取到的数据
 */
static uint16_t lcd_rd_data(void)
```

```
{
    volatile uint16_t ram;   /* 防止被优化 */
    lcd_opt_delay(2);
    ram = LCD→LCD_RAM;
    return ram;
}


/**
 * @brief        准备写 GRAM
 * @param        无
 * @retval       无
 */
void lcd_write_ram_prepare(void)
{
    LCD→LCD_REG = lcddev.wramcmd;
}
```

因为 FSMC 自动控制了 WR/RD/CS 等信号,所以这 6 个函数实现起来都非常简单。注意,上面有几个函数,添加了一些对 MDK-O2 优化的支持,假如去掉的话,在 MDK-O2 优化的时候会出问题。这些函数实现功能见函数前的备注,通过这几个简单函数的组合,可以对 LCD 进行各种操作。

4. 坐标设置函数

该函数代码如下:

```
/**
 * @brief        设置光标位置(对 RGB 屏无效)
 * @param        x,y:坐标
 * @retval       无
 */
void lcd_set_cursor(uint16_t x, uint16_t y)
{
    if (lcddev.id == 0X1963)
    {
        if (lcddev.dir == 0)a   /* 竖屏模式, x 坐标需要变换 */
        {
            x = lcddev.width-1-x;
            lcd_wr_regno(lcddev.setxcmd);
            lcd_wr_data(0);
            lcd_wr_data(0);
```

```
        lcd_wr_data(x >> 8);
        lcd_wr_data(x & 0XFF);
    }
    else    /* 横屏模式 */
    {
        lcd_wr_regno(lcddev. setxcmd);
        lcd_wr_data(x >> 8);
        lcd_wr_data(x & 0XFF);
        lcd_wr_data((lcddev. width-1)>> 8);
        lcd_wr_data((lcddev. width-1)& 0XFF);
    }


    lcd_wr_regno(lcddev. setycmd);
    lcd_wr_data(y >> 8);
    lcd_wr_data(y & 0XFF);
    lcd_wr_data((lcddev. height-1)>> 8);
    lcd_wr_data((lcddev. height-1)& 0XFF);

}
else if (lcddev. id == 0X5510)
{
    lcd_wr_regno(lcddev. setxcmd);
    lcd_wr_data(x >> 8);
    lcd_wr_regno(lcddev. setxcmd + 1);
    lcd_wr_data(x & 0XFF);
    lcd_wr_regno(lcddev. setycmd);
    lcd_wr_data(y >> 8);
    lcd_wr_regno(lcddev. setycmd + 1);
    lcd_wr_data(y & 0XFF);
}
else    /* 9341/5310/7789/7796/9806 等设置坐标 */
{
    lcd_wr_regno(lcddev. setxcmd);
    lcd_wr_data(x >> 8);
    lcd_wr_data(x & 0XFF);
    lcd_wr_regno(lcddev. setycmd);
    lcd_wr_data(y >> 8);
    lcd_wr_data(y & 0XFF);
```

```
        }

    }
```

该函数实现将 LCD 的当前操作点设置到指定坐标(x,y)。因为 9341/5310/1963/ 5510 等的设置不一样,所以进行了区别对待。

5. 画点函数

其定义如下:

```
/ * *
 * @ brief        画点
 * @ param        x、y 为坐标
 * @ param        color 为点的颜色(32 位颜色,方便兼容 LTDC)
 * @ retval       无
 */
void lcd_draw_point( uint16_t x, uint16_t y, uint32_t color)
{
    lcd_set_cursor(x, y);    / * 设置光标位置 * /
    lcd_write_ram_prepare( );   / * 开始写入 GRAM * /
    LCD->LCD_RAM = color;

}
```

该函数实现比较简单,先设置坐标,然后往坐标上写颜色。lcd_draw_point 函数虽然简单,但是至关重要,其他几乎所有上层函数,都是通过调用这个函数实现的。下面介绍读点函数,用于读取 LCD 的 GRAM。这里说明一下,为什么 OLED 模块没做读 GRAM 的函数,而这里做了。因为 OLED 模块为单色,所需要的全部 GRAM 也就 1 K 个字节,而 TFTLCD 模块为彩色,点数比 OLED 模块多很多,以 16 位色计算,一款 320×240 的液晶,需要 320×240×2 个字节来存储颜色值,也就是需要 150 K 字节,这对任何一款单片机来说都不是一个小数目。而且在图形叠加的时候,可以先读回原来的值,然后写入新的值,在完成叠加后又恢复原来的值。这样在做一些简单菜单时是很有用的。这里读取 TFTLCD 模块数据的函数为 LCD_ReadPoint,该函数直接返回读到的 GRAM 值。该函数使用前要先设置读取的 GRAM 地址,通过 lcd_set_cursor 函数来实现。lcd_read_point 的代码如下:

```
/ * *
 * @ brief        读取某点的颜色值
 * @ param        x、y 为坐标
 * @ retval       此点的颜色(32 位颜色,方便兼容 LTDC)
 */
uint32_t lcd_read_point( uint16_t x, uint16_t y)
{
    uint16_t r = 0, g = 0, b = 0;
    if   (x >= lcddev. width || y >= lcddev. height)return 0;   / * 超过范围,直接返回
```

```
*/
        lcd_set_cursor(x, y);  /*设置坐标*/
        if (lcddev. id == 0X5510)
           {
               lcd_wr_regno(0X2E00);  /*5510 发送读 GRAM 指令*/
           }
        else
           {
               lcd_wr_regno(0X2E);  /* 9341/5310/1963/7789/7796/9806 等发送读
GRAM 指令*/
           }

        r = lcd_rd_data();  /*假读(dummy read)*/

        if (lcddev. id == 0x1963)
           {
               return r;  /*1963 直接读即可*/
           }

        r = lcd_rd_data();  /*实际坐标颜色*/

       if (lcddev. id == 0x7796)  /*7796 一次读取一个像素值*/
           {
               return r;
           }

      /* ILI9341/NT35310/NT35510/ST7789/ILI9806 要分 2 次读出*/
        b = lcd_rd_data();
        g = r & 0XFF;  /* 对于 9341/5310/5510/7789/9806，第一次读取的是 RG 的
值,R 在前,G 在后,各占 8 位*/
        g <<= 8;
        return (((r >> 11) << 11) | ((g >> 10) << 5) | (b >> 11));  /*9341/5310/
5510/7789/9806 需要公式转换*/
   }
```

在 lcd_read_point 函数中,因为代码不止支持一种 LCD 驱动器,所以,根据不同的
LCD 驱动器((lcddev. id)型号,要执行不同的操作,以实现对各个驱动器兼容,提高函数
的通用性。第 10 个要介绍的是字符显示函数 lcd_show_char,该函数同前面 OLED 模块

的字符显示函数差不多,但是这里的字符显示函数多了一个功能,可以以叠加方式显示或非叠加方式显示。叠加方式显示多用于在显示的图片上显示字符。非叠加方式一般用于普通的显示。该函数实现代码如下:

```
/ * *
 * @ brief        在指定位置显示一个字符
 * @ param        x、y 为坐标
 * @ param        chr 为要显示的字符:" " ---->" ~ "
 * @ param        size 为字体大小 12/16/24/32
 * @ param        mode 为叠加方式(1); 非叠加方式(0);
 * @ param        color 为字符的颜色;
 * @ retval 无
 */
void lcd_show_char( uint16_t x, uint16_t y, char chr, uint8_t size, uint8_t mode, uint16
_t color)
    {
        uint8_t temp, t1, t;
        uint16_t y0 = y;
        uint8_t csize = 0;
        uint8_t * pfont = 0;

        csize = ( size/8 + ( ( size % 8)? 1 : 0)) * ( size/2);  / * 得到字体一个字符对
应点阵集所占的字节数 * /
        chr = chr-' ';  / * 得到偏移后的值( ASCII 字库是从空格开始取模,所以 - ' ' 就
是对应字符的字库) * /

        switch ( size)
        {
            case 12:
                pfont = ( uint8_t * ) asc2_1206[ chr];  / * 调用 1206 字体 * /
                break;

            case 16:
                pfont = ( uint8_t * ) asc2_1608[ chr];  / * 调用 1608 字体 * /
                break;

            case 24:
                pfont = ( uint8_t * ) asc2_2412[ chr];  / * 调用 2412 字体 * /
                break;
```

```
        case 32:
            pfont = (uint8_t *)asc2_3216[chr];   /*调用 3216 字体*/
            break;

        default:
            return ;
    }

    for (t = 0; t < csize; t++)
    {
        temp = pfont[t];   /*获取字符的点阵数据*/

        for (t1 = 0; t1 < 8; t1++)   /*一个字节 8 个点*/
        {
            if (temp & 0x80)   /*有效点,需要显示*/
            {
                lcd_draw_point(x, y, color);   /*画点出来,需要显示这个点*/
            }
            else if (mode == 0)   /*无效点,不显示*/
            {
                lcd_draw_point(x, y, g_back_color);   /*画背景色,相当于这个
点不显示(注意背景色由全局变量控制)*/
            }

            temp <<= 1;   /*移位,以便获取下一个位的状态*/
            y++;

            if (y >= lcddev.height)return;   /*超区域*/

            if ((y-y0) == size)   /*显示完一列?*/
            {
                y = y0;   /*y 坐标复位*/
                x++;   /*x 坐标递增*/

                if (x >= lcddev.width)return;   /*x 坐标超区域*/

                break;
```

```
                }
            }
        }
    }
```

在 lcd_show_char 函数中,用到 4 个字符集点阵数据数组 asc2_1206、asc2_1608、asc2_ 2412 和 asc2_3216。

lcd.c 的函数较多,其他函数请自行查看源码。

6. main.c 代码

在 main.c 中编写如下代码:

```
int main(void)
{
    uint8_t x = 0;
    uint8_t lcd_id[12];

    HAL_Init();  /*初始化 HAL 库*/
    sys_stm32_clock_init(RCC_PLL_MUL9);  /*设置时钟,72 MHz*/
    delay_init(72);  /*延时初始化*/
    usart_init(115200);  /*串口初始化为 115 200*/
    led_init();  /*初始化 LED*/
    lcd_init();  /*初始化 LCD*/
    g_point_color = RED;
    sprintf((char *)lcd_id, "LCD ID:%04X", lcddev.id);  /*将 LCD ID 打印到
lcd_id 数组*/
    while (1)
    {
        switch (x)
        {
        case 0: lcd_clear(WHITE); break;
        case 1: lcd_clear(BLACK); break;
        case 2: lcd_clear(BLUE); break;
        case 3: lcd_clear(RED); break;
        case 4: lcd_clear(MAGENTA); break;
        case 5: lcd_clear(GREEN); break;
        case 6: lcd_clear(CYAN); break;
        case 7: lcd_clear(YELLOW); break;
        case 8: lcd_clear(BRRED); break;
        case 9: lcd_clear(GRAY); break;
```

```
        case 10: lcd_clear(LGRAY); break;
        case 11: lcd_clear(BROWN); break;
         }
        lcd_show_string(10, 40, 240, 32, 32, "STM32", RED);
        lcd_show_string(10, 80, 240, 24, 24, "TFTLCD TEST", RED);
        lcd_show_string(10, 110, 240, 16, 16, "ATOM@ ALIENTEK", RED);
        lcd_show_string(10, 130, 240, 16, 16, (char *)lcd_id, RED);  /*显示
LCD ID*/

        x++;

        if (x == 12)
            x = 0;

        LED0_TOGGLE();  /*红灯闪烁*/
        delay_ms(1000);
        }
    }
```

main 函数功能主要是显示一些固定的字符,字体大小包括 32×16、24×12、16×8 和 12×6 四种,同时显示 LCD 驱动 IC 的型号,然后不停地切换背景颜色,每 1 s 切换一次。而 LED0 也会不停地闪烁,指示程序已经在运行了。其中用到一个 sprintf 的函数,该函数用法同 printf,只是 sprintf 把打印内容输出到指定的内存区间,最终在死循环中通过 lcd_show_strinig 函数进行屏幕显示。

特别注意:usart_init 函数不能去掉,因为在 lcd_init 函数中调用了 printf,所以一旦去掉这个初始化就会死机。实际上,只要你的代码用到 printf,就必须初始化串口,否则都会死机,停在 usart. c 里面的 fputc 函数出不来。

5.4.7 下载验证

下载代码后,LED0 不停的闪烁,提示程序已经在运行。同时可以看到 TFTLCD 模块的显示背景色不停切换(图 5.4.8)。

图 5.4.8 TFTLCD 显示效果

此外,为了让大家能直观地了解 LCD 屏的扫描方式,额外编写了两个 main. c 文件

（main1.c 和 main2.c，放到 User 文件夹中），方便大家编译下载，观察现象。

使用方法：关闭工程后，先把原实验中的 main.c 改成其他名字，然后把 main1.c 重命名为 main.c，双击 keilkill.bat 清理编译的中间文件，最后打开工程重新编译下载，可以观察实验现象。观察 main1.c 后可以再观察 main2.c，main2.c 文件的操作方法类似。这两个 main.c 文件的程序非常简单，具体请看源码。

5.5　内部温度传感器实验

5.5.1　内部温度传感器简介

STM32 单片机有一个内部的温度传感器，可以用来测量 CPU 及周围的温度（内部温度传感器更适合于检测温度的变化，在需要测量精确温度的情况下，应使用外置传感器）。对于 STM32F103 来说，该温度传感器在内部和 ADC1_IN16 输入通道相连接，此通道把传感器输出的电压转换成数字值。温度传感器模拟输入推荐采样时间是 17.1 μs。STM32F103 内部温度传感器支持的温度范围为-40～125 ℃。精度为±1.5 ℃。STM32 单片机内部温度传感器的使用简单，只要设置一下内部 ADC，并激活其内部温度传感器通道即可。关于温度传感器设置相关的两个方面：第一方面，要使用 STM32 的内部温度传感器，必须先激活 ADC 的内部通道，这里通过 ADC_CR2 的 AWDEN 位（bit23）设置。设置该位为 1 则启用内部温度传感器。第二方面，STM32 单片机的内部温度传感器固定连接在 ADC1 的通道 16 上，所以，在设置好 ADC1 后只要读取通道 16 的值，即为温度传感器返回的电压值。根据这个值可以计算出当前温度。计算公式如下：

$$T(℃) = \{(V25-Vsense)/Avg\_Slope\} + 25$$

式中，V25 = Vsense，在 25 ℃的数值（典型值为 1.43）。

Avg_Slope 温度与 Vsense 曲线的平均斜率（单位：mV/℃ 或 μV/℃）（典型值为 4.3 mV/℃），利用以上公式可以方便地计算出当前温度传感器的温度。

5.5.2　硬件设计

1.例程功能

通过 ADC 的通道 16 读取 STM32F103 内部温度传感器的电压值，并将其转换为温度值显示在 TFTLCD 屏上。LED0 闪烁用于提示程序正在运行。

2.硬件资源

（1）LED 灯：LED0-PB5。

（2）串口 1（PA9/PA10 连接在板载 USB 转串口芯片 CH340 上）。

（3）正点原子 2.8′、3.5′、4.3′、7′、10′ TFTLCD 模块（仅限 MCU 屏，16 位 8080 并口驱动）。

（4）ADC1 通道 16。

（5）内部温度传感器。

3. 原理图

ADC 和内部温度传感器都属于 STM32F103 内部资源,实际上只需要软件设置就可以正常工作,需要用到 TFTLCD 模块显示结果。

5.5.3　程序设计

1. ADC 的 HAL 库驱动

本实验用到的 ADC 的 HAL 库 API 函数前面都介绍过,具体调用情况请看程序解析部分。下面介绍读取内部温度传感器 ADC 值的配置步骤。

读取 STM32 单片机内部温度传感器 ADC 值的配置步骤:

(1)开启 ADC 时钟。

通过_HAL_RCC_ADC1_CLK_ENABLE 函数开启 ADC1 的时钟。

(2)设置 ADC,开启内部温度传感器。

调用 HAL_ADC_Init 函数来设置 ADC1 时钟分频系数、分辨率、模式、扫描方式等参数。注意:该函数会调用:HAL_ADC_MspInit 回调函数来完成对 ADC 底层的初始化,包括:ADC1 时钟使能、ADC1 时钟源的选择等。

(3)配置 ADC 通道并启动 AD 转换器。

调用 HAL_ADC_ConfigChannel( )函数配置 ADC1 通道 16,根据需求设置通道、规则序列、采样时间等。然后通过 HAL_ADC_Start 函数启动 AD 转换器。

(4)读取 ADC 值,计算温度。

选择查询方式读取,在读取 ADC 值前需要调用 HAL_ADC_PollForConversion 等待上一次转换结束,再通过 HAL_ADC_GetValue 读取 ADC 值。最后,根据上面介绍的公式计算出温度传感器的温度值。

2. 程序流程图

本实验关于 STM32 单片机内部传感器功能的使用,内部温度传感器实验程序流程如图 5.5.1 所示。

5.5.4　程序解析

1. adc 驱动代码

此处内容为核心代码,详细的源码请参考正点原子资料本实验所对应源码。内部温度传感器驱动源码包括两个文件:adc.c 和 adc.h。本实验和 ADC 章节实验使用同一个 adc.c 和 adc.h 代码。

在 adc.h 头文件中加入温度传感器的相关宏定义,该宏定义如下:

```
/* ADC 温度传感器通道定义 */

#define ADC_TEMPSENSOR_CHX          ADC_CHANNEL_16
```

ADC_CHANNEL_16 是 ADC 通道 16 连接内部温度传感器的通道 16 宏定义,再定义为 ADC_TEMPSENSOR_CHX,可以让人更容易理解这个宏定义的含义。

下面直接介绍与内部温度传感器相关的 adc.c 的程序,首先是 ADC 内部温度传感器初始化函数,其定义如下:

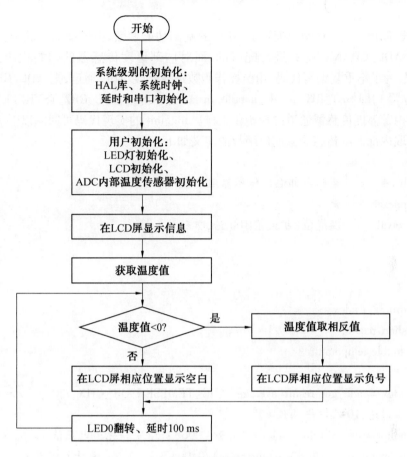

图 5.5.1　内部温度传感器实验程序流程

/ * *

* @ brief　　　　ADC 内部温度传感器初始化函数
* @ note　　　　本函数使用 adc_init 对 ADC 进行大部分配置,有差异的地方再单独配置
* 　　　　　　　注意:STM32F103 内部温度传感器只连接在 ADC1 的通道 16 上,其他 ADC 无法进行转换
*
* @ param　　　 无
* @ retval　　　无
* /

```
void adc_temperature_init( void)
{
    adc_init( ) ;  / * 先初始化 ADC * /
    SET_BIT( g_adc_handle. Instance->CR2 , ADC_CR2_TSVREFE) ;
/ * TSVREFE = 1,启用内部温度传感器和 Vrefint * /
```

}

该函数调用 adc_init 函数配置了 ADC 的基础功能参数,由于前面实验中的 adc_init 实验是对 ADC_CHANNEL_1 进行配置的,而对内部温度传感器的初始化步骤与普通 ADC 类似,为了不重复编写代码,用位操作函数进行修改 ADC 通道,把 ADC_CR2 的 TS-VREFE 位置 1,即 SET_BIT(g_adc_handle. Instance→CR2, ADC_CR2_TSVREFE);这样即可完成对内部温度传感器通道的初始化工作。adc_init 的实现代码可回顾以下 ADC 章节内容。获取内部温度传感器温度值函数的定义如下:

```
/ * *
 * @ brief        获取内部温度传感器温度值
 * @ param        无
 * @ retval       温度值(扩大了 100 倍,单位为℃)
 */

{
    uint32_t adcx;
    short result;
    double temperature;

    adcx = adc_get_result_average( ADC_TEMPSENSOR_CHX, 20);   / * 读取内部
温度传感器通道,10 次取平均值 */
    temperature = (float)adcx * (3.3/4 096);   / * 转化为电压值 */
    temperature = (1.43-temperature)/0.004 3 + 25;   / * 计算温度 */
    result = temperature * = 100;   / * 扩大 100 倍 */
    return result;
}
```

该函数先调用前面 ADC 实验章节写好的 adc_get_result_average 函数取获取通道 ch 的转换值,然后通过温度转换公式,返回温度值。

2. main. c 代码

在 main. c 里面编写如下代码:

```
int main(void)
{
    short temp;

    HAL_Init( );   / * 初始化 HAL 库 */
    sys_stm32_clock_init(RCC_PLL_MUL9);   / * 设置时钟, 72 MHz */
    delay_init(72);   / * 延时初始化 */
    usart_init(115200);   / * 串口初始化为 115 200 */
```

```
    led_init();a   /*初始化 LED*/
    lcd_init();a   /*初始化 LCD*/
    adc_temperature_init();  /*初始化 ADC 内部温度传感器采集*/

    lcd_show_string(30, 50, 200, 16, 16, "STM32", RED);
    lcd_show_string(30, 70, 200, 16, 16, "Temperature TEST", RED);
    lcd_show_string(30, 90, 200, 16, 16, "ATOM@ ALIENTEK", RED);
    lcd_show_string(30, 120, 200, 16, 16, "TEMPERATE: 00.00C", BLUE);

    while (1)
    {

        temp = adc_get_temperature();  /*得到温度值*/

        if (temp < 0)
        {
            temp = -temp;
            lcd_show_string(30 + 10 * 8, 120, 16, 16, 16, "-", BLUE);  /*显
示负号*/
        }
        else
        {
            lcd_show_string(30 + 10 * 8, 120, 16, 16, 16, " ", BLUE);  /*无
符号*/
        }
        lcd_show_xnum(30 + 11 * 8, 120, temp/100, 2, 16, 0, BLUE);  /*显示
整数部分*/

        lcd_show_xnum(30 + 14 * 8, 120, temp % 100, 2, 16, 0X80, BLUE);
/*显示小数部分*/

        LED0_TOGGLE();  /*LED0 闪烁,提示程序运行*/
        delay_ms(250);
    }
}
```

该部分的代码逻辑很简单,先是得到温度值,再根据温度值判断正负值,以此显示温度符号,再显示整数和小数部分。

5.5.5　下载验证

将程序下载到开发板后,可以看到 LED0 不停地闪烁,提示程序在运行。内部温度传感器实验测试如图 5.5.2 所示。

图 5.5.2　内部温度传感器实验测试

温度值与实际未必相符,因为芯片会发热,所以一般会比实际温度偏高。

5.6　光敏传感器实验

5.6.1　光敏传感器简介

光敏传感器是最常见的传感器之一,它的种类繁多,主要有光电管、光电倍增管、光敏电阻、光敏三极管、太阳能电池、红外线传感器、紫外线传感器、光纤式光电传感器、色彩传感器、CCD 和 CMOS 图像传感器等。光传感器是目前产量最多、应用最广的传感器之一,它在自动控制和非电量电测技术中占有非常重要的地位。光敏传感器是利用光敏元件将光信号转换为电信号的传感器,它的敏感波长在可见光波长附近,包括红外线波长和紫外线波长。光传感器不局限于对光的探测,还可以作为探测元件组成其他传感器,对许多非电量进行检测,只要将这些非电量转换为光信号的变化即可。STM32F103 战舰开发板板载了一个光敏二极管(光敏电阻),作为光敏传感器,它对光的变化非常敏感。光敏二极管也叫光电二极管。光敏二极管与半导体二极管在结构上是类似的,其管芯是一个具有光敏特征的 PN 结,具有单向导电性,因此工作时需要加上反向电压。无光照时,有很小的饱和反向漏电流,即暗电流,此时光敏二极管截止。当受到光照时,饱和反向漏电流大大增加,形成光电流,随入射光强度的变化而变化。当光线照射 PN 结时,可以使 PN 结中产生电子空穴对,使少数载流子的密度增大。这些载流子在反向电压下漂移,使反向电流增加。因此可以利用光照强弱来改变电路中的电流。利用这个电流变化,可以串接一个电阻,即可转换成电压的变化,从而通过 ADC 读取电压值,以判断外部光线的强弱。本章利用 ADC3 的通道 6(PF8)来读取光敏二极管电压的变化,从而得到环境光线的变化,并将得到的光线强度显示在 TFTLCD 上。关于 ADC 的介绍,前面已有详细介绍,这里不再细说。

5.6.2　硬件设计

1. 例程功能

通过 ADC3 的通道 6(PF8)读取光敏传感器(LS1)的电压值,并转换为 0 ~ 100 的光线强度值显示在 LCD 模块上面。光线越亮,值越大;光线越暗,值越小,可以用手指遮挡 LS1 和用手电筒照射 LS1 来查看光强变化。LED0 闪烁用于提示程序正在运行。

2. 硬件资源

(1)LED 灯:LED0—PB5。

(2)串口 1(PA9/PA10 连接在板载 USB 转串口芯片 CH340 上面)。

(3)正点原子 2.8′、3.5′、4.3′、7′、10′ TFTLCD 模块(仅限 MCU 屏,16 位 8080 并口驱动)。

(4)ADC3:通道 6—PF8。

(5)光敏传感器。

3. 原理图

光敏传感器与开发板的连接如图 5.6.1 所示。

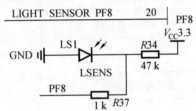

图 5.6.1　光敏传感器与开发板连接

图 5.6.1 中的 LS1 是光敏二极管,外观看起来像与贴片 LED 类似(战舰位于 OLED 插座旁边,LS1),R34 为其提供反向电压,当环境光线变化时,LS1 两端的电压也会随之改变,通过 ADC3_IN6 通道读取 LIGHT_SENSOR(PF8)上的电压,即可得知环境光线的强弱。光线越强,电压越低;光线越暗,电压越高。

5.6.3　程序设计

本实验用到的 ADC 的 HAL 库 API 函数的具体调用情况请看程序解析部分。下面介绍读取光敏传感器 ADC 值的配置步骤。

(1)开启 ADCx 和 ADC 通道对应的 IO 时钟,并配置该 IO 为模拟功能。

首先开启 ADCx 的时钟,然后配置 GPIO 为模拟模式。本实验默认用到 ADC3 通道 6,对应 IO 为 PF8,其时钟开启方法如下:

_HAL_RCC_ADC3_CLK_ENABLE ();　 /∗使能 ADC3 时钟∗/

_HAL_RCC_GPIOF_CLK_ENABLE();　 /∗开启 GPIOF 时钟∗/

(2)设置 ADC3,开启内部温度传感器。

调用 HAL_ADC_Init 函数来设置 ADC3 时钟分频系数、分辨率、模式、扫描方式、对齐方式等信息。

注意:该函数会调用 HAL_ADC_MspInit 回调函数来完成对 ADC 底层的初始化,包括 ADC3 时钟使能、ADC3 时钟源的选择等。

(3)配置 ADC 通道并启动 AD 转换器。

调用 HAL_ADC_ConfigChannel( )函数配置 ADC3 通道 6,根据需求设置通道、序列、采样时间和校准配置单端输入模式或差分输入模式等,然后通过 HAL_ADC_Start 函数启动 AD 转换器。

(4)读取 ADC 值并将其转换为光线强度值。

这里选择查询方式读取,在读取 ADC 值前需要调用 HAL_ADC_PollForConversion,等待上一次转换结束,然后可以通过 HAL_ADC_GetValue 来读取 ADC 值,最后把得到的 ADC 值转换为 0~100 的光线强度值。

5.6.4 程序流程图

本实验关于光敏传感器功能的使用,光敏传感器实验程序流程如图 5.6.2 所示。

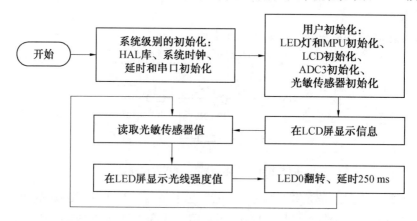

图 5.6.2 光敏传感器实验程序流程

5.6.5 程序解析

1. lsens 驱动代码

此处内容为核心代码,详细的源码请参考正点原子资料相应实例对应的源码。LSENS 驱动源码包括两个文件:lsens.c 和 lsens.h。本实验要用到 adc3.c 和 adc3.h 文件的驱动代码。adc3.c\h 文件的代码和单通道 ADC 采集实验的 adc.c\h 文件的代码几乎相同。

lsens.h 头文件定义了一些宏定义和一些函数的声明,该宏定义如下:

／＊光敏传感器对应 ADC3 的输入引脚和通道 定义＊/

#define LSENS_ADC3_CHX_GPIO_PORT GPIOF

#define LSENS_ADC3_CHX_GPIO_PIN GPIO_PIN_8

#define LSENS_ADC3_CHX_GPIO_CLK_ENABLE( ) do｛ _HAL_RCC_GPIOF_CLK_ENABLE( )；\

```
} while(0)   /*PF 口时钟使能*/
#define LSENS_ADC3_CHX   ADC_CHANNEL_6   /*通道 Y,0 <= Y <= 17*/
```

这些宏定义分别为 PF8 及其时钟使能的宏定义,以及 ADC3 通道 6 的宏定义。

下面介绍 lsens.c 的函数,首先是光敏传感器初始化函数,其定义如下:

```
/**
 *@brief      初始化光敏传感器
 *@param      无
 *@retval     无
 */
void lsens_init(void)
{
    GPIO_InitTypeDef gpio_init_struct;
    LSENS_ADC3_CHX_GPIO_CLK_ENABLE();   /*IO 口时钟使能*/
/*设置 AD 采集通道对应 IO 引脚工作模式*/
    gpio_init_struct.Pin = LSENS_ADC3_CHX_GPIO_PIN;
    gpio_init_struct.Mode = GPIO_MODE_ANALOG;
    HAL_GPIO_Init(LSENS_ADC3_CHX_GPIO_PORT, &gpio_init_struct);
    adc3_init();   /*初始化 ADC*/
}
```

该函数初始化 PF8 为模拟功能,然后通过 adc3_init 函数初始化 ADC3。

最后读取光敏传感器值,其函数定义如下:

```
/**
 *@brief      读取光敏传感器值
 *@param      无
 *@retval     0 ~ 100:0 为最暗;100 为最亮*/
uint8_t lsens_get_val(void)
{
    uint32_t temp_val = 0;
    temp_val = adc3_get_result_average(LSENS_ADC3_CHX, 10);   /*读取平均值
*/temp_val/= 40;
    if (temp_val > 100)temp_val = 100;
        return (uint8_t)(100-temp_val);
}
```

lsens_get_val 函数用于获取当前光照强度,该函数通过 adc3_get_result_average 函数得到通道 6 转换的电压值,经过简单量化后,处理为 0 ~ 100 的光线强度值。0 对应最暗,100 对应最亮。

2. main.c 代码

在 main.c 中编写如下代码:

```
int main(void)
{
    short adcx;
    HAL_Init();   /* 初始化 HAL 库 */
    sys_stm32_clock_init(RCC_PLL_MUL9);   /* 设置时钟, 72 MHz */
    delay_init(72);   /* 延时初始化 */
    usart_init(115200);   /* 串口初始化为 115 200 */
    led_init();   /* 初始化 LED */
    lcd_init();   /* 初始化 LCD */
    lsens_init();   /* 初始化光敏传感器 */
    lcd_show_string(30, 50, 200, 16, 16, "STM32", RED);
    lcd_show_string(30, 70, 200, 16, 16, "LSENS TEST", RED);
    lcd_show_string(30, 90, 200, 16, 16, "ATOM@ ALIENTEK", RED);
    lcd_show_string(30, 110, 200, 16, 16, "LSENS_VAL:", BLUE);
    while(1)
    {
        adcx = lsens_get_val();
        lcd_show_xnum(30 + 10 * 8, 110, adcx, 3, 16, 0, BLUE);   /* 显示光线
强度值 */LED0_TOGGLE();/* LED0 闪烁,提示程序运行 */
            delay_ms(250);
    }
}
```

该部分的代码逻辑很简单,初始化各个外设后,进入死循环,通过 lsens_get_val 获取光敏传感器得到的光线强度值(0~100),并显示在 TFTLCD 上。

5.6.6 下载验证

将程序下载到开发板后,可以看到 LED0 不停地闪烁,提示程序已经在运行了。光敏传感器实验测试如图 5.6.3 所示。

图 5.6.3 光敏传感器实验测试

可以通过给 LS1 不同的光照强度来观察 LSENS_VAL 值的变化,光照越强,该值越大;光照越弱,该值越小。LSENS_VAL 值的范围为 0~100。

5.7 触摸屏实验

触摸屏是在显示屏的基础上,在屏幕或屏幕上方分布一层与屏幕大小相近的传感器形成的组合器件。触摸和显示功能由软件控制,既可以独立地实现也可以组合实现,用户可以通过侦测传感器的触点再配合相应的软件来实现触摸效果。目前,最常用的触摸屏有两种:电阻式触摸屏与电容式触摸屏。

5.7.1 电阻式触摸屏

正点原子 2.4′、2.8′、3.5′ TFTLCD 模块自带的触摸屏都属于电阻式触摸屏,下面简单介绍电阻式触摸屏的原理。电阻式触摸屏的主要部分是一块与显示器表面非常贴合的电阻薄膜屏,这是一种多层的复合薄膜,具体结构如图 5.7.1 所示。

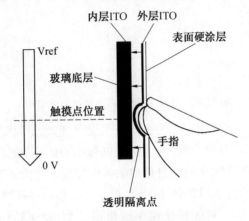

图 5.7.1 电阻触摸屏多层结构图

表面硬涂层起保护作用,主要是一层外表面硬化处理、光滑防擦的塑料层。玻璃底层用于支撑上面的结构,主要是玻璃或塑料平板。透明隔离点用来分离外层 ITO 和内层 ITO。ITO 层是电阻式触摸屏的关键结构,是涂有铟锡金属氧化物的导电层。还有一个结构图 5.7.1 没有标出,就是 PET 层。PET 层是聚酯薄膜,处于外层 ITO 和表面硬涂层之间,很薄很有弹性,触摸时向下弯曲与 ITO 层接触。当手指触摸屏幕时,两个 ITO 层在触摸点位置就有接触,电阻发生变化,在 X 和 Y 两个方向上产生电信号,然后输送到触摸屏控制器,电阻式触摸屏的触点坐标结构如图 5.7.2 所示。触摸屏控制器侦测到这一接触并计算出 X 和 Y 方向上的 AD 值,简单来讲,电阻触摸屏将触摸点 $P(X,Y)$ 的物理位置转换为代表 X 坐标和 Y 坐标的电压值。单片机与触摸屏控制器进行通信获取 AD 值,通过一定比例关系运算,获得 X 和 Y 轴坐标值。

电阻式触摸屏的优点为精度高、价格便宜、抗干扰能力强、稳定性好。电阻式触摸屏的缺点为容易被划伤、透光性不太好、不支持多点触摸。由以上介绍可知,触摸屏都需要一个 AD 转换器,一般来说,还需要一个控制器。正点原子 TFTLCD 模块选择的是四线电阻式触摸屏,这种触摸屏的控制芯片种类很多,包括 ADS7543、ADS7846、TSC2046、

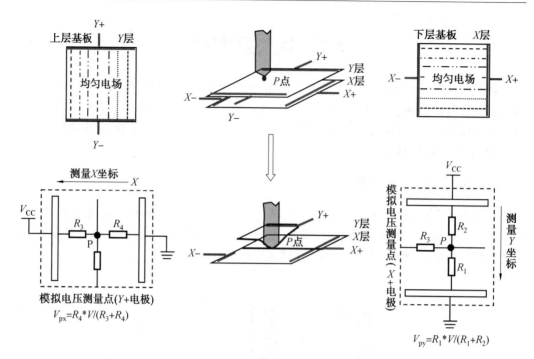

图 5.7.2　电阻式触摸屏的触点坐标结构

XPT2046 和 HR2046 等。这几款芯片的驱动基本相同,也就是只要写出了 XPT2046 的驱动,这个驱动对其他几个芯片也有效,而且封装也有相同的,完全 PIN-TO-PIN 兼容。所以替换方便。正点原子 TFTLCD 模块自带的触摸屏控制芯片为 XPT2046 或 HR2046。这里以 XPT2046 为例做介绍。XPT2046 是一款 4 导线制触摸屏控制器,使用的是 SPI 通信接口,内含 12 位分辨率 125 kHz 转换速率逐步逼近型 A/D 转换器。XPT2046 支持从 1.5 V 到 5.25 V 的低电压 I/O 接口。XPT2046 能通过执行两次 A/D 转换(一次获取 X 位置,一次获取 Y 位置)查出被按的屏幕位置,除此之外,可以测量加在触摸屏上的压力。内部自带 2.5 V 参考电压可以作为辅助输入、温度测量和电池监测模式的用途,电池监测的电压范围为 0 ~ 6 V。XPT2046 片内集成有一个温度传感器。在 2.7 V 的典型工作状态下,关闭参考电压,功耗小于 0.75 mW。XPT2046 的驱动方法很简单,XPT2046 通信时序如图 5.7.3 所示。

　　依照 XPT2046 通信时序,可以写出这个通信代码,具体过程为拉低片选,选中器件→发送命令字→清除 BUSY→读取 16 位数据(高 12 位数据有效即转换的 AD 值)→拉高片选,结束操作。难点是需要搞清楚命令字该发送什么? 只要搞清楚发送什么数值,就可以获取到 AD 值。命令字详情如图 5.7.4 所示。

　　位 7,开始位,置 1 即可。位 3,为了提供精度,MODE 位清 0,选择 12 位分辨率。位 2,是进行工作模式选择的,为了达到最佳性能,首选差分工作模式,即该位清 0。位 1-0 是功耗相关的,直接清 0 即可。而位 6-4 的值取决于工作模式,在确定了差分功能模式后,通道选择位也确定了(图 5.7.5)。

　　由图 2.7.5 可知,当需要检测 Y 轴位置时,A2A1A0 赋值为 001;检测 X 轴位置时,

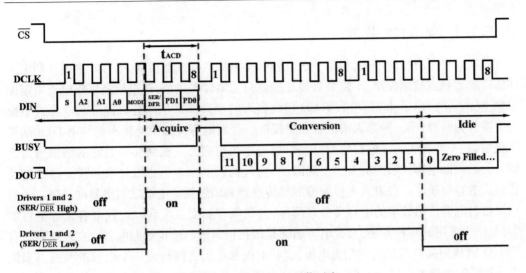

图 5.7.3 XPT2046 通信时序

位7 (MSB)	位6	位5	位4	位3	位2	位1	位0 (LSB)
S	A2	A1	A0	MODE	SER/DER	PD1	PD0

位	名称	功能描述
7	S	开始位。为1表示一个新的控制字节到来,为0则忽略PIN引脚上数据
6-4	A2-A0	通道选择位
3	MODE	12位/8位转换分辨率选择位。为1选择8位转换分辨率,为0选择12位分辨率
2	SER/DER	单端输入方式/差分输入方式选择位。为1是单端输入方式,为0是差分输入方式
1-0	PD1-PD0	低功率模式选择位。若为11,器件总处于供电状态;若为00,器件在变换之间处于低功率模式

图 5.7.4 命令字详情

A2	A1	A0	+REF	-REF	YN	XP	YP	Y-位置	X-位置	Z1-位置	Z2-位置	驱动
0	0	1	YP	YN		+IN		测量				YP, YN
0	1	1	YP	XN		+IN				测量		YP, YN
1	0	0	YP	XN	+IN						测量	YP, YN
1	0	1	YP	XN			+IN	测量				YP, YN

图 5.7.5 差分模式输入配置图(SER/DFR=0)

A2A1A0 赋值为 101。结合前面对其他位的赋值,在 X、Y 方向与屏幕相同的情况下,命令字 0xD0 为读取 X 坐标的 AD 值,0x90 为读取 Y 坐标的 AD 值。假如 X、Y 方向与屏幕相反,0x90 为读取 X 坐标的 AD 值,而 0xD0 为读取 Y 坐标的 AD 值。关于这个芯片其他的功能,可以参考芯片的 datasheet。

5.7.2 电容式触摸屏

现在几乎所有智能手机,包括平板电脑都是采用电容式触摸屏,电容式触摸屏利用人体感应进行触点检测控制,不需要直接接触或只需要轻微接触,通过检测感应电流来定位触摸坐标。正点原子 4.3′、7′ TFTLCD 模块自带的触摸屏采用电容触摸屏。电容式触摸屏主要分为两种:第一种是表面电容式触摸屏。表面电容式触摸屏技术是利用 ITO(铟锡氧化物,是一种透明的导电材料)导电膜,通过电场感应方式感测屏幕表面的触摸行为进行。但是表面电容式触摸屏有一些局限性,它只能识别一个手指或一次触摸。第二种是投射式电容触摸屏。投射式电容触摸屏是传感器利用触摸屏电极发射出静电场线。一般用于投射电容传感技术的电容类型有两种:自我电容和交互电容。自我电容又称绝对电容,是广为采用的一种方法,自我电容通常是指扫描电极与地构成的电容。在玻璃表面有用 ITO 制成的横向与纵向的扫描电极,这些电极和地面之间构成一个电容的两极。当用手或触摸笔触摸的时候会并联一个电容到电路中,从而使在该条扫描线上的总体的电容量有所改变。在扫描的时候,控制 IC 依次扫描纵向和横向电极,并根据扫描前后的电容变化来确定触摸点坐标位置。笔记本电脑触摸输入板采用这种方式,笔记本电脑的输入板采用 $X×Y$ 的传感电极阵列形成一个传感格子,当手指靠近触摸输入板时,在手指和传感电极之间产生一个小量电荷。采用特定的运算法则处理自行、列传感器的信号来确定手指的位置。交互电容又叫作跨越电容,它是在玻璃表面的横向和纵向的 ITO 电极的交叉处形成的电容。交互电容的扫描方式是扫描每个交叉处的电容变化来判定触摸点的位置。当触摸时会影响到相邻电极的耦合,从而改变交叉处的电容量,交互电容的扫面方法可以侦测到每个交叉点的电容值和触摸后电容变化,因而它需要的扫描时间与自我电容的扫描方式相对而言要长一些,需要扫描检测 $X×Y$ 根电极。目前,智能手机、平板电脑等的触摸屏都采用交互电容技术。正点原子所选择的电容触摸屏也采用的是投射式电容屏(交互电容类型),所以后面仅以投射式电容屏作为介绍。透射式电容触摸屏采用纵横两列电极组成感应矩阵,来感应触摸。以两个交叉的电极矩阵,即 X 轴电极和 Y 轴电极,来检测每一格感应单元的电容变化(图 5.7.6)。

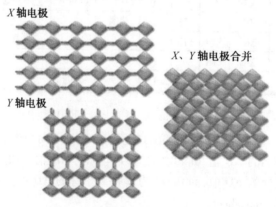

图 5.7.6 投射式电容屏电极矩阵示意图

图 5.7.6 中的电极实际上是透明的。X、Y 轴的透明电极电容屏的精度、分辨率与 X、

Y 轴的通道数有关,通道数越多,精度越高。以上是电容触摸屏的基本原理。电容触摸屏的优点为手感好、无须校准、支持多点触摸、透光性好。电容触摸屏的缺点为成本高、精度不高、抗干扰能力差。这里特别提醒大家电容触摸屏对工作环境的要求较高,在潮湿、多尘、高低温环境下都是不适合使用电容屏的。电容触摸屏一般需要一个驱动 IC 来检测电容触摸,正点原子的电容触摸屏使用 IIC 接口输出触摸数据的触摸芯片。正点原子 7′TFTLCD 模块的电容触摸屏,采用 15×10 的驱动结构(10 个感应通道,15 个驱动通道),采用的是 GT911、FT5206 作为驱动 IC。正点原子 4.3′TFTLCD 模块采用的驱动 IC 为 GT9xxx(GT9147、GT917S、GT911、GT1151、GT9271),不同型号的感应通道和驱动通道数量都不一样,详见数据手册,但是这些驱动的 IC 驱动方式都类似,这里以 GT9147 为例做介绍。GT9147 与 MCU 通过 4 根线连接:SDA、SCL、RST 和 INT。GT9147 的 IIC 地址,可以是 0X14 或 0X5D,当复位结束后的 5 ms 内,如果 INT 是高电平,则使用 0X14 作为地址,否则使用 0X5D 作为地址,具体的设置过程请看 GT9147 数据手册. pdf 这个文档。本章使用 0X14 作为器件地址(不含最低位,换算成读写命令则是读:0X29,写:0X28),接下来介绍 GT9147 的几个重要的寄存器。

1. 控制命令寄存器(0X8040)

该寄存器可以写入不同值以实现不同的控制,一般使用 0 和 2 这两个值,写入 2,即可软复位 GT9147。在硬复位后,一般要往该寄存器写 2,实行软复位,然后写入 0,即可正常读取坐标数据(并且会结束软复位)。

2. 配置寄存器组(0X8047～0X8100)

配置寄存器组共 186 个寄存器,用于配置 GT9147 的各个参数,这些配置一般由厂家提供给用户(一个数组),所以只需要将厂家给的配置,写入这些寄存器中,即可完成 GT9147 的配置。由于 GT9147 可以保存配置信息(可写入内部 FLASH,从而不需要每次上电都更新配置),有几点需要注意:

①0X8047 寄存器用于指示配置文件版本号,程序写入的版本号,必须大于或等于 GT9147 本地保存的版本号,才可以更新配置。

②0X80FF 寄存器用于存储校验和,使得 0X8047～0X80FF 之间所有数据之和为 0。

③0X8100 用于控制是否将配置保存在本地,写 0 则不保存配置,写 1 则保存配置。

3. 产品 ID 寄存器(0X8140～0X8143)

产品 ID 寄存器共由 4 个寄存器组成,用于保存产品 ID,对于 GT9147,这 4 个寄存器读出来为 9、1、4、7 四个字符(ASCII 码格式)。因此,可以通过这 4 个寄存器的值来判断驱动 IC 的型号,以便执行不同的初始化。

4. 状态寄存器(0X814E)

状态寄存器各位描述如表 5.7.1 所示。

表 5.7.1　状态寄存器各位描述

寄存器	bit7	bit6	bit5	bit4	bit3	bit2	bit1	bit0
0X814E	buffer 状态	大点	接近有效	按键	有效触点个数			

这里仅关心最高位和最低 4 位,最高用于表示 buffer 状态,如果有数据(坐标、按键),buffer 为 1;最低 4 位用于表示有效触点的个数,范围为 0~5,0 表示没有触摸,5 表示有 5 点触摸。最后,该寄存器在每次读取后,如果 bit7 有效,则必须写 0,清除该位,否则不会输出下一次数据。

5. 坐标数据寄存器(共 30 个)

坐标数据寄存器共分成 5 组(5 个点),每组 6 个寄存器存储数据,以触点 1 的坐标数据寄存器组为例,如表 5.7.2 所示。

表 5.7.2　触点 1 坐标寄存器组描述

寄存器	bit7-0	寄存器	bit7-0
0X8150	解点 1 x 坐标低 8 位	0X8151	解点 1 x 坐标高 8 位
0X8152	解点 1 y 坐标低 8 位	0X8153	解点 1 y 坐标高 8 位
0X8154	解点 1 触摸尺寸低 8 位	0X8155	解点 1 触摸尺寸高 8 位

一般只用到触点的 x、y 坐标,所以只需要读取 0X8150~0X8153 的数据,组合后即可得到触点坐标。其他 4 组分别为 0X8158、0X8160、0X8168 和 0X8170 等开头的 16 个寄存器,分别针对触点为 2~4 的坐标。同样,GT9147 支持寄存器地址自增,只需要发送寄存器组的首地址后连续读取即可,GT9147 会自动地址自增,从而提高读取速度。更详细的资料请参考:GT9147 编程指南.pdf 这个文档。GT9147 只需要经过简单的初始化即可正常使用,初始化流程为硬复位→延时 10 ms→结束硬复位→设置 IIC 地址→延时 100 ms→软复位→更新配置(需要时)→结束软复位。此时 GT9147 即可正常使用。然后不停地查询 0X814E 寄存器,判断其是否存在有效触点,如果有则读取坐标数据寄存器,得到触点坐标。特别注意,如果 0X814E 读到的值最高位为 1,就必须对该位写 0,否则无法读到下一次坐标数据。

5.7.3　触摸控制原理

前文已简单介绍电阻屏和电容屏的原理,并介绍了不同类型的触摸屏由"屏幕+触摸传感器"组成,那么这里有两组相互独立的参数:屏幕坐标和触摸坐标。要实现触摸功能,就要把触摸点和屏幕坐标对应起来。

以 LCD 显示屏为例,屏幕的扫描方向是可以由编程设定的,而触摸点在触摸传感器安装好后,AD 值的变化方向是固定的,以最常见的屏幕坐标方向为例:先从左到右,再从上到下扫描。此时,屏幕坐标和触点 AD 的坐标有类似的规律:从坐标原点出发,水平方向屏幕坐标增加时,AD 值的 X 方向增加;屏幕坐标的 Y 方向坐标增加,AD 值的 Y 方向增加;同理,坐标减少时,其对应关系也类似(图 5.7.7)。

此处引入两个概念:物理坐标和逻辑坐标。物理坐标是指触摸屏上点的实际位置,通常以液晶上点的个数来度量。逻辑坐标是指某个点被触摸时经 A/D 转换后的坐标值,仍以图 5.7.7 为例,假定液晶最左上角为坐标轴原点 A,在液晶上任取一点 B(实际人手比像素点大得多,一次按下会有多个触点,此处取十字线交叉中心),B 在 X 方向与 A 相距 100 个点,在 Y 方向与 A 距离 200 个点,则这点的物理坐标 B 为(100,200)。如果触摸这

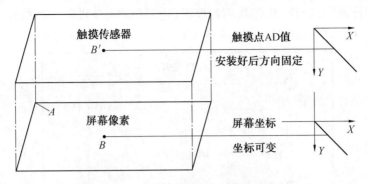

图 5.7.7　屏幕坐标和触摸坐标的对应关系

一点时得到的 X 向 A/D 转换值为 200, Y 向 A/D 转换值为 400, 则这点的逻辑坐标 B' 为 (200,400)。需要特别说明的是, 正点原子的电容屏的参数已经在出厂时由厂家调好, 所以无须进行校准, 而且可以直接读出转换后的触点坐标; 对于电阻屏, 请理解并熟记物理坐标和逻辑坐标在逻辑上的对应关系。

5.7.4　硬件设计

1. 例程功能

正点原子的触摸屏种类有很多, 并且设计了规格相对统一的接口。根据屏幕种类的不同, 设置了相应的硬件 ID(正点原子自编 ID), 可以通过软件来判断触摸屏的种类。

本实验功能简介:开机时先初始化 LCD, 读取 LCD ID, 随后根据 LCD ID 判断是电阻触摸屏还是电容触摸屏, 如果是电阻触摸屏, 则先读取 24C02 的数据来判断触摸屏是否校准, 如果未校准, 则执行校准程序, 校准后再进入电阻触摸屏测试程序, 如果已校准, 则直接进入电阻触摸屏测试程序。

如果是 4.3 寸电容触摸屏, 则执行 GT9xxx 的初始化代码; 如果是 7 寸电容触摸屏(仅支持新款 7 寸屏, 使用 SSD1963+FT5206 方案), 则执行 FT5206 的初始化代码, 在初始化电容触摸屏完成后, 进入电容触摸屏测试程序(电容触摸屏无须校准)。

电阻触摸屏测试程序和电容触摸屏测试程序基本相同, 只是电容触摸屏支持最多 5 点同时触摸, 电阻触摸屏只支持一点触摸, 其他相同。测试界面的右上角会有一个清空的操作区域(RST), 点击此处会将输入全部清除, 恢复白板状态。使用电阻触摸屏时, 可以通过按 KEY0 来实现强制触摸屏校准, 只要按下 KEY0 就会进入强制校准程序。

2. 硬件资源

(1)LED 灯: LED0-PB5。

(2)独立按键 KEY0-PE4。

(3)EEPROM AT24C02。

(4)正点原子 2.8′、3.5′、4.3′、7′、10′ TFTLCD 模块(仅限 MCU 屏, 16 位 8080 并口驱动)。

(5)串口 1(PA9、PA10 连接在板载 USB 转串口芯片 CH340 上)。

3. 原理图

所有资源与 STM32F1 的连接, 在前文已介绍, 这里只针对 TFTLCD 模块与 STM32F1

的连接端口进行说明,TFTLCD 模块的触摸屏(电阻触摸屏)共有 5 根线与 STM32F1 连接,触摸屏与 STM32F1 的连接如图 5.7.8 所示。

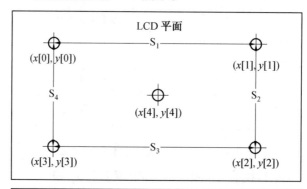

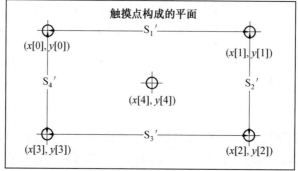

图 5.7.8　触摸屏与 STM32F1 的连接

由图 5.7.8 可知,T_SCK、T_MISO、T_MOSI、T_PEN 和 T_CS 分别连接在 STM32F1 的 PB1、PB2、PF9、PF10 和 PF11 上。如果是电容式触摸屏,其接口和电阻式触摸屏相同(图 5.7.8 中右侧接口),只是没有用到五根线,而是四根线,分别是 T_PEN(CT_INT)、T_CS(CT_RST)、T_CLK(CT_SCL)和 T_MOSI(CT_SDA)。其中 CT_INT、CT_RST、CT_SCL 和 CT_SDA 分别是 GT9147/FT5206 的中断输出信号、复位信号,以及 IIC 的 SCL 和 SDA 信号。利用查询的方式读取 GT9147/FT5206 的数据,对于 FT5206 没有用到中断信号(CT_INT),所以同 STM32F1 的连接,最少需要用 3 根线,不过 GT9147 等 IC 还需要用到 CT_INT 做 IIC 地址设定,所以需要用 4 根线连接。

5.7.5　程序设计

1. HAL 库驱动

触摸芯片使用 IIC 和 SPI 驱动,这部分的时序分析可参考之前 IIC/SPI 的章节,可直接使用软件模拟方式,所以只需要使用 HAL 库的驱动的 GPIO 操作部分。

触摸 IC 驱动步骤:

(1)初始化通信接口与其 IO(使能时钟、配置 GPIO 工作模式)。

触摸 IC 用到的 GPIO 口,主要是 PB1、PB2、PF9、PF10 和 PF11,因为都是用软件模拟的方式,因此在这里只需要使能 GPIOB 和 GPIOF 时钟。参考代码如下:

_HAL_RCC_GPIOB_CLK_ENABLE( )；　/＊使能 GPIOB 时钟＊/

_HAL_RCC_GPIOF_CLK_ENABLE( )；　/＊使能 GPIOF 时钟＊/

GPIO 模式设置通过调用 HAL_GPIO_Init 函数实现,详见本例程源码。

(2)编写通信协议基础读写函数。

通过参考时序图,在 IIC 驱动或 SPI 驱动基础上,编写基础读写函数。读写函数均以一字节数据进行操作。

(3)参考触摸 IC 时序图,编写触摸 IC 读写驱动函数。

根据触摸 IC 的读写时序进行编写触摸 IC 的读写函数,详见本例程源码。

(4)编写坐标获取函数(电阻触摸屏和电容触摸屏)。

编写坐标获取函数(电阻触摸屏和电容触摸屏),查阅数据手册获得命令词(电阻触摸屏)/寄存器(电容触摸屏),通过读写函数获取坐标数据,详见本例程源码。

2. 程序流程

本实验是关于触摸屏功能的使用,下面直接给出本实验的程序流程(图5.7.9)。

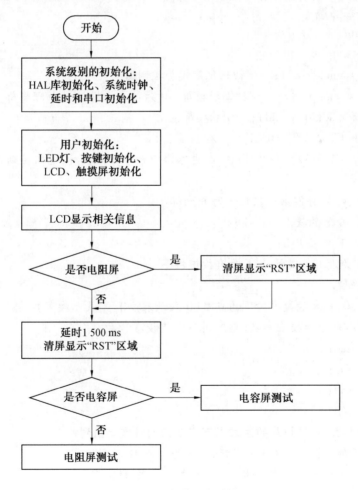

图 5.7.9　触摸屏实验流程

3. 程序解析

此文内容为核心代码,详细的源码请参考正点原子资料相应实例对应的源码。TOUCH 驱动源码包括如下文件:ctiic. c、ctiic. h、ft5206. c、ft5206. h、gt9xxx. c、gt9xxx. h、touch. c 和 touch. h。由于正点原子的 TFTLCD 的型号很多,触摸控制这部分驱动代码根据不同屏幕搭载的触摸芯片驱动而有所不同,在屏幕上使用的是 LCD ID 来帮助软件上区分。为了解决多种驱动芯片的问题,本书设计了 touch. c、touch. h 这两个文件统一管理各类型的驱动。不同的驱动芯片类型可以在 touch. c 中集中添加,并通过 touch. c 中的接口统一调用,不同的触摸芯片各自编写独立的. c、. h 文件,需要时被 touch. c 调用。电阻触摸屏相关代码也在 touch. c 中实现。

(1)触摸管理驱动代码。

因为需要支持的触摸驱动较多,为了方便管理和添加新的驱动,用 touch. c 文件来统一管理触摸驱动,针对各类触摸芯片编写独立的驱动。为了方便管理触摸驱动,在 touch. h 中定义一个用于管理触摸信息的结构体类型,具体代码如下:

```
//触摸屏控制器
typedef struct
{
    u8 ( * init)(void);    //初始化触摸屏控制器
    u8 ( * scan)(u8);    //扫描触摸屏。0 为屏幕扫描;1 为物理坐标
    void ( * adjust)(void);    //触摸屏校准
    u16 x[CT_MAX_TOUCH];    //当前坐标
    u16 y[CT_MAX_TOUCH];    //电容屏有最多 5 组坐标,电阻屏则用 x[0],y[0]
代表
    //x[4]、y[4]存储第一次按下时的坐标
    u8   sta;    //笔的状态
    //b7:按下 1/松开 0;
    //b6:0 为没有按键按下;1 为有按键按下
    //b5:保留
    //b4 ~ b0:电容触摸屏按下的点数(0 表示未按下,1 表示按下)
    /////////触摸屏校准参数(电容屏不需要校准)/////////
    float xfac;
    float yfac;
    short xoff;
    short yoff;
    //新增的参数,当触摸屏的左右上下完全颠倒时需要用到
    //b0:0,竖屏(适合左右为 X 坐标,上下为 Y 坐标的 TP)
    //1,横屏(适合左右为 Y 坐标,上下为 X 坐标的 TP)
    //b1 ~ 6:保留
    //b7:0,电阻屏
```

```
//  1,电容屏
    u8 touchtype;
}_m_tp_dev;
```

```
extern _m_tp_dev tp_dev;//触屏控制器在 touch. c 中定义
```

此处定义了函数指针,只要对其使用相对应的触摸芯片的函数指针赋值,就可以通过这个通用接口很方便调用不同芯片的函数接口。正点原子不同的触摸屏区别如下:

①在使用 4.3 寸、10.1 寸电容屏时,使用汇顶科技的 GT9xxx 系列触摸屏驱动 IC,这是一个 IIC 接口的驱动芯片,需要编写 gt9xxx 系列芯片的初始化程序,并编写一个坐标扫描程序,这里先预留两个接口,分别为 gt9xxx_init( )和 gt9xxx_scan( ),在 gt9xxx. c 文件中再专门实现这两个驱动,标记使用的为电容屏。

②类似地,在使用 SSD1963 7 寸屏、7 寸 800×480/1024×600 RGB 屏时,屏幕搭载的触摸驱动芯片是 ft5206/GT911,FT5206 触摸 IC 预留的两个接口分别为 ft5206_init( )和 ft5206_scan( ),在 ft5206. c 文件中再专门实现这两个驱动,标记使用的为电容屏;GT911 也是调用 gtxxx_init( )和 gt9xxx_scan( )接口。

③当为其他 ID 时,默认为电阻屏,而电阻屏默认使用的是 SPI 接口的 XPT2046 芯片。由于电阻屏存在线性误差,所以在使用前需要进行校准,这也是为什么在前面的结构体类型中存在关于校准参数的成员。为了避免每次都要进行校准的麻烦,所以使用 AT24C02 来存储校准成功后的数据。作为电阻屏,其也有一个扫描坐标函数,即 tp_scan( )。

(* init)(void)这个结构体函数指针是默认指向 tp_init 的,而在 tp_init 中对触摸屏进行初始化并对(* scan)(uint8_t)函数指针根据触摸芯片类型重新做了指向。touch. c 的触摸屏初始化函数 tp_init 的代码如下:

```
//触摸屏初始化
//返回值:0 为没有进行校准
//       1 为进行过校准
u8 TP_Init( void)
{
    if( lcddev. id = =0X5510)   //4.3 寸电容触摸屏
    {
        if( GT9147_Init( )= =0)   //是 GT9147
        {
        tp_dev. scan =GT9147_Scan；  //扫描函数指向 GT9147 触摸屏扫描
    }else
    {
        OTT2001A_Init( );
        tp_dev. scan =OTT2001A_Scan；  //扫描函数指向 OTT2001A 触摸屏扫描
```

```
    }
    tp_dev. touchtype| =0X80;    //电容屏
    tp_dev. touchtype| =lcddev. dir&0X01;    //横屏还是竖屏
    return 0;
} else if( lcddev. id= =0X1963)    //7 寸电容触摸屏
{

    FT5206_Init( );
    tp_dev. scan=FT5206_Scan;    //扫描函数指向 GT9147 触摸屏扫描
    tp_dev. touchtype| =0X80;    //电容屏
    tp_dev. touchtype| =lcddev. dir&0X01;    //横屏还是竖屏
    return 0;
} else
{

    GPIO_InitTypeDef GPIO_Initure;

    _HAL_RCC_GPIOB_CLK_ENABLE( );    //开启 GPIOB 时钟
    _HAL_RCC_GPIOF_CLK_ENABLE( );    //开启 GPIOF 时钟

  //PB1
    GPIO_Initure. Pin=GPIO_PIN_1;    //PB1
    GPIO_Initure. Mode=GPIO_MODE_OUTPUT_PP;    //推挽输出
    GPIO_Initure. Pull=GPIO_PULLUP;    //上拉
    GPIO_Initure. Speed=GPIO_SPEED_FREQ_HIGH;    //高速
    HAL_GPIO_Init( GPIOB,&GPIO_Initure);

  //PB2
    GPIO_Initure. Pin=GPIO_PIN_2;    //PB2
    GPIO_Initure. Mode=GPIO_MODE_INPUT;    //上拉输入
    HAL_GPIO_Init( GPIOB,&GPIO_Initure);

  //PF9,11
    GPIO_Initure. Pin=GPIO_PIN_9|GPIO_PIN_11;    //PF9,11
    GPIO_Initure. Mode=GPIO_MODE_OUTPUT_PP;    //推挽输出
    HAL_GPIO_Init( GPIOF,&GPIO_Initure);

  //PF10
    GPIO_Initure. Pin=GPIO_PIN_10;//PF10
    GPIO_Initure. Mode=GPIO_MODE_INPUT;    //输入
```

```
GPIO_Initure. Pull = GPIO_PULLUP；　//上拉
HAL_GPIO_Init(GPIOF,&GPIO_Initure)；

TP_Read_XY(&tp_dev. x[0],&tp_dev. y[0])；　//第一次读取初始化
AT24CXX_Init()；　//初始化 24CXX
if(TP_Get_Adjdata())return 0；　//已经校准
else　　//未校准?
{
    LCD_Clear(WHITE)；　//清屏
    TP_Adjust()；　　　//屏幕校准
}
    TP_Get_Adjdata()；
}
    return 1；
}
```

正点原子的电容屏在出厂时已经由厂家校对好参数,而电阻屏由于工艺和每个屏的线性有所差异,需要先对其进行"校准"。通过对上面的触摸初始化后,可以读取相关的触点信息用于显示编程,注意到上面还有很多个函数还没实现,比如读取坐标和校准,本书会在接下来的代码中将其补充完整。

(2)电阻屏触摸函数。

由于电阻屏的驱动代码都比较类似,本书把电阻屏的驱动函数直接添加在 touch. c、touch. h 中实现。在 touch. c 的初始化函数 tp_init 中,对使用到的 SPI 接口 IO 进行初始化。获取触摸点在屏幕上坐标的算法为先获取逻辑坐标(AD 值),再转换成屏幕坐标。如何获取逻辑坐标(AD 值),在前面已分析过,所以这里着重学习 tp_read_ad()函数接口:

```
* @ brief      SPI 读数据
*   @ note      从触摸屏 IC 读取 adc 值
* @ param      cmd:指令
* @ retval     读取到的数据,ADC 值(12 bit)
*/
static uint16_t tp_read_ad(uint8_t cmd)
{
    uint8_t count = 0;
    uint16_t num = 0;
    T_CLK(0);  /* 先拉低时钟 */
    T_MOSI(0);  /* 拉低数据线 */
    T_CS(0);  /* 选中触摸屏 IC */
    tp_write_byte(cmd);  /* 发送命令字 */
```

```
delay_us(6);  /* ADS7846 的转换时间最长为 6 μs */
T_CLK(0);
delay_us(1);
T_CLK(1);  /* 给 1 个时钟,清除 BUSY */
delay_us(1);
T_CLK(0);

for (count = 0; count < 16; count++)  /* 读出 16 位数据,只有高 12 位有效 */
{
    num <<= 1;
    T_CLK(0);  /* 下降沿有效 */
    delay_us(1);
    T_CLK(1);

    if (T_MISO)num++;
}

num >>= 4;  /* 只有高 12 位有效 */
T_CS(1);  /* 释放片选 */
return num;
}
```

这里使用的是软件模拟 SPI,遵照时序编写 SPI 读函数接口,而发送命令字是通过写函数 tp_write_byte 来实现 mqb 源码。一次读取的误差会很大,采用平均值滤波的方法来多次读取数据,并丢弃波动的最大值和最小值,取余下的平均值。具体可查看 tp_read_xoy 函数内部实现。

```
/* 电阻触摸驱动芯片、数据采集、滤波用参数 */
#define TP_READ_TIMES  5  /* 读取次数 */
#define TP_LOST_VAL    1  /* 丢弃值 */

/* *
 * @ brief    读取一个坐标值(x 或 y)
 *            @ note 连续读取 TP_READ_TIMES 次数据,对这些数据升序排列,
 *            然后去掉最低和最高 TP_LOST_VAL 个数, 取平均值
 *            设置时需要满足: TP_READ_TIMES > 2 * TP_LOST_VAL 的条件
 *
 * @ param    cmd :指令
 *   @ arg    0XD0:读取 X 轴坐标(@ 竖屏状态、横屏状态和 Y 对调)
```

```
*    @arg    0X90:读取 Y 轴坐标(@ 竖屏状态、横屏状态和 X 对调)
*
* @retval    读取到的数据(滤波后), ADC 值(12bit)
*/
static uint16_t tp_read_xoy(uint8_t cmd)
{
    uint16_t i, j;
    uint16_t buf[TP_READ_TIMES];
    uint16_t sum = 0;
    uint16_t temp;

    for (i = 0; i < TP_READ_TIMES; i++)   /* 先读取 TP_READ_TIMES 次数据
*/
    {
        buf[i] = tp_read_ad(cmd);
    }

    for (i = 0; i < TP_READ_TIMES-1; i++)   /* 对数据进行排序 */
    {
        for (j = i + 1; j < TP_READ_TIMES; j++)
        {
            if (buf[i] > buf[j])   /* 升序排列 */
            {
                temp = buf[i];
                buf[i] = buf[j];
                buf[j] = temp;
            }
        }
    }

    sum = 0;

    for (i = TP_LOST_VAL; i < TP_READ_TIMES-TP_LOST_VAL; i++)   /* 去掉
两端的丢弃值 */
    {
        sum += buf[i];   /* 累加去掉丢弃值后的数据 */
    }
```

```
    temp = sum/(TP_READ_TIMES-2 * TP_LOST_VAL) ;   /*取平均值*/
    return temp;
}
```

有了前述代码,可通过 tp_read_xoy(uint8_t cmd)接口调取需要的 x 或 y 坐标的 AD 值。这里加上横屏或竖屏的处理代码,编写一个可以通过指针一次得到 x 和 y 的两个 AD 值的接口,代码如下:

```
/**
 * @ brief      读取 x、y 坐标
 * @ param      x、y 为读取到的坐标值
 * @ retval     无
 */
static void tp_read_xy(uint16_t * x, uint16_t * y)
{
    uint16_t xval, yval;

    if (tp_dev. touchtype & 0X01)   /*x、y 方向与屏幕相反*/
    {
        xval = tp_read_xoy(0X90) ;   /*读取 X 轴坐标 AD 值,并进行方向变换
*/
        yval = tp_read_xoy(0XD0) ;   /*读取 Y 轴坐标 AD 值*/
    }
    else   /*X,Y 方向与屏幕相同*/
    {
        xval = tp_read_xoy(0XD0) ;   /*读取 X 轴坐标 AD 值*/
        yval = tp_read_xoy(0X90) ;   /*读取 Y 轴坐标 AD 值*/
    }

    * x = xval;
    * y = yval;
}
```

为了进一步保证参数的精度,可以连续读两次触摸数据并取平均值作为最后的触摸参数,同时对这两次滤波值平均后再传给目标存储区,由于 AD 的精度为 12 位,故该函数读取坐标的值为 0 ~ 4 095。tp_read_xy2 的代码如下:

```
/*连续两次读取 x、y 坐标的数据误差最大允许值*/
#define TP_ERR_RANGE     50  /*误差范围*/
/**
 * @ brief     连续读取两次触摸 IC 数据, 并滤波
```

```
*    @ note    连续两次读取触摸屏 IC,且这两次的偏差不能超过 ERR_RANGE,满足
*              条件则认为读数正确,否则认为读数错误,该函数能大大提高准确度
*
* @ param    x、y 为读取到的坐标值
* @ retval    0 为失败; 1 为成功
*/
static uint8_t tp_read_xy2( uint16_t * x, uint16_t * y)
{
    uint16_t x1, y1;
    uint16_t x2, y2;

    tp_read_xy(&x1, &y1);   /*读取第一次数据*/
    tp_read_xy(&x2, &y2);   /*读取第二次数据*/

/*前后两次采样在+-TP_ERR_RANGE 内*/
    if ((((x2 <= x1 && x1 < x2 + TP_ERR_RANGE)|| (x1 <= x2 && x2 < x1 + TP
_ERR_RANGE))&&
            ((y2 <= y1 && y1 < y2 + TP_ERR_RANGE)|| (y1 <= y2 && y2 < y1
+ TP_ERR_RANGE)))
    {
        * x = (x1 + x2)/2;
        * y = (y1 + y2)/2;
        return 1;
    }

    return 0;
}
```

　　根据以上流程,可得到电阻屏触摸点的比较精确的 AD 信息。每次触摸屏幕时会对应一组 X、Y 的 AD 值,由于坐标的 AD 值是在 X、Y 方向都是线性的,很容易想到要把触摸信息的 AD 值和屏幕坐标联系起来,这里需要编写一个坐标转换函数,前面在编写初始化接口时讲到的校准函数这时就派上用场了。触摸屏的 AD 的 XAD、YAD 可以构成一个逻辑平面,LCD 屏的屏幕坐标 X、Y 也是一个逻辑平面,由于存在误差,所以这两个平面并不重合,校准的作用是将逻辑平面映射到物理平面上,即得到触点在液晶屏上的位置坐标。校准算法的中心思想是要建立一个映射函数现有的校准算法,大多是基于线性校准,即首先假定物理平面和逻辑平面之间的误差是线性误差,并由旋转和偏移形成。常用的电阻式触摸屏的矫正方法有两点校准法和三点校准法。本书介绍的是结合了不同的电阻式触摸屏矫正法的优化算法:五点校正法。其中主要原理是使用四点矫正法的比例运算

及三点矫正法的基准点运算。五点校正法的优势在于可以更加精确地计算出 X 和 Y 方向的比例缩放系数,同时提供了中心基准点,对于一些线性电阻系数比较差的电阻式触摸屏有很好的校正功能。校正相关的变量主要有:

① x[5]、y[5]五点定位的物理坐标(LCD 坐标)。

② xl[5]、yl[5]五点定位的逻辑坐标(触摸 AD 值)。

③ KX、KY 横纵方向伸缩系数。

④ XLC、YLC 中心基点逻辑坐标。

⑤ XC、YC 中心基点物理坐标(数值采用 LCD 显示屏的物理长宽分辨率的一半)。

x[5]、y[5]五点定位的物理坐标是已知的,其中四点分别设置在 LCD 的角落,一点设置在 LCD 正中心,作为基准矫正点,校正关键点和距离布局如图 5.7.10 所示。

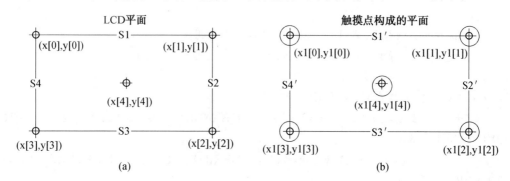

图 5.7.10　电阻屏五点校准法的参考点设定

校正步骤如下:

① 通过先后点击 LCD 的 4 个角落的矫正点,获取 4 个角落的逻辑坐标值。

② 计算屏幕坐标和四点间距:

$$S1 = x[1] - x[0]$$
$$S3 = x[2] - x[3]$$
$$S2 = y[2] - y[1]$$
$$S4 = y[3] - y[0]$$

一般取点可人为设定"S1 = S3"和"S2 = S4",以便运算。

计算逻辑坐标的四点"间距",由于实际触点存在误差,所以触摸点会落在实际设定点的更大范围内,在图 5.7.10 中,设定点为五个点 🔧,但实际采样时触点有时会落在稍大的外圈范围,图中已用圆圈标注,所以有必要设定一个误差范围

$$S1' = xl[1] - xl[0]$$
$$S3' = xl[2] - xl[3]$$
$$S2' = yl[2] - yl[1]$$
$$S4' = yl[3] - yl[0]$$

由于触点的误差,对于逻辑点 S1′和 S3′则大概率不会相等,同样 S2′和 S4′也很难取到相等的点。为了简化计算,强制以(S1′+S3′)/2 的线长作为一个矩形的一边,以(S2′+ S4′)/2 作为矩形另一边,这样构建的矩形在误差范围可接受,也便于计算,于是得到 X 和

Y 方向的近似缩放系数

$$KX = (S1' + S3')/2/S1$$
$$KY = (S2' + S4')/2/S2$$

③ 点击 LCD 的正中心,获取中心点的逻辑坐标作为矫正的基准点。这里也需要限制误差,之后可得到一个中心点的 AD 值坐标(xl[4],yl[4]),这个点的 AD 值会作为对比的基准点,即 xl[4]=XLC,yl[4]=YLC。

④ 完成以上步骤则校正完成。下次点击触摸屏时获取的逻辑值 XL 和 YL,可按下式转换为物理坐标

$$X = (XL-XLC)/KX + XC$$
$$Y = (YL-YLC)/KY + YC$$

最后一步的转换公式可能不好理解,换个角度,如果求到的缩放比例正确,在取新的触摸时,这个触摸点的逻辑坐标和物理坐标的转换,必然与中心点在两个方向上的缩放比例相等,用中学数学直线斜率相等的情况,变换后便可得到上述公式。

通过上述得到校准参数后,在以后的使用中,把所有得到的物理坐标都按此关系式来计算,得到的就是触摸点的屏幕坐标。为了省去每次都需要校准的麻烦,可以保存这些参数到 AT24Cxx 的指定扇区地址,这样只要校准一次即可重复使用这些参数。

根据上面的原理,设计的校准函数 tp_adjust 如下:

```
/* *
 *  @ brief      触摸屏校准代码
 *   @ note      使用五点校准法
 *              本函数得到 x 轴、y 轴比例因子 xfac、yfac 及物理中心坐标值(xc,yc)
等 4 个参数
 *              我们规定:物理坐标即 AD 采集到的坐标值,范围为 0 ~ 4 095
 *              逻辑坐标即 LCD 屏幕的坐标, 范围为 LCD 屏幕的分辨率
 *
 *  @ param      无
 *  @ retval     无
 */
void tp_adjust(void)
{
    uint16_t pxy[5][2];   /* 物理坐标缓存值 */
    uint8_t  cnt = 0;
    short s1, s2, s3, s4;   /* 4 个点的坐标差值 */
    double px, py;   /* X、Y 轴的物理坐标比例,用于判定是否校准成功 */
    uint16_t outtime = 0;
    cnt = 0;

    lcd_clear(WHITE);   /* 清屏 */
```

```
        lcd_show_string(40, 40, 160, 100, 16, TP_REMIND_MSG_TBL, RED);  /* 显
示提示信息*/
        tp_draw_touch_point(20, 20, RED);  /* 画点 1*/
        tp_dev.sta = 0;  /* 消除触发信号*/

        while(1)  /* 如果连续 10 s 没有按下,则自动退出*/
            {
                tp_dev.scan(1);  /* 扫描物理坐标*/

                if((tp_dev.sta & 0xc000) = = TP_CATH_PRES)  /* 按键按下了一次
(此时按键松开)*/
                    {
                    outtime = 0;
                    JP3tp_dev.sta & = ~TP_CATH_PRES;  /* 标记按键已被处理过
了*/

                    pxy[cnt][0] = tp_dev.x[0];  /* 保存 X 物理坐标*/
                    pxy[cnt][1] = tp_dev.y[0];  /* 保存 Y 物理坐标*/
                    cnt++;
                switch (cnt)
                    {
                    case 1:
                        tp_draw_touch_point(20, 20, WHITE);  /* 清除点 1*/
                        tp_draw_touch_point(lcddev.width-20, 20, RED);  /* 画点
2*/

                        break;

                    case 2:
                        tp_draw_touch_point(lcddev.width-20, 20, WHITE);  /* 清
除点 2*/

                        tp_draw_touch_point(20, lcddev.height-20, RED);  /* 画
点 3*/

                        break;

                    case 3:
                        tp_draw_touch_point(20, lcddev.height-20, WHITE);  /*
清除点 3*/

                        tp_draw_touch_point(lcddev.width-20, lcddev.height-20,
```

```
RED) ;   / * 画点 4 * /

                          break ;


                    case 4 :
                          lcd_clear(WHITE) ;   / * 画第五个点, 直接清屏 * /
                              tp _ draw _ touch _ point ( lcddev. width/2 , lcddev. height/2 ,
RED) ;   / * 画点 5 * /

                          break ;


                    case 5 :   / * 全部 5 个点已经得到 * /
                          s1 = pxy[ 1 ][ 0 ]-pxy[ 0 ][ 0 ] ;   / * 第 2 个点和第 1 个点的
X 轴物理坐标差值( AD 值) * /
                          s3 = pxy[ 3 ][ 0 ]-pxy[ 2 ][ 0 ] ;   / * 第 4 个点和第 3 个点的
X 轴物理坐标差值( AD 值) * /
                          s2 = pxy[ 3 ][ 1 ]-pxy[ 1 ][ 1 ] ;   / * 第 4 个点和第 2 个点的
Y 轴物理坐标差值( AD 值) * /
                          s4 = pxy[ 2 ][ 1 ]-pxy[ 0 ][ 1 ] ;   / * 第 3 个点和第 1 个点的
Y 轴物理坐标差值( AD 值) * /


                          px = ( double) s1/s3 ;   / * X 轴比例因子 * /
                          py = ( double) s2/s4 ;   / * Y 轴比例因子 * /


                          if ( px < 0) px = -px ;   / * 负数改正数 * /
                          if ( py < 0) py = -py ;   / * 负数改正数 * /
      if ( px < 0. 95 || px > 1. 05 || py < 0. 95 || py > 1. 05 ||   / * 比例不合格 * /
      abs( s1) > 4095 || abs( s2) > 4095 || abs( s3) > 4095 || abs( s4) > 4095 ||   / * 差值
不合格, 大于坐标范围 * /
      abs( s1) = = 0 || abs( s2) = = 0 || abs( s3) = = 0 || abs( s4) = = 0   / * 差值不合格,
等于 0 * /
                              )
                          {
                          cnt = 0 ;
                           tp_draw_touch_point ( lcddev. width/2 , lcddev. height/2 ,
WHITE) ;   / * 清除点 5 * /
                           tp_draw_touch_point(20, 20, RED) ;   / * 重新画点 1
* /
                           tp_adjust_info_show( pxy, px, py) ;   / * 显示当前信息,
方便找问题 * /
```

```
            continue;
        }
        tp_dev. xfac = (float)(s1 + s3)/(2 * (lcddev. width-40));
        tp_dev. yfac = (float)(s2 + s4)/(2 * (lcddev. height-40));

        tp_dev. xc = pxy[4][0];   /* X 轴为物理中心坐标 */
        tp_dev. yc = pxy[4][1];   /* Y 轴为物理中心坐标 */

        lcd_clear(WHITE);   /* 清屏 */
        lcd_show_string(35, 110, lcddev. width, lcddev. height, 16, "
Touch Screen Adjust OK!", BLUE);   /* 校正完成 */
        delay_ms(1000);
        tp_save_adjust_data();

        lcd_clear(WHITE);   /* 清屏 */
        return;   /* 校正完成 */
        }
    }

    delay_ms(10);
    outtime++;

    if (outtime > 1000)
    {
        tp_get_adjust_data();
        break;
    }
    }
}
```

注意该函数中多次使用 lcddev. width 和 lcddev. height 用于坐标设置,故在程序调用前需要预先初始化 LCD 来得到 LCD 的一些屏幕信息,主要是为了兼容不同尺寸的 LCD (如 320×240、480×320 和 800×480 的屏都可以兼容)。有了校准参数后,由于需要频繁地进行屏幕坐标和物理坐标的转换,本书为电阻屏增加一个 tp_scan(uint8_t mode) 用于转换,为了实际使用上更灵活,可使这个参数支持物理坐标和屏幕坐标,设计的函数如下:

```
/* *
 * @ brief       触摸按键扫描
 * @ param       mode:坐标模式
```

```
 *     @arg     0 为屏幕坐标;
 *     @arg     1 为物理坐标(在校准等特殊场合使用)
 *
 * @retval     0 为触屏无触摸;1 为触屏有触摸
 */
uint8_t tp_scan(uint8_t mode)
{
    if (T_PEN == 0)   /* 有按键按下 */
    {
        if (mode)   /* 读取物理坐标,无须转换 */
        {
            tp_read_xy2(&tp_dev.x[0], &tp_dev.y[0]);
        }
        else if (tp_read_xy2(&tp_dev.x[0], &tp_dev.y[0]))   /* 读取屏幕坐标,
需要转换 */
        {
/* 将 X 轴物理坐标转换成逻辑坐标(即对应 LCD 屏幕上面的 X 坐标值) */
            tp_dev.x[0] = (signed short)(tp_dev.x[0]-tp_dev.xc)/tp_dev.xfac +
lcddev.width/2;

/* 将 Y 轴物理坐标转换成逻辑坐标(即对应 LCD 屏幕上面的 Y 坐标值) */
            tp_dev.y[0] = (signed short)(tp_dev.y[0]-tp_dev.yc)/tp_dev.yfac +
lcddev.height/2;
        }

        if ((tp_dev.sta & TP_PRES_DOWN)== 0)   /* 之前没有被按下 */
        {
            tp_dev.sta = TP_PRES_DOWN | TP_CATH_PRES;   /* 按键按下 */
            tp_dev.x[CT_MAX_TOUCH-1] = tp_dev.x[0];   /* 记录第一次按
下时的坐标 */
            tp_dev.y[CT_MAX_TOUCH-1] = tp_dev.y[0];
        }
    }
    else
    {
        if (tp_dev.sta & TP_PRES_DOWN)   /* 之前被按下 */
        {
            tp_dev.sta &= ~TP_PRES_DOWN;   /* 标记按键松开 */
```

```
        }
    else    /＊之前没有被按下＊/
        {
            tp_dev. x［CT_MAX_TOUCH－1］= 0；
            tp_dev. y［CT_MAX_TOUCH－1］= 0；
            tp_dev. x［0］= 0xffff；
            tp_dev. y［0］= 0xffff；
        }
    }
    return tp_dev. sta & TP_PRES_DOWN；  /＊返回当前的触屏状态＊/
}
```

（3）电容屏触摸驱动代码。

电容触摸芯片使用 IIC 接口。IIC 接口部分代码可参考 myiic. c 和 myiic. h 的代码，为了使代码独立，在"TOUCH"文件夹下也采用软件模拟 IIC 的方式实现 ctiic. c 和 ctiic. h，这样 IO 的使用会更灵活，这部分参考 IIC 章节的知识即可，电容触摸芯片除 IIC 接口相关引脚 CT_SCL 和 CT_SDA 外，还有 CT_INT 和 CT_RST，电容触摸芯片接口图如图5.7.11所示。

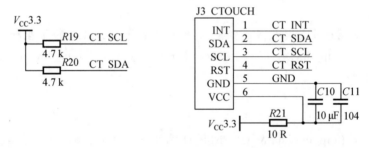

图 5.7.11　电容触摸芯片接口图

gt9xxx_init 的实现较简单，实现 CT_INT 和 CT_RST 引脚初始化和调用 ct_iic_init 函数实现对 CT_SDA 和 CT_SCL 初始化。由于电容触摸屏在设计时是根据屏幕进行参数设计的，参数保存在芯片内部。所以，在初始化后可参考手册推荐的 IIC 时序，从相对应的坐标数据寄存器中把对应的 XY 坐标数据读出来，再通过数据整理转成 LCD 坐标。与电阻屏不同的是，通过 IIC 读取状态寄存器的值并非引脚电平。而 gt9xxx 系列支持中断或轮询方式得到触摸状态，本实验使用轮询方式，其源代码在文件 gt9xxx. c 中。

① 读时序，先读取寄存器 0x814E，若当前 buffer（buffer status 为 1）数据准备好，则依据有效触点个数到相对应的坐标数据地址处进行坐标数据读取。

② 若在 1 中发现 buffer 数据（buffer status 为 0）未准备好，则等待 1 ms 再进行读取。

gt9xxx_scan（）函数的实现如下：

/＊GT9XXX 10 个触摸点（最多）对应的寄存器表＊/

```
const uint16_t GT9XXX_TPX_TBL[10] =
{
    GT9XXX_TP1_REG, GT9XXX_TP2_REG, GT9XXX_TP3_REG, GT9XXX_TP4_
REG, GT9XXX_TP5_REG,
    GT9XXX_TP6_REG, GT9XXX_TP7_REG, GT9XXX_TP8_REG, GT9XXX_TP9_
REG, GT9XXX_TP10_REG,
};

/* *
 * @ brief       扫描触摸屏(采用查询方式)
 * @ param       mode 为电容屏未用到次参数,为了兼容电阻屏
 * @ retval      当前触屏状态
 *   @ arg       0 为触屏无触摸
 *   @ arg       1 为触屏有触摸
 */
uint8_t gt9xxx_scan(uint8_t mode)
{
    uint8_t buf[4];
    uint8_t i = 0;
    uint8_t res = 0;
    uint16_t temp;
    uint16_t tempsta;
    static uint8_t t = 0;  /* 控制查询间隔,从而降低 CPU 占用率 */
t++;
if ((t % 10)== 0 || t < 10)   /* 空闲时,每进入 10 次 CTP_Scan 函数才检测 1 次,
从而降低 CPU 使用率 */
    {
        gt9xxx_rd_reg(GT9XXX_GSTID_REG, &mode, 1);  /* 读取触摸点的状态
*/

        if ((mode & 0X80)&& ((mode & 0XF)<= g_gt_tnum))
        {
            i = 0;
            gt9xxx_wr_reg(GT9XXX_GSTID_REG, &i, 1);  /* 清标志 */
        }

        if ((mode & 0XF)&& ((mode & 0XF)<= g_gt_tnum))
        {
```

```
                temp = 0XFFFF << (mode & 0XF);   /*将点的个数转换为1的位
数,匹配 tp_dev. sta 定义 */
                tempsta = tp_dev. sta;   /*保存当前的 tp_dev. sta 值 */
                tp_dev. sta = (~temp)| TP_PRES_DOWN | TP_CATH_PRES;
                tp_dev. x[ g_gt_tnum−1 ] = tp_dev. x[ 0 ];   /*保存触点 0 的数据,保
存在最后一个中 */
                tp_dev. y[ g_gt_tnum−1 ] = tp_dev. y[ 0 ];

                for (i = 0; i < g_gt_tnum; i++)
                {
                    if (tp_dev. sta & (1 << i))   /*触摸有效? */
                    {
                        gt9xxx_rd_reg( GT9XXX_TPX_TBL[ i ], buf, 4);   /*读取
X、Y 坐标值 */

                        if (lcddev. id = = 0X5510 || lcddev. id = = 0X9806 || lcd-
dev. id = = 0X7796)/*4.3 寸 800×480 和 3.5 寸 480×320 MCU 屏 */
                        {
                            if (tp_dev. touchtype & 0X01)   /*横屏*/
                            {
                                tp_dev. x[ i ] = lcddev. width−(((uint16_t)buf[ 3 ] <
< 8)+ buf[ 2 ]);

                                tp_dev. y[ i ] = ((uint16_t)buf[ 1 ] << 8)+ buf[ 0 ];
                            }
                            else
                            {
                                tp_dev. x[ i ] = ((uint16_t)buf[ 1 ] << 8)+ buf[ 0 ];
                                tp_dev. y[ i ] = ((uint16_t)buf[ 3 ] << 8)+ buf[ 2 ];
                            }
                        }
                        else   /*其他型号*/
                        {
                            if (tp_dev. touchtype & 0X01)   /*横屏*/
                            {
                                tp_dev. x[ i ] = ((uint16_t)buf[ 1 ] << 8)+ buf[ 0 ];
                                tp_dev. y[ i ] = ((uint16_t)buf[ 3 ] << 8)+ buf[ 2 ];
                            }
                            else
```

```
                        {
                tp_dev. x[ i] = lcddev. width-(( ( uint16_t) buf[ 3] <
< 8) + buf[ 2]) ;

                tp_dev. y[ i] = (( uint16_t) buf[ 1] << 8) + buf[ 0] ;
                        }
                    }
//printf(" x[ % d] :% d,y[ % d] :% d\r\n" , i, tp_dev. x[ i] , i, tp_dev. y[ i]) ;
                }
            }


            res = 1;
            if ( tp_dev. x[ 0] > lcddev. width || tp_dev. y[ 0] > lcddev. height)   / *
非法数据( 坐标超出) */
                {
                if (( mode & 0XF) > 1)   /*其他点有数据,则复制第二个触点的
数据到第一个触点. */
                    {
                        tp_dev. x[ 0] = tp_dev. x[ 1] ;
                        tp_dev. y[ 0] = tp_dev. y[ 1] ;
                        t = 0;   / *触发一次,则会最少连续监测 10 次,从而提高命
中率*/
                    }
                else   / *非法数据,则忽略此次数据( 还原原来的) */
                    {
                        tp_dev. x[ 0] = tp_dev. x[ g_gt_tnum-1] ;
                        tp_dev. y[ 0] = tp_dev. y[ g_gt_tnum-1] ;
                        mode = 0X80;
                        tp_dev. sta = tempsta;   / *恢复 tp_dev. sta */
                    }
                }
            else
                {
                    t = 0;   / *触发一次,则会最少连续监测 10 次,从而提高命中率
*/
                }
            }
        }
```

```
        if ((mode & 0X8F) == 0X80)    /*无触摸点按下*/
        {
            if (tp_dev.sta & TP_PRES_DOWN)    /*之前被按下*/
            {
                tp_dev.sta &= ~TP_PRES_DOWN;    /*标记按键松开*/
            }
            else    /*之前未被按下*/
            {
                tp_dev.x[0] = 0xffff;
                tp_dev.y[0] = 0xffff;
                tp_dev.sta &= 0XE000;    /*清除点有效标记*/
            }
        }
        if (t > 240)t = 10;    /*重新从10开始计数*/

        return res;
}
```

在 gt9xxx 芯片对应的编程手册中对照时序，即可理解为上述的实现过程，只是程序中为了匹配多种屏幕和横屏显示，添加了一些代码。电容屏 ft5206. c、ft5206. h 的驱动实现与 gt9xxx 的实现类似，参考本例程源码即可。

(4)main 函数和测试代码。

在 main. c 中编程如下代码：

```
void rtp_test(void)
{
    uint8_t key;
    uint8_t i = 0;

    while (1)
    {
        key = key_scan(0);
        tp_dev.scan(0);
        if (tp_dev.sta & TP_PRES_DOWN)    /*触摸屏被按下*/
        {
            if (tp_dev.x[0] < lcddev.width && tp_dev.y[0] < lcddev.height)
            {
                if (tp_dev.x[0] > (lcddev.width-24)&& tp_dev.y[0] < 16)
                {
```

```
                    load_draw_dialog();  /*清除*/
                }
                else
                {
                    tp_draw_big_point(tp_dev.x[0], tp_dev.y[0], RED);  /*
画点*/
                }
            }
        }
        else
        {
            delay_ms(10);  /*没有按键按下的时候*/
        }

        if (key == KEY0_PRES)  /*KEY0 按下,则执行校准程序*/
        {
            lcd_clear(WHITE);  /*清屏*/
            tp_adjust();  /*屏幕校准*/
            tp_save_adjust_data();
            load_draw_dialog();
        }

        i++;

        if (i % 20 == 0)LED0_TOGGLE();
    }
}
/*10 个触控点的颜色(电容式触摸屏用)*/
const uint16_t POINT_COLOR_TBL[10] = {RED, GREEN, BLUE, BROWN,
YELLOW, MAGENTA, CYAN, LIGHTBLUE, BRRED, GRAY};

/**
*@brief        电容式触摸屏测试函数
*@param        无
*@retval       无
*/
void ctp_test(void)
{
```

```
        uint8_t t = 0;
        uint8_t i = 0;
        uint16_t lastpos[10][2];   /*最后一次的数据*/
        uint8_t maxp = 5;
    if (lcddev. id == 0X1018) maxp = 10;


        while (1)
        {
            tp_dev. scan(0);

            for (t = 0; t < maxp; t++)
            {
                if ((tp_dev. sta) & (1 << t))
                {
                    if (tp_dev. x[t] < lcddev. width && tp_dev. y[t] < lcddev. height)
/*坐标在屏幕范围内*/
                    {
                        if (lastpos[t][0] == 0XFFFF)
                        {
                            lastpos[t][0] = tp_dev. x[t];
                            lastpos[t][1] = tp_dev. y[t];
                        }

                        lcd_draw_bline(lastpos[t][0], lastpos[t][1], tp_dev. x[t],
tp_dev. y[t], 2,   POINT_COLOR_TBL[t]);   /*画线*/
                        lastpos[t][0] = tp_dev. x[t];
                        lastpos[t][1] = tp_dev. y[t];
    if (tp_dev. x[t] > (lcddev. width−24) && tp_dev. y[t] < 20)
                        {
                            load_draw_dialog();   /*清除*/
                        }
                    }
                }
                else
                {
                    lastpos[t][0] = 0XFFFF;
                }
            }
```

```
        delay_ms(5);
        i++;

        if (i % 20 = = 0)LED0_TOGGLE();
    }
}

int main(void)
{
    HAL_Init();  /*初始化 HAL 库*/
    sys_stm32_clock_init(RCC_PLL_MUL9);  /*设置时钟为 72 MHz*/
    delay_init(72);  /*延时初始化*/
    usart_init(115200);  /*串口初始化为 115 200*/
    led_init();  /*初始化 LED*/
    lcd_init();  /*初始化 LCD*/
    key_init();  /*初始化按键*/
    tp_dev.init();  /*触摸屏初始化*/

    lcd_show_string(30, 50, 200, 16, 16, "STM32", RED);
    lcd_show_string(30, 70, 200, 16, 16, "TOUCH TEST", RED);
    lcd_show_string(30, 90, 200, 16, 16, "ATOM@ ALIENTEK", RED);

    if (tp_dev.touchtype ! = 0XFF)
    {
        lcd_show_string(30, 110, 200, 16, 16, "Press KEY0 to Adjust", RED);
/*电阻屏显示*/
    }
    delay_ms(1500);
    load_draw_dialog();

    if (tp_dev.touchtype & 0X80)
    {
        ctp_test();  /*电容屏测试*/
    }
    else
    {
        rtp_test();  /*电阻屏测试*/
    }
```

}

上面没有把 main. c 的全部代码列出,只是列出重要函数,这里简单介绍一下这 3 个函数。rtp_test 函数用于电阻触摸屏的测试,该函数代码比较简单,就是扫描按键和触摸屏,如果触摸屏有按下,则在触摸屏上面画线,如果按中"RST"区域,则执行清屏。如果按键 KEY0 按下,则执行触摸屏校准。ctp_test 函数用于电容触摸屏的测试,由于采用 tp_dev. sta 来标记当前按下的触摸屏点数,所以判断是否有电容触摸屏按下,也就是判断 tp_dev. sta 的最低 5 位,如果有数据,则画线,如果没有数据,则忽略,且 5 个点画线的颜色各不相同,便于区分。另外,电容触摸屏不需要校准,所以没有校准程序。

main 函数比较简单,初始化相关外设,然后根据触摸屏类型去选择执行 ctp_test 还是 rtp_test。

5.7.6 下载验证

下载验证在代码编译成功之后,通过下载代码到开发板上,电阻式触摸屏测试程序运行结果如图 5.7.12 所示。

图 5.7.12 电阻式触摸屏测试程序运行结果

图 5.7.12 中在电阻屏上画了一些内容,右上角的 RST 可以用来清屏,点击该区域,即可清屏重画。另外,按 KEY0 可以进入校准模式,如果发现触摸屏不准,则可以按 KEY0,进入校准,重新校准一下,即可正常使用。如果是电容式触摸屏,其测试界面如图 5.7.13 所示。

图 5.7.13 电容式触摸屏测试界面

图 5.7.13 中同样输入了一些内容。电容式触摸屏支持多点触摸,每个点的颜色都不一样,图中的波浪线是三点触摸画出来的,最多可以 5 点触摸。按右上角的 RST 标志,可以清屏。电容屏无须校准,所以按 KEY0 无效。KEY0 校准仅对电阻屏有效。

5.8　红外遥控实验

红外遥控是一种无线、非接触控制技术,具有抗干扰能力强、信息传输可靠、功耗低、成本低、易实现等优点,被诸多电子设备特别是家用电器广泛采用,并越来越多地应用到计算机系统中。由于红外线遥控不具有像无线电遥控那样穿过障碍物去控制被控对象的能力,所以在设计红外线遥控器时,不必像无线电遥控器那样每套(发射器和接收器)都有不同的遥控频率或编码(否则会隔墙控制或干扰邻居的家用电器),同类产品的红外线遥控器,可以有相同的遥控频率或编码,而不会出现遥控信号"串门"的情况。这对于大批量生产及在家用电器上普及红外线遥控提供了极大的便利。由于红外线为不可见光,因此对环境影响很小,由于红外光波动波长远小于无线电波的波长,所以红外线遥控不会影响其他家用电器,也不会影响临近的无线电设备。

红外遥控的情景中,必有一个红外发射端和红外接收端。实验中正点原子的红外遥控器作为红外发射端,红外接收端是板载的红外接收器,要使两者通信成功,收、发红外波长与载波频率需要一致,在这里波长是 940 nm,载波频率是 38 kHz。红外发射管也属于二极管类,红外发射电路通常使用三极管控制红外发射器的导通或截止,在导通的时候,红外发射管会发射红外光,反之不会发射出红外光。虽然用肉眼看不到红外光,但是可以借助手机摄像头就能看到红外光。但是红外接收管的特性是当接收到红外载波信号时,OUT 引脚输出低电平;假如没有接收到红外载波信号,OUT 引脚输出高电平。红外载波信号是由一个个红外载波周期组成。在频率为 38 kHz 下,红外载波周期约等于 26.3 μs $(1\ s/38\ kHz \approx 26.3\ μs)$。在一个红外载波发射周期里,发射红外光时间为 8.77 μs,不发射红外光为 17.53 μs,发射红外光的占空比一般为 1/3。相对的,整个周期内不发射红外光是载波不发射周期。在红外遥控器内已经把载波和不载波信号处理好,需要做的是识别遥控器按键发射出的信号,信号也遵循某种协议。

5.8.1　红外编码协议介绍

目前,红外遥控的编码方式广泛使用的是 PWM(脉冲宽度调制)的 NEC 协议和 Philips PPM(脉冲位置调制)的 RC-5 协议。开发板配套的遥控器使用 NEC 协议,其特征如下:

(1)8 位地址和 8 位指令长度。

(2)地址和命令 2 次传输(确保可靠性)。

(3)PWM 脉冲宽度调制,以发射红外载波的占空比来代表"0"和"1"。

(4)载波频率为 38 kHz。

(5)位时间为 1.125 ms 或 2.25 ms。

在 NEC 协议中,如何为协议中的数据'0'或'1'？这里分为红外接收器和红外发射器。

红外发射器：发送协议数据'0' = 发射载波信号 560 μs + 不发射载波信号 560 μs，发送协议数据'1' = 发射载波信号 560 μs + 不发射载波信号 1 680 μs，红外发射器的位定义如图 5.8.1 所示。

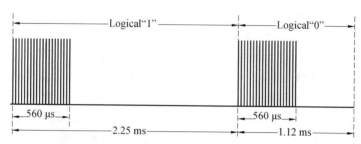

图 5.8.1　红外发射器的位定义

红外接收器：接收到协议数据'0' = 560 μs 低电平 + 560 μs 高电平，接收到协议数据'1' = 560 μs 低电平 + 1 680 μs 高电平，红外接收器的位定义如图 5.8.2 所示。

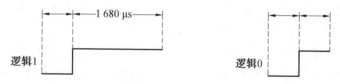

图 5.8.2　高电平红外接收器的位定义

NEC 遥控指令的数据格式为同步码、地址码、地址反码、控制码、控制反码。同步码由一个 9 ms 的低电平和一个 4.5 ms 的高电平组成，地址码、地址反码、控制码、控制反码均是 8 位数据格式。按照低位在前，高位在后的顺序发送。采用反码是为了增加传输的可靠性（可用于校验）。当遥控器的按键▽按下时，红外线接收端波形如图 5.8.3 所示。

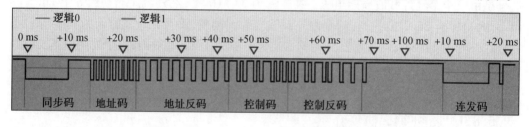

图 5.8.3　红外线接收端波形

由图 5.8.3 可知，其地址码为 0，控制码为 21（正确解码后 00010101）。可以看到在 100 ms 之后，收到了几个脉冲，这是 NEC 码规定的连发码（由 9 ms 低电平+2.25 ms 高电平+0.56 ms 低电平+97.94 ms 高电平组成），如果在一帧数据发送完毕后，按键仍然没有放开，则发射重复码，即连发码可以通过统计连发码的次数来标记按键按下的长短、次数。

5.8.2　硬件设计

1. 例程功能

本实验开机在 LCD 上显示一些信息后，即进入等待红外触发，如果接收到正确的红外信号，则解码，并在 LCD 上显示键值和所代表的意义，以及按键次数等信息。LED0 闪烁用于提示程序正在运行。

2. 硬件资源

(1) LED 灯：LED0-PB5。

(2) 红外接收头 REMOTE_IN-PB9。

(3) 正点原子红外遥控器。

(4) 串口 1(PA9/PA10 连接在板载 USB 转串口芯片 CH340 上)。

(5) 正点原子 2.8′、3.5′、4.3′、7′、10′ TFTLCD 模块(仅限 MCU 屏,16 位 8080 并口驱动)。

3. 原理图

红外遥控接收头与 STM32 单片机的连接关系如图 5.8.4 所示。

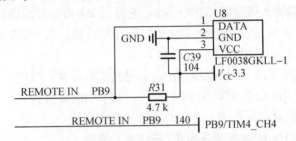

图 5.8.4　红外遥控接收头与 STM32 单片机的连接关系

红外遥控接收头连接在 STM32 单片机的 PB9(TIM4_CH4)上,进行本实验时不需要额外连线。程序将 TIM4_CH4 设计输入捕获,然后将接收到的脉冲信号解码即可。开发板配套的红外遥控器外观如图 5.8.5 所示。

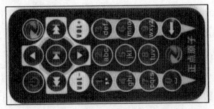

图 5.8.5　红外遥控器

开发板上接收红外遥控器信号的红外接收管位置如图 5.8.6 所示。使用时需要遥控器有红外管的一端对准开发板上的红外管才能正确收到信号。

图 5.8.6　开发板上的红外接收管位置

5.8.3 程序设计

由于红外遥控实验采用的是定时器的输入捕获功能,所以这里大家就需要往前面定时器章节输入捕获实验中重温一下输入捕获功能的配置。下面介绍红外遥控的配置步骤。

1. 初始化 TIMx,设置 TIMx 的 ARR 和 PSC 等参数

HAL 库通过调用定时器输入捕获初始化函数 HAL_TIM_IC_Init 完成对定时器参数初始化。

注意:该函数会调用:HAL_TIM_IC_MspInit 函数来完成对定时器底层以及其输入通道 IO 的初始化,包括定时器及 GPIO 时钟使能、GPIO 模式设置、中断设置等。

2. 开启 TIMx 和输入通道的 GPIO 时钟,配置该 IO 口的复用功能输入

首先开启 TIMx 时钟,然后配置 GPIO 为复用功能输出。本实验默认用到定时器 4 通道,对应 IO 是 PB9,它们的时钟开启方法如下:

_HAL_RCC_TIM4_CLK_ENABLE(); /* 使能定时器 4 */

_HAL_RCC_GPIOB_CLK_ENABLE(); /* 开启 GPIOB 时钟 */

IO 口复用功能是通过函数 HAL_GPIO_Init 来配置的。

3. 设置 TIMx_CHy 的输入捕获模式,开启输入捕获

在 HAL 库中,定时器的输入捕获模式是通过 HAL_TIM_IC_ConfigChannel 函数来设置定时器某个通道为输入捕获通道,包括映射关系、输入滤波和输入分频等。

4. 使能定时器更新中断,开启捕获功能以及捕获中断,配置定时器中断优先级

通过_HAL_TIM_ENABLE_IT 函数使能定时器更新中断。

通过 HAL_TIM_IC_Start_IT 函数使能定时器并开启捕获功能以及捕获中断。

通过 HAL_NVIC_EnableIRQ 函数使能定时器中断。

通过 HAL_NVIC_SetPriority 函数设置中断优先级。

5. 编写中断服务函数

定时器 4 中断服务函数为 TIM4_IRQHandler,当发生中断时,程序会执行中断服务函数。HAL 库为了使用方便,提供了一个定时器中断通用处理函数 HAL_TIM_IRQHandler,该函数会调用一些定时器相关的回调函数,用于给用户处理定时器中断后需要处理的程序。本实验除了用到更新(溢出)中断回调函数 HAL_TIM_PeriodElapsedCallback 之外,还要用到捕获中断回调函数 HAL_TIM_IC_CaptureCallback。详见本例程源码。

5.8.4 程序流程图

本实验是关于红外遥控功能的使用,下面直接给出本实验的程序流程图,如图 5.8.7 所示。

5.8.5 程序解析

1. REMOTE 驱动代码

这里只讲解核心代码,详细的源码请大家参考正点原子资料相应实例对应的源码。

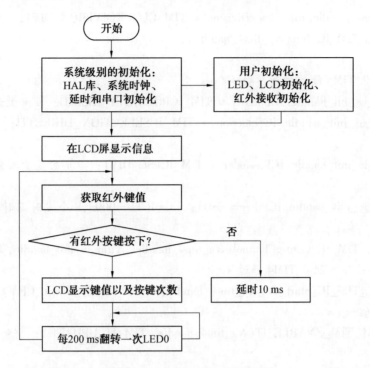

图 5.8.7 红外遥控程序流程图

REMOTE 驱动源码包括两个文件:remote. c 和 remote. h。remote. h 和前面定时器输入捕获功能的.h 头文件代码相似,这里就不介绍了,详见本例程源码。下面直接介绍 remote. c 的程序,下面是与红外遥控初始化相关的函数,其定义如下:

TIM_HandleTypeDef g_tim4_handle; /*定时器4句柄*/

```
/**
 *@ brief        红外遥控初始化
 *   @ note       设置 IO 以及定时器的输入捕获
 *@ param        无
 *@ retval       无
*/
void remote_init( void)
{
    TIM_IC_InitTypeDef tim_ic_init_handle;

    g_tim4_handle. Instance = REMOTE_IN_TIMX; /*通用定时器4*/
    g_tim4_handle. Init. Prescaler = (72−1); /*预分频器,1 M 的计数频率,1 μs
加 1*/
    g_tim4_handle. Init. CounterMode = TIM_COUNTERMODE_UP; /*向上计数器
*/
    g_tim4_handle. Init. Period = 10000; /*自动装载值*/
```

```
        g_tim4_handle. Init. ClockDivision = TIM_CLOCKDIVISION_DIV1;
        HAL_TIM_IC_Init(&g_tim4_handle);
```

```
    /*初始化 TIM4 输入捕获参数*/
        tim_ic_init_handle. ICPolarity = TIM_ICPOLARITY_RISING;    /*上升沿捕获*/
        tim_ic_init_handle. ICSelection = TIM_ICSELECTION_DIRECTTI;    /*映射到
TI4 上*/
        tim_ic_init_handle. ICPrescaler = TIM_ICPSC_DIV1;    /*配置输入分频,不分频
*/
        tim_ic_init_handle. ICFilter = 0x03;    /*IC1F=0003,8 个定时器时钟周期滤波
*/
        HAL_TIM_IC_ConfigChannel(&g_tim4_handle, &tim_ic_init_handle, REMOTE_IN
_TIMX_CHY);    /*配置 TIM4 通道4*/
        HAL_TIM_IC_Start_IT(&g_tim4_handle, REMOTE_IN_TIMX_CHY);    /*开始
捕获 TIM 的通道值*/
        _HAL_TIM_ENABLE_IT(&g_tim4_handle, TIM_IT_UPDATE);    /*使能更新中
断*/
    }
    /* *
    * @ brief        定时器4 底层驱动,时钟使能,引脚配置
    * @ param        htim:定时器句柄
    * @ note         此函数会被 HAL_TIM_IC_Init()调用
    * @ retval       无
    */
    void HAL_TIM_IC_MspInit(TIM_HandleTypeDef * htim)
    {
        if(htim->Instance == REMOTE_IN_TIMX)
        {
            GPIO_InitTypeDef gpio_init_struct;

            REMOTE_IN_GPIO_CLK_ENABLE();    /*红外接入引脚 GPIO 时钟使能
*/
            REMOTE_IN_TIMX_CHY_CLK_ENABLE();    /*定时器时钟使能*/
            _HAL_AFIO_REMAP_TIM4_DISABLE();    /*这里用的是 PB9/TIM4_
CH4,参考 AFIO_MAPR 寄存器的设置*/

            gpio_init_struct. Pin = REMOTE_IN_GPIO_PIN;
            gpio_init_struct. Mode = GPIO_MODE_AF_INPUT;    /*复用输入*/
```

```
    gpio_init_struct. Pull = GPIO_PULLUP;  /* 上拉 */
    gpio_init_struct. Speed = GPIO_SPEED_FREQ_HIGH;  /* 高速 */
    HAL_GPIO_Init( REMOTE_IN_GPIO_PORT, &gpio_init_struct);  /* 初始
化定时器通道引脚 */

    HAL_NVIC_SetPriority( REMOTE_IN_TIMX_IRQn, 1, 3);  /* 设置中断优
先级,抢占优先级 1,子优先级 3 */
    HAL_NVIC_EnableIRQ( REMOTE_IN_TIMX_IRQn);  /* 开启 TIM4 中断
*/
    }
}
```

　　remote_init 函数主要是对红外遥控使用到的定时器 4 和定时器通道 4 进行相关配
置,关于定时器 4 通道 4 的 IO 放在回调函数 HAL_TIM_IC_MspInit 中初始化。在 remote
_init 函数中,通过调用 HAL_TIM_IC_Init 函数初始化定时器的 ARR 和 PSC 等参数;通过
调用 HAL_TIM_IC_ConfigChannel 函数配置映射关系、滤波和分频等;调用 HAL_TIM_IC_
Start_IT 和_HAL_TIM_ENABLE_IT 分别使能捕获通道和使能定时器中断。在 HAL_TIM_
IC_MspInit 函数中主要通过 HAL_GPIO_Init 函数对定时器输入通道的 GPIO 口进行配置,
还需要设置中断抢占优先级和响应优先级。通过上面两个函数的配置后,定时器的输入
捕获已经初始化完成,接下来还需要做一些接收处理,下面先介绍一下 3 个变量。

```
    /* 遥控器接收状态
    *[7]   :收到了引导码标志
    *[6]   :得到了一个按键的所有信息
    *[5]   :保留
    *[4]   :标记上升沿是否已经被捕获
    *[3:0]  :溢出计时器
    */
    uint8_t g_remote_sta = 0;
    uint32_t g_remote_data = 0;  /* 红外接收到的数据 */
    uint8_t  g_remote_cnt = 0;  /* 按键按下的次数 */
```

　　这 3 个变量用于辅助实现高电平的捕获。其中 g_remote_sta 用来记录捕获状态,这
个变量,可以把它当成一个寄存器来使用。对其各位进行定义,描述如表 5.8.1 所示。

表 5.8.1　g_remote_sta 各位描述

bit 7	bit 6	bit 5	bit 4	bit 3 ~ 0
收到引导码	得到一个按键所有信息	保留	标记上升沿是否已经被捕获	溢出计时器

　　变量 g_remote_data 用于存放红外接收到的数据,而 g_remote_cnt 是存放按键按下的
次数。下面开始看中断服务函数里面的逻辑程序,HAL_TIM_IRQHandler 函数会调用下
面两个回调函数,逻辑代码放在回调函数里,函数的定义如下:

```
/ * *
 * @ brief      定时器输入捕获中断回调函数
 * @ param      htim：定时器句柄
 * @ retval     无
 */
void HAL_TIM_IC_CaptureCallback(TIM_HandleTypeDef * htim)
{
    if (htim->Instance == REMOTE_IN_TIMX)
    {
        uint16_t dval;  / * 下降沿时计数器的值 */

        if (RDATA)  / * 上升沿捕获 */
        {
            _HAL_TIM_SET_CAPTUREPOLARITY(&g_tim4_handle, REMOTE_IN_
TIMX_CHY, TIM_INPUTCHANNELPOLARITY_FALLING);  / * 配置 TIM4 通道 4 下降沿
捕获 */
            _HAL_TIM_SET_COUNTER(&g_tim4_handle, 0);  / * 清空定时器值
 */
            g_remote_sta |= 0X10;  / * 标记上升沿已经被捕获 */
        }
        else/ * 下降沿捕获 */
        {
            dval = HAL_TIM_ReadCapturedValue(&g_tim4_handle, REMOTE_IN_
TIMX_CHY);  / * 读取 CCR1 也可以清 CC1IF 标志位 */
            _HAL_TIM_SET_CAPTUREPOLARITY(&g_tim4_handle, REMOTE_IN_
TIMX_CHY, TIM_INPUTCHANNELPOLARITY_RISING);  / * 配置 TIM4 通道 4 上升沿
捕获 */

            if (g_remote_sta & 0X10)  / * 完成一次高电平捕获 */
            {
                if (g_remote_sta & 0X80)  / * 接收到了引导码 */
                {

                    if (dval > 300 && dval < 800)  / *560 为标准值,560 μs */
                    {
                        g_remote_data >>= 1;  / * 右移一位 */
                        g_remote_data &= ~(0x80000000);  / * 接收到 0 */
                    }
```

```
                    else if (dval > 1400 && dval < 1800)   /*1 680 为标准值,
1 680 μs*/
                        {
                            g_remote_data >>= 1;   /*右移一位*/
                            g_remote_data |= 0x80000000;   /*接收到 1*/
                        }
                    else if (dval > 2000 && dval < 3000)   /*得到按键值增加的
信息,2 250 为标准值,2.25 ms*/
                        {
                            g_remote_cnt++;   /*按键次数增加 1 次*/
                            g_remote_sta &= 0XF0;   /*清空计时器*/
                        }
                }
            else if (dval > 4200 && dval < 4700)   /*4 500 为标准值,4.5 ms
*/
                {
                    g_remote_sta |= 1 << 7;   /*标记成功接收到了引导码*/
                    g_remote_cnt = 0;   /*清除按键次数计数器*/
                }
            }

        g_remote_sta& = ~ (1<<4);
        }
    }
}
```

现在来介绍一下,捕获高电平脉宽的思路:首先,设置 TIM4_CH4 捕获上升沿,然后等待上升沿中断到来,当捕获到上升沿中断,设置该通道为下降沿捕获,清除 TIM4_CNT 寄存器的值,最后把 g_remote_sta 的位 4 置 1,表示已经捕获到高电平,等待下降沿到来。当下降沿到来时,读取此时定时器计数器的值到 dval 中并设置该通道为上升沿捕获,然后判断 dval 的值属于哪个类型(引导码、数据 0、数据 1 或者重发码),相应把 g_remote_sta 相关位进行调整。例如,一开始识别为引导码,就需要把 g_remote_sta 第 7 位置 1。当检测到重复码,就把按键次数增量存放在 g_remote_cnt 变量中。

```
/**
*@brief      定时器更新中断回调函数
*@param      htim:定时器句柄
*@retval     无
*/
void HAL_TIM_PeriodElapsedCallback(TIM_HandleTypeDef * htim)
```

```
    {
        if ( htim−>Instance = = REMOTE_IN_TIMX )
        {
            if ( g_remote_sta & 0x80 )    /*上次有数据被接收到了*/
            {
                g_remote_sta &= ~0X10;    /*取消上升沿已经被捕获标记*/

                if ( ( g_remote_sta & 0X0F ) = = 0X00 )
                {
                    g_remote_sta |= 1 << 6;    /*标记已经完成一次按键的键值信息
采集*/
                }

                if ( ( g_remote_sta & 0X0F ) < 14 )
                {
                    g_remote_sta++;
                }
                else
                {
                    g_remote_sta &= ~( 1 << 7 );    /*清空引导标识*/
                    g_remote_sta &= 0XF0;    /*清空计数器*/
                }
            }
        }
    }
```

定时器更新中断回调函数主要是对标志位进行管理。在函数内通过 g_remote_sta 标志判断,主要思路:在接收到引导码的前提下,对 g_remote_sta 状态进行判断并在符合条件下进行运算。主要做两件事:标记完成一次按键信息采集和是否松开按键(即没有接收到数据)。当完成一次按键信息采集时,g_remote_data 已经存放了控制反码、控制码、地址反码、地址码。那为什么可以检测是否可以松开按键? 因为接收到重发码的情况下会清空计数器,所以当松开按键接收不到重发码时,溢出中断次数增多最终会导致 g_remote_sta&0x0f 值大于 14,进而可以把引导码、计数器清空,便于下一次接收。

```
/* *
 * @ brief      处理红外按键(类似按键扫描)
 * @ param      无
 * @ retval     0,没有任何按键按下
 *              其他, 按下的按键值
 */
```

```
uint8_t remote_scan(void)
{
    uint8_t sta = 0;
    uint8_t t1, t2;

    if(g_remote_sta & (1 << 6))   /*得到一个按键的所有信息*/
    {
        t1 = g_remote_data;   /*得到地址码*/
        t2 = (g_remote_data >> 8) & 0xff;   /*得到地址反码*/

        if((t1 == (uint8_t) ~t2)&& t1 == REMOTE_ID)   /*检验遥控识别码
(ID)及地址*/
        {
            t1 = (g_remote_data >> 16) & 0xff;
            t2 = (g_remote_data >> 24) & 0xff;

            if(t1 == (uint8_t) ~t2)
            {
                sta = t1;   /*键值正确*/
            }
        }

        if((sta == 0)||((g_remote_sta & 0X80) == 0))   /*按键数据错误/遥
控没有按下*/
        {
            g_remote_sta &= ~(1 << 6);   /*清除接收到有效按键标识*/
            g_remote_cnt = 0;   /*清除按键次数计数器*/
        }
    }

    return sta;
}
```

remote_scan 函数用来扫描解码结果,相当于按键扫描,输入捕获解码的红外数据,通过该函数传送给其他程序。

2. main. c 代码

在 main. c 里面编写如下代码:

```
int main(void)
{
```

```
        uint8_t key;
        uint8_t t = 0;
    char * str = 0;

        HAL_Init();   /*初始化 HAL 库*/
        sys_stm32_clock_init(RCC_PLL_MUL9);   /*设置时钟, 72 MHz*/
        delay_init(72);   /*延时初始化*/
        usart_init(115200);   /*串口初始化为 115 200*/
        led_init();   /*初始化 LED*/
        lcd_init();   /*初始化 LCD*/
        remote_init();   /*红外接收初始化*/

        lcd_show_string(30, 50, 200, 16, 16, "STM32", RED);
        lcd_show_string(30, 70, 200, 16, 16, "REMOTE TEST", RED);
        lcd_show_string(30, 90, 200, 16, 16, "ATOM@ ALIENTEK", RED);
        lcd_show_string(30, 110, 200, 16, 16, "KEYVAL:", RED);
        lcd_show_string(30, 130, 200, 16, 16, "KEYCNT:", RED);
    lcd_show_string(30, 150, 200, 16, 16, "SYMBOL:", RED);
        while (1)
        {
            key = remote_scan();

            if (key)
            {
                lcd_show_num(86, 110, key, 3, 16, BLUE);   /*显示键值*/
                lcd_show_num(86, 130, g_remote_cnt, 3, 16, BLUE);   /*显示按键
次数*/

                switch (key)
                {
                    case 0: str = "ERROR"; break;
                    case 69: str = "POWER"; break;
                    case 70: str = "UP"; break;
                    case 64: str = "PLAY"; break;
                    case 71: str = "ALIENTEK"; break;
                    case 67: str = "RIGHT"; break;
                    case 68: str = "LEFT"; break;
                    case 7: str = "VOL-"; break;
```

```
                case 21: str = "DOWN"; break;
                case 9: str = "VOL+"; break;
                case 22: str = "1"; break;
                case 25: str = "2"; break;
                 case 13: str = "3"; break;
                case 12: str = "4"; break;
                case 24: str = "5"; break;
                case 94: str = "6"; break;
                case 8: str = "7"; break;
                case 28: str = "8"; break;
                case 90: str = "9"; break;
                case 66: str = "0"; break;
                case 74: str = "DELETE"; break;
            }
        lcd_fill(86, 150, 116 + 8 * 8, 170 + 16, WHITE);   /* 清除之前的显
示 */
        lcd_show_string(86, 150, 200, 16, 16, str, BLUE);   /* 显示 SYM-
BOL */
        }
        else
        {
            delay_ms(10);
        }
        t++;
        if (t == 20)
        {
            t = 0;
            LED0_TOGGLE();   /* LED0 闪烁 */
        }
    }
}
```

　　main 函数代码比较简单,主要是通过 remote_scan 函数获得红外遥控输入的数据(控制码),然后显示在 LCD 上。正点原子红外遥控器按键对应的控制码图如图 5.8.8 所示。

　　注意:图 5.8.8 中的控制码数值是十六进制的,而代码中使用的是十进制的表示方式。此外,正点原子红外遥控器的地址码是 0。

5.8.6　下载验证

　　将程序下载到开发板后,可以看到 LED0 不停地闪烁,提示程序正在运行。LCD 显示

图 5.8.8　红外遥控器按键对应的控制码图(十六进制数)

的内容如图 5.8.9 所示。

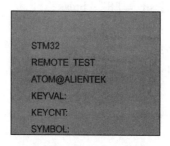

图 5.8.9　程序运行效果图

此时通过遥控器按下不同的按键,则可以看到 LCD 上显示不同按键的键值以及按键次数和对应的遥控器上的符号,如图 5.8.10 所示。

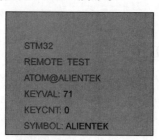

图 5.8.10　解码成功

5.9　DS18B20 数字温度传感器实验

DS18B20 是由 DALLAS 半导体公司推出的一种"单总线"接口的温度传感器。与传统的热敏电阻等测温元件相比,它是一种新型的、体积小、适用电压宽、与微处理器接口简单的数字化温度传感器。单总线结构具有简洁且经济的特点,可使用户轻松地组建传感器网络,从而为测量系统的构建引入全新的概念,测试温度范围为-55 ~+125 ℃,精度为±0.5 ℃。现场温度直接以单总线的数字方式传输,大大提高了系统的抗干扰性。它能直接读出被测温度,并且可根据实际要求通过简单的编程实现 9 ~12 位的数字值读数方式。它的工作电压范围为 3 ~5.5 V,采用多种封装形式,从而使系统设置灵活、方便,设定分辨率以及用户设定的报警温度存储在 EEPROM 中,掉电后依然保存。其内部结构如

图 5.9.1 所示。

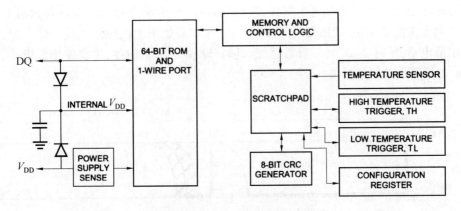

图 5.9.1　DS18B20 内部结构图

ROM 中的 64 位序列号是出厂前被设置好的,它可以看作是该 DS18B20 的地址序列码,每个 DS18B20 的 64 位序列号均不相同。64 位 ROM 的排列是:前 8 位是产品家族码,中间 48 位是 DS18B20 的序列号,最后 8 位是前面 56 位的循环冗余校验码(CRC = X8+X5+X4+1)。ROM 的作用是使每一个 DS18B20 都各不相同,这样设计可以允许一根总线上挂载多个 DS18B20 模块同时工作且不会引起冲突。

5.9.1　DS18B20 工作时序简介

所有单总线器件要求采用严格的信号时序,以保证数据的完整性。DS18B20 共有 6 种信号类型:复位脉冲、应答脉冲、写 0、写 1、读 0 和读 1。所有这些信号,除了应答脉冲外,都是由主机发出同步信号。并且发送所有的命令和数据都是字节的低位在前。以下简单介绍这几个信号的时序。

1. 复位脉冲和应答脉冲

单总线上的所有通信都是以初始化序列开始的。主机输出低电平,保持低电平时间至少要在 480 μs,以产生复位脉冲。接着主机释放总线,4.7 k 的上拉电阻将单总线拉高,延时 15~60 μs,并进入接收模式(Rx)。接着 DS18B20 拉低总线 60~240 μs,以产生低电平应答脉冲(图 5.9.2)。

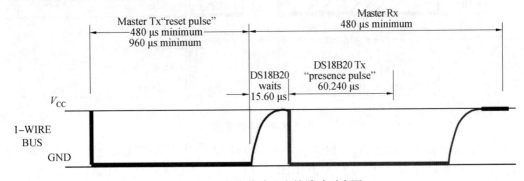

图 5.9.2　复位脉冲和应答脉冲时序图

2. 写时序

写时序包括写 0 时序和写 1 时序。所有写时序至少需要 60 μs，且在两次独立的写时序之间至少需要 1 μs 的恢复时间，两种写时序均起始于主机拉低总线。写 1 时序：主机输出低电平，延时 2 μs，然后释放总线，延时 60 μs。写 0 时序：主机输出低电平，延时 60 μs，然后释放总线延时 2 μs（图 5.9.3）。

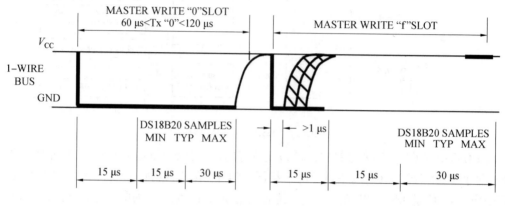

图 5.9.3 写时序图

3. 读时序

单总线器件仅在主机发出读时序时，才向主机传输数据，所以，在主机发出读数据命令后，必须马上产生读时序，以便能够传输数据。所有读时序至少需要 60 μs，且在 2 次独立的读时序之间至少需要 1 μs 的恢复时间。每个读时序都由主机发起，至少拉低总线 1 μs。主机在读时序期间必须释放总线，并且在时序起始后的 15 μs 之内采样总线状态。典型的读时序过程为：主机输出低电平延时 2，然后主机转入输入模式延时 12 μs，读取单总线当前的电平，延时 50 μs（图 5.9.4）。

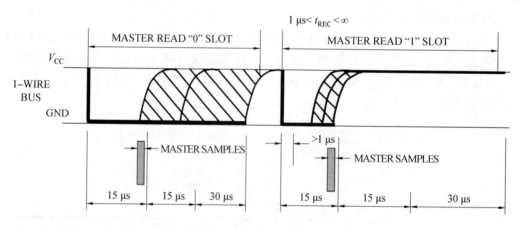

图 5.9.4 读时序图

在了解单总线时序之后，下面来看一下 DS18B20 的典型温度读取过程，DS18B20 的典型温度读取过程为：复位→发 SKIPROM（0xCC）→发开始转换命令（0x44）→延时→复位→发送 SKIPROM 命令（0xCC）→发送存储器命令（0xBE）→连续读取两个字节数据（即温度)→结束。

5.9.2　硬件设计

1. 例程功能

本实验开机时先检测是否有 DS18B20 存在,如果没有,则提示错误。只有在检测到 DS18B20 之后才开始读取温度并显示在 LCD 上,如果发现了 DS18B20,则程序每隔 100 ms 左右读取一次数据,并把温度显示在 LCD 上。LED0 闪烁用于提示程序正在运行。

2. 硬件资源

(1)LED 灯:LED0-PB5。

(2)DS18B20 温度传感器-PG11。

(3)串口 1(PA9/PA10 连接在板载 USB 转串口芯片 CH340 上)。

(4)正点原子2.8′、3.5′、4.3′、7′、10′ TFTLCD 模块(仅限 MCU 屏,16 位 8080 并口驱动)。

3. 原理图

DS18B20 接口与 STM32 的连接关系,如图 5.9.5 所示。

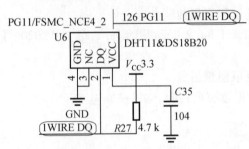

图 5.9.5　DS18B20 连接原理

从图 5.9.5 可以看出,本开发使用的是 STM32 的 PG11 来连接 U6 的 DQ 引脚,图中 U6 为 DHT11(数字温湿度传感器)和 DS18B20 共用的一个接口,DHT11 将在下一章介绍。DS18B20 只用到 U6 的 3 个引脚(U6 的 1、2 和 3 脚),将 DS18B20 传感器插入上面就可以通过 STM32 来读取 DS18B20 的温度。DS18B20 连接示意图如图 5.9.6 所示。

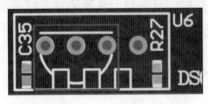

图 5.9.6　DS18B20 连接示意图

从图 5.9.6 可以看出,DS18B20 的平面部分(有字的那面)应该朝内,曲面部分朝外,然后插入 3 个孔内。

5.9.3　程序设计

DS18B20 实验中使用的是单总线协议,用到的是 HAL 中 GPIO 相关函数,前面也有介绍。下面介绍一下 DS18B20 配置步骤。

1. 使能 DS18B20 数据线对应的 GPIO 时钟

本实验中 DS18B20 的数据线引脚是 PG11,因此需要先使能 GPIOG 的时钟,代码如下:

_HAL_RCC_GPIOG_CLK_ENABLE( );/∗PG 口时钟使能∗/

2. 设置对应 GPIO 工作模式(开漏输出)

本实验 GPIO 使用开漏输出模式,通过函数 HAL_GPIO_Init 设置实现。

3. 参考单总线协议,编写信号函数(复位脉冲、应答脉冲、写 0/1、读 0/1)

复位脉冲:主机发出低电平,保持低电平时间至少 480 μs。应答脉冲:DS18B20 拉低总线 60～240 μs,以产生低电平应答信号。写 1 信号:主机输出低电平,延时 2 μs,然后释放总线,延时 60 μs。写 0 信号:主机输出低电平,延时 60 μs,然后释放总线,延时 2 μs。读 0/1 信号:主机输出低电平,延时 2 μs,然后主机转入输入模式延时 12 μs,读取单总线当前的电平,延时 50 μs。

4. 编写 DS18B20 的读和写函数

基于写 1 bit 数据和读 1 bit 数据的基础上,编写 DS18B20 写 1 字节和读 1 字节函数。

5. 编写 DS18B20 获取温度函数

参考 DS18B20 典型温度读取过程,编写获取温度函数。

5.9.4　程序流程图

本实验是关于 DS18B20 温度传感器功能的使用,下面直接给出本实验的程序流程图,如图 5.9.7 所示。

5.9.5　程序解析

1. DS18B20 驱动代码

这里只讲解核心代码,详细的源码请大家参考正点原子资料相应实例对应的源码。温度传感器驱动源码包括两个文件:ds18b20. c 和 ds18b20. h。ds18b20 头文件的内容定义如下:

/∗DS18B20 引脚 定义∗/

```
#define DS18B20_DQ_GPIO_PORT              GPIOG
#define DS18B20_DQ_GPIO_PIN               GPIO_PIN_11
#define DS18B20_DQ_GPIO_CLK_ENABLE( ) do{ _HAL_RCC_GPIOG_CLK_ENABLE
( ); }while(0)   /∗PG 口时钟使能∗/
```

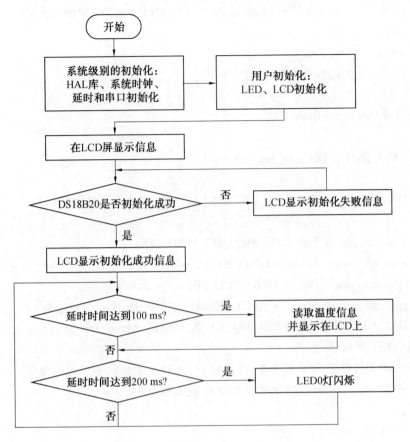

图 5.9.7　DS18B20 实验程序流程图

/ * IO 操作函数 * /

#define DS18B20_DQ_OUT(x)　　do{ x ? \

HAL_GPIO_WritePin(DS18B20_DQ_GPIO_PORT, DS18B20_DQ_GPIO_PIN, GPIO_

PIN_SET) : \

　　　HAL_GPIO_WritePin(DS18B20_DQ_GPIO_PORT, DS18B20_DQ_GPIO_PIN,

GPIO_PIN_RESET) ; \

　　　　　　　　　　　} while(0)

/ * 数据端口输出 * /

#define DS18B20_DQ_IN

HAL_GPIO_ReadPin(DS18B20_DQ_GPIO_PORT, DS18B20_DQ_GPIO_PIN) 　/ * 数

据端口输入 * /

ds18b20. h 的操作跟 IIC 实验代码很类似,主要对用到的 GPIO 口进行宏定义,以及
宏定义 IO 操作函数,方便时序函数调用。下面直接介绍 ds18b20. c 的程序,首先介绍
DS18B20 传感器的初始化函数,其定义如下:

/ * *

```
 * @ brief      初始化 DS18B20 的 IO 口 DQ 同时检测 DS18B20 的存在
 * @ param      无
 * @ retval     0,正常
 *              1,不存在/不正常
 */
uint8_t ds18b20_init(void)
{
    GPIO_InitTypeDef gpio_init_struct;

    DS18B20_DQ_GPIO_CLK_ENABLE();  /* 开启 DQ 引脚时钟 */

    gpio_init_struct. Pin = DS18B20_DQ_GPIO_PIN;
    gpio_init_struct. Mode = GPIO_MODE_OUTPUT_OD;  /* 开漏输出 */
    gpio_init_struct. Pull = GPIO_PULLUP;  /* 上拉 */
    gpio_init_struct. Speed = GPIO_SPEED_FREQ_HIGH;  /* 高速 */
    HAL_GPIO_Init(DS18B20_DQ_GPIO_PORT, &gpio_init_struct);  /* 初始化
DS18B20_DQ 引脚 */
```

/* DS18B20_DQ 引脚模式设置,开漏输出,上拉, 这样就不用再设置 IO 方向了, 开漏输出的时候(=1), 也可以读取外部信号的高低电平 */

```
    ds18b20_reset();
    return ds18b20_check();
}
```

在 ds18b20 的初始化函数中,主要对用到的 GPIO 口进行初始化,同时在函数最后调用复位函数和自检函数,这两个函数在后面会解释到。下面介绍一下在前面提及的几个信号类型:

```
/**
 * @ brief      复位 DS18B20
 * @ param      data:要写入的数据
 * @ retval     无
 */
static void ds18b20_reset(void)
{
    DS18B20_DQ_OUT(0);  /* 拉低 DQ,复位 */
    delay_us(750);  /* 拉低 750 μs */
    DS18B20_DQ_OUT(1);  /* DQ=1,释放复位 */
    delay_us(15);  /* 延迟 15 μs */
}
```

```
/ * *
 * @ brief      等待 DS18B20 的回应
 * @ param      无
 * @ retval     0, DS18B20 正常
 *              1, DS18B20 异常/不存在
 */
uint8_t ds18b20_check(void)
{
    uint8_t retry = 0;
    uint8_t rval = 0;

    while (DS18B20_DQ_IN && retry < 200)   /* 等待 DQ 变低, 等待200 μs */
    {
        retry++;
        delay_us(1);
    }

    if (retry >= 200)
    {
        rval = 1;
    }
    else
    {
        retry = 0;

        while (! DS18B20_DQ_IN && retry < 240)   /* 等待 DQ 变高, 等待
240 μs */
        {
            retry++;
            delay_us(1);
        }

        if (retry >= 240) rval = 1;
    }

    return rval;
}
```

以上两个函数分别代表前面所说的复位脉冲与应答信号,大家可以对比前面的时序

图进行理解。由于复位脉冲比较简单,所以这里不做展开。现在看一下应答信号函数,函数主要是对于 DS18B20 传感器的回应信号进行检测,对此判断其是否存在。函数的实现也是依据时序图进行逻辑判断,例如当主机发送了复位信号之后,按照时序,DS18B20 会拉低数据线 60 ~ 240 μs,同时主机接收最小时间为 480 μs,依据这两个硬性条件进行判断,首先需要设置一个时限等待 DS18B20 响应,后面也设置一个时限等待 DS18B20 释放数据线拉高,满足这两个条件即 DS18B20 成功响应。下面介绍写函数:

```
/* *
 * @brief 写一个字节到 DS18B20
 * @param       data:要写入的字节
 * @retval 无
 */
static void ds18b20_write_byte(uint8_t data)
{
    uint8_t j;

    for (j = 1; j <= 8; j++)
    {
        if (data & 0x01)
        {
            DS18B20_DQ_OUT(0);   /*   Write 1 */
            delay_us(2);
            DS18B20_DQ_OUT(1);
            delay_us(60);
        }
        else
        {
            DS18B20_DQ_OUT(0);   /*   Write 0 */
            delay_us(60);
            DS18B20_DQ_OUT(1);
            delay_us(2);
        }

        data >>= 1;   /* 右移,获取高一位数据 */
    }
}
```

通过形参决定是写 1 还是写 0,按照前面对写时序的分析,可以很清晰地知道写函数的逻辑处理。有写函数肯定就有读函数,下面介绍读函数。

```
/* *
 * @ brief      从 DS18B20 读取一个位
 * @ param      无
 * @ retval     读取到的位值: 0/1
 */
static uint8_t ds18b20_read_bit(void)
{
    uint8_t data = 0;
    DS18B20_DQ_OUT(0);
    delay_us(2);
    DS18B20_DQ_OUT(1);
    delay_us(12);

    if (DS18B20_DQ_IN)
    {
        data = 1;
    }

    delay_us(50);
    return data;
}
/* *
 * @ brief      从 DS18B20 读取一个字节
 * @ param      无
 * @ retval     读到的数据
 */
static uint8_t ds18b20_read_byte(void)
{
    uint8_t i, b, data = 0;

    for (i = 0; i < 8; i++)
    {
        b = ds18b20_read_bit();  /* DS18B20 先输出低位数据,高位数据后输出 */

        data |= b << i;  /* 填充 data 的每一位 */
    }
```

```
    return data；
}
```

ds18b20_read_bit 函数从 DS18B20 处读取 1 位数据,在前面已经对读时序进行了详细的分析,这里不再赘述。下面介绍读取温度函数,其定义如下:

```
/ * *
 * @ brief        开始温度转换
 * @ param        无
 * @ retval       无
 */
static void ds18b20_start(void)
{
ds18b20_reset();
    ds18b20_check();
    ds18b20_write_byte(0xcc);    / *    skip rom */
    ds18b20_write_byte(0x44);    / *    convert */
}
/ * *
 * @ brief        从 ds18b20 得到温度值(精度:0.1 ℃)
 * @ param        无
 * @ retval       温度值（-550 ~ 1 250 ℃）
 *   @ note       返回的温度值放大了 10 倍
 *                实际使用时,要除以 10 才是实际温度
 */
short ds18b20_get_temperature(void)
{
    uint8_t flag = 1;    / *f默认温度为正数 */
    uint8_t TL, TH;
    short temp;

    ds18b20_start();/ *    ds1820 start convert */
    ds18b20_reset();
    ds18b20_check();
    ds18b20_write_byte(0xcc);    / *f    skip rom */
    ds18b20_write_byte(0xbe);    / *f    convert */
    TL = ds18b20_read_byte();    / *f    LSB */
TH = ds18b20_read_byte();    / *f    MSB */
    if (TH > 7)
    {/ *温度为负,查看 DS18B20 的温度表示法与计算机存储正负数据的原理一
```

致：

正数补码为寄存器存储的数据自身，负数补码为寄存器存储值按位取反后
+1

所以，我们直接取它实际的负数部分，但负数的补码为取反后加一，考虑到
低位可能+1 后有进位和代码冗余，这里先暂时没有做+1 的处理，需要留意 */

```
        TH  =  ~ TH;
        TL  =  ~ TL;
        flag = 0;
    }


    temp = TH;    /*f 获得高八位*/
    temp <<= 8;
    temp += TL;   /*f 获得低八位*/


/*转换成实际温度*/
    if (flag == 0)
    {/*将温度转换成负温度,+1 参考前面的说明 */
        temp = (double)(temp+1) * 0.625;
        temp = -temp;
    }
    else
    {
        temp = (double)temp * 0.625;
    }


    return temp;
}
```

简单介绍一下上面用到的 RAM 指令：跳过 ROM(0xCC)，该指令只适合总线只有一
个节点，它通过允许总线上的主机不提供 64 位 ROM 序列号而直接访问 RAM，节省了操
作时间。温度转换(0x44)，启动 DS18B20 进行温度转换，结果存入内部 RAM。读暂存器
(0xBE)，读暂存器 9 个字节内容，该指令从 RAM 的第一个字节(字节 0)开始读取，直到
9 个字节(字节 8,CRC 值)被读出为止。如果不需要读出所有字节的内容，那么主机可以
在任何时候发出复位信号以中止读操作。

2. main. c 代码

在 main. c 里面编写如下代码：

```
int main(void)
{
    uint8_t t = 0;
```

```
        short temperature;

        HAL_Init();   /*初始化 HAL 库*/
        sys_stm32_clock_init(RCC_PLL_MUL9);   /*f设置时钟, 72 MHz*/
        delay_init(72);   /*延时初始化*/
        usart_init(115200);   /*f串口初始化为 115 200*/
        led_init();   /*初始化 LED*/
        lcd_init();   /*初始化 LCD*/

        lcd_show_string(30, 50, 200, 16, 16, "STM32", RED);
        lcd_show_string(30, 70, 200, 16, 16, "DS18B20 TEST", RED);
    lcd_show_string(30, 90, 200, 16, 16, "ATOM@ ALIENTEK", RED);

        while (ds18b20_init())   /*fDS18B20 初始化*/
        {
            lcd_show_string(30, 110, 200, 16, 16, "DS18B20 Error", RED);
            delay_ms(200);
            lcd_fill(30, 110, 239, 130 + 16, WHITE);
            delay_ms(200);
        }
        lcd_show_string(30, 110, 200, 16, 16, "DS18B20 OK", RED);
    lcd_show_string(30, 130, 200, 16, 16, "Temp:   .C", BLUE);
        while (1)
        {
            if (t % 10 == 0)   /*f每 100 ms 读取一次*/
            {
                temperature = ds18b20_get_temperature();

                if (temperature < 0)
                {
                    lcd_show_char(30 + 40, 130, '-', 16, 0, BLUE);   /*f显示负
号*/

                    temperature = -temperature;   /*转为正数*/
                }
                else
                {
                    lcd_show_char(30 + 40, 130, ' ', 16, 0, BLUE);   /*f去掉负号
*/
```

```
        }

        lcd_show_num(30 + 40 + 8, 130, temperature/10, 2, 16, BLUE);   /
*f 显示正数部分*/
        lcd_show_num(30 + 40 + 32, 130, temperature % 10, 1, 16, BLUE);
  /*f 显示小数部分*/
        }
    delay_ms(10);
        t++;

        if (t == 20)
        {
            t = 0;
            LED0_TOGGLE();   /*fLED0 闪烁*/
        }
    }
}
```

主函数代码比较简单,一系列硬件初始化后,在循环中调用 ds18b20_get_temperature 函数获取温度值,然后显示在 LCD 上。

5.9.6　下载验证

假定 DS18B20 传感器已经接到正确的位置,将程序下载到开发板后,可以看到 LED0 不停的闪烁,提示程序已经在运行了。LCD 显示当前温度值的内容如图 5.9.8 所示。

图 5.9.8　程序运行效果图

该程序还可以读取并显示负温度值,具备零下温度条件可以测试一下。

5.10　DHT11 数字温湿度传感器

DHT11 是一款温湿度一体化的数字传感器。该传感器包括一个电容式测湿元件和一个 NTC 测温元件,并与一个高性能 8 位单片机相连接。通过单片机等微处理器简单的电路连接就能够实时地采集本地湿度和温度。DHT11 与单片机之间能采用简单的单总线进行通信,仅仅需要一个 I/O 口。传感器内部湿度和温度数据 40 bit 一次性传给单片机,数据采用校验位方式进行校验,有效地保证数据传输的准确性。DHT11 功耗很低,5 V 电源电压下,工作平均最大电流 0.5 mA。

DHT11 的技术参数如下:

(1)工作电压范围:3.3~5.5 V。

(2)工作电流:平均 0.5 mA。

(3)输出:单总线数字信号。

(4)测量范围:湿度 5%~95% RH,温度 −20~60 ℃。

(5)精度:湿度 ±5%,温度 ±2 ℃。

(6)分辨率:湿度 1%,温度 0.1 ℃。

DHT11 管脚排列图如图 5.10.1 所示。

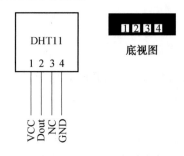

图 5.10.1　DHT11 管脚排列图

5.10.1　DHT11 工作时序简介

虽然 DHT11 与 DS18B20 类似,都是单总线访问,但是 DHT11 的访问,相对 DS18B20 来说简单很多。下面先来介绍 DHT11 的数据结构。

DHT11 数字温湿度传感器采用单总线数据格式。即单个数据引脚端口完成输入输出双向传输。其数据包由 5 byte(40 bit)组成。数据分小数部分和整数部分,一次完整的数据传输为 40 bit,高位先处。DHT11 的数据格式为 8 bit,湿度整数数据 +8 bit,湿度小数数据 +8 bit,温度整数数据 +8 bit,温度小数部分 +8 bit,校验和。其中校验和数据为前面 4 个字节相加。传感器数据输出的是未编码的二进制数据。数据(湿度、温度、整数、小数)之间应该分开处理。例如,某次从 DHT11 读到的数据如图 5.10.2 所示。

byte4	byte3		byte2	byte1		byte0
00101101	00000000		00011100	00000000		01001001
整数	小数		整数	小数		校验和
温度			温度			校验和

图 5.10.2　某次读取到 DHT11 数据

由以上数据可得到湿度和温度的值,计算方法:

湿度 = byte4 · byte3 = 45.0(% RH)

温度 = byte2 · byte1 = 28.0(℃)

校验 = byte4 + byte3 + byte2 + byte1 = 73(湿度 + 温度)(校验正确)

可以看出,DHT11 的数据格式十分简单,DHT11 和 MCU 的一次通信最大为 34 ms 左右,建议主机连续读取时间间隔不要小于 2 s。

介绍一下 DHT11 的传输时序。DHT11 数据发送流程图如图 5.10.3 所示。

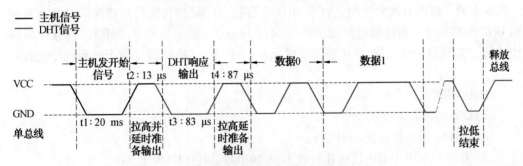

图 5.10.3　DHT11 数据发送流程图

首先主机发送开始信号,即拉低数据线,保持 t1(至少 18 ms)时间,然后拉高数据线 t2(10~35 μs)时间,读取 DHT11 的响应,正常的话,DHT11 会拉低数据线,保持 t3(78~88 μs)时间,作为响应信号,DHT11 拉高数据线,保持 t4(80~92 μs)时间后,开始输出数据。DHT11 输出数字'0'时序如图 5.10.4 所示。DHT11 输出数字'1'时序如图 5.10.5 所示。

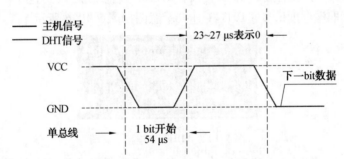

图 5.10.4　DHT11 输出数字'0'时序图

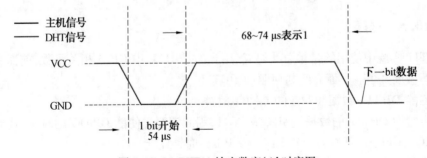

图 5.10.5　DHT11 输出数字'1'时序图

DHT11 输出数字'0'和'1'时序,一开始都是 DHT11 拉低数据线 54 μs,后面拉高数据线保持的时间就不一样,数字'0'是 23~27 μs,而数字'1'是 68~74 μs。通过以上了解,可以通过 STM32F103 来实现对 DHT11 的读取。

5.10.2 硬件设计

1. 例程功能

本实验开机的时候先检测是否有 DHT11 存在,如果没有,则提示错误。只有在检测到 DHT11 之后才开始读取温湿度值并显示在 LCD 上,如果发现了 DHT11,则程序每隔 100 ms 左右读取一次数据,并把温湿度显示在 LCD 上。LED0 闪烁用于提示程序正在运行。

2. 硬件资源

(1)LED 灯:LED0-PB5。

(2)DHT11 温湿度传感器-PG11。

(3)串口 1(PA9/PA10 连接在板载 USB 转串口芯片 CH340 上面)。

(4)正点原子 2.8′、3.5′、4.3′、7′、10′ TFTLCD 模块(仅限 MCU 屏,16 位 8080 并口驱动)。

3. 原理图

DHT11 接口与 STM32 的连接关系与上一章节中 DS18B20 和 STM32 的关系是一样的,使用到的 GPIO 口是 PG11。DHT11 和 DS18B20 的接口共用一个,不过 DHT11 有 4 条腿,需要把 U6 的 4 个接口都用上,将 DHT11 传感器插入到这个上面就可以通过 STM32F1 来读取温湿度值了。DHT11 连接示意图如图 5.10.6 所示。

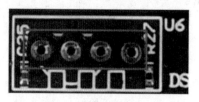

图 5.10.6　DHT11 连接示意图

这里要注意,将 DHT11 贴有字的一面朝内,而有很多孔的一面(网面)朝外,然后插入如图 5.10.6 所示的 4 个孔内就可以了。

5.10.3 程序设计

DHT11 实验中使用的是单总线协议,用到的是 HAL 中 GPIO 相关函数,前面有介绍,这里就不做展开了。下面介绍如何驱动 DHT11。

1. 使能 DHT11 数据线对应的 GPIO 时钟

本实验中 DHT11 的数据线引脚是 PG11,因此需要先使能 GPIOG 的时钟,代码如下:
_HAL_RCC_GPIOG_CLK_ENABLE();/ * PG 口时钟使能 * /

2. 设置对应 GPIO 工作模式(开漏输出)

本实验 GPIO 使用开漏输出模式,通过函数 HAL_GPIO_Init 设置实现。

3. 参考单总线协议,编写信号代码(复位脉冲、应答脉冲、读 0/1)

复位脉冲:拉低数据线,保持至少 18 ms 时间,然后拉高数据线 10 ~ 35 μs 时间。

应答脉冲:DHT11 拉低数据线,保持 78 ~ 88 μs 时间。

读 0/1 信号：DHT11 拉低数据线延时 54 μs，然后拉高数据线延时一定时间，主机通过判断高电平时间得到 0 或者 1。

4. 编写 DHT11 的读函数

基于读 1 bit 数据的基础上，编写 DHT11 读 1 字节函数。

5. 编写 DHT11 获取温度函数

参考 DHT11 典型温湿度读取过程，编写获取温湿度函数。

5.10.4　程序流程图

本实验是关于 DHT11 温湿度传感器功能的使用，下面直接给出本实验的程序流程图，如图 5.10.7 所示。

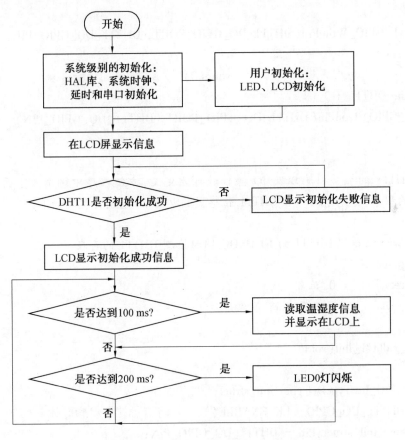

图 5.10.7　DHT11 实验程序流程图

5.10.5　程序解析

1. DHT11 驱动代码

这里只讲解核心代码，详细的源码请大家参考正点原子资料相应实例对应的源码。DHT11 驱动源码包括两个文件：dht11.c 和 dht11.h。

首先看一下 dht11.h 头文件里面的内容，其定义如下：

/* DHT11 引脚定义 */

```
#define DHT11_DQ_GPIO_PORT          GPIOG
#define DHT11_DQ_GPIO_PIN           GPIO_PIN_11
#define DHT11_DQ_GPIO_CLK_ENABLE()  do{ _HAL_RCC_GPIOG_CLK_ENABLE
(); }while(0)   /* fPG 口时钟使能 */
```

/* IO 操作函数 */
```
#define DHT11_DQ_OUT(x)     do{ x ? \
    HAL_GPIO_WritePin(DHT11_DQ_GPIO_PORT, DHT11_DQ_GPIO_PIN, GPIO_PIN
_SET): \
    HAL_GPIO_WritePin(DHT11_DQ_GPIO_PORT, DHT11_DQ_GPIO_PIN, GPIO_PIN
_RESET); \
                            }while(0)   /* f 数据端口输出 */
#define DHT11_DQ_IN
HAL_GPIO_ReadPin(DHT11_DQ_GPIO_PORT, DHT11_DQ_GPIO_PIN)   /* f 数据
端口输入 */
```

对 DHT11 的相关引脚以及 IO 操作进行宏定义,方便程序中调用。下面直接介绍 dht11.c 的程序,首先介绍一下 DHT11 传感器的初始化函数,其定义如下:
```
/**
 * @ brief 初始化 DHT11 的 IO 口 DQ 同时检测 DHT11 的存在
 * @ param 无
 * @ retval    0,正常
 *             1,不存在/不正常
 */
uint8_t dht11_init(void)
{
    GPIO_InitTypeDef gpio_init_struct;
    DHT11_DQ_GPIO_CLK_ENABLE();   /* f 开启 DQ 引脚时钟 */
    gpio_init_struct.Pin = DHT11_DQ_GPIO_PIN;
    gpio_init_struct.Mode = GPIO_MODE_OUTPUT_OD;   /* f 开漏输出 */
    gpio_init_struct.Pull = GPIO_PULLUP;   /* 上拉 */
    gpio_init_struct.Speed = GPIO_SPEED_FREQ_HIGH;   /* f 高速 */
    HAL_GPIO_Init(DHT11_DQ_GPIO_PORT, &gpio_init_struct);   /* f 初始化
DHT11_DQ 引脚 */
```
/* DHT11_DQ 引脚模式设置,开漏输出,上拉,这样就不用再设置 IO 方向了,开漏输出的时候(=1),也可以读取外部信号的高低电平 */

```
    dht11_reset();
    return dht11_check();
}
```

　　在 DHT11 的初始化函数中,主要对用到的 GPIO 口进行初始化,同时在函数最后调用复位函数和自检函数,这两个函数在后面会解释到。下面介绍的是复位 DHT11 函数和等待 DHT11 的回应函数,它们的定义如下:

```
/**
 * @brief 复位 DHT11
 * @param        data:要写入的数据
 * @retval 无
 */
static void dht11_reset(void)
{
    DHT11_DQ_OUT(0);   /*f 拉低 DQ*/
    delay_ms(20);   /*f 拉低至少 18 ms*/
    DHT11_DQ_OUT(1);   /*fDQ=1*/
    delay_us(30);   /*f 主机拉高 10~35 μs*/
}
/**
 * @brief 等待 DHT11 的回应
 * @param 无
 * @retval        0, DHT11 正常
 *                1, DHT11 异常/不存在
 */
uint8_t dht11_check(void)
{
    uint8_t retry = 0;
    uint8_t rval = 0;

    while (DHT11_DQ_IN && retry < 100)   /*fDHT11 会拉低 83 μs*/
    {
        retry++;
        delay_us(1);
    }

    if (retry >= 100)
    {
```

```
                    rval = 1;
            }
        else
            {
                retry = 0;

                while (! DHT11_DQ_IN && retry < 100)   / * fDHT11 拉低后会再次拉高
87 μs * /
                    {
                        retry++;
                        delay_us(1);
                    }
                if (retry >= 100)rval = 1;
            }


        return rval;
    }
```

以上两个函数分别代表前面所说的复位脉冲与应答信号,大家可以对比前面的时序图进行理解。在上一章 DS18B20 的实验中,也对复位脉冲以及应答信号进行了详细的解释,大家也可以对比理解。DHT11 与 DS18B20 有所不同,DHT11 是不需要写函数,只需要读函数即可,下面看一下读函数:

```
/ * *
 * @ brief     从 DHT11 读取一个位
 * @ param     无
 * @ retval    读取到的位值: 0/1
 */
uint8_t dht11_read_bit(void)
{
    uint8_t retry = 0;

    while (DHT11_DQ_IN && retry < 100)   / *f 等待变为低电平 * /
    {
        retry++;
        delay_us(1);
    }

    retry = 0;
```

```
    while ( ! DHT11_DQ_IN && retry < 100)   / * f 等待变为高电平 * /
    {
        retry++;
        delay_us(1);
    }

    delay_us(40);   / * f 等待 40 μs * /

    if (DHT11_DQ_IN)   / * f 根据引脚状态返回 bit * /
    {
        return 1;
    }
    else
    {
        return 0;
    }
}
/ * *
* @ brief 从 DHT11 读取一个字节
* @ param 无
* @ retval 读到的数据
* /
static uint8_t dht11_read_byte( void)
{
    uint8_t i, data = 0;

    for (i = 0; i < 8; i++)   / * f 循环读取 8 位数据 * /
    {
        data <<= 1;   / * f 高位数据先输出, 先左移一位 * /
        data |= dht11_read_bit();   / * f 读取 1 bit 数据 * /
    }

    return data;
}
```

在这里 dht11_read_bit 函数从 DHT11 处读取 1 位数据, 大家可以对照前面的读时序图进行分析, 读数字 0 和 1 的不同, 在于高电平的持续时间, 所以这个作为判断的依据。dht11_read_byte 函数就是调用一字节读取函数进行实现。下面介绍读取温湿度函数, 其定义如下：

```
/ * *
 * @ brief        从 DHT11 读取一次数据
 * @ param        temp:温度值(范围:-20 ~ 50 ℃)
 * @ param        humi:湿度值(范围:5% ~ 95%)
 * @ retval       0,正常
 *                1,失败
 */
uint8_t dht11_read_data(uint8_t * temp, uint8_t * humi)
{
    uint8_t buf[5];
    uint8_t i;
    dht11_reset();

    if (dht11_check() = = 0)
    {
        for (i = 0; i < 5; i++)   /*f 读取 40 位数据*/
        {
            buf[i] = dht11_read_byte();
        }

        if ((buf[0] + buf[1] + buf[2] + buf[3]) = = buf[4])
        {
            * humi = buf[0];
            * temp = buf[2];
        }
    }
    else
    {
        return 1;
    }

    return 0;
}
```

读取温湿度函数也是根据时序图进行实现的,在发送复位信号以及应答信号产生后,即可以读取 5 Byte 数据进行处理,校验成功即读取数据有效成功。

2. main. c 代码

在 main. c 里面编写如下代码:

```
int main(void)
{
    uint8_t t = 0;
    uint8_t temperature;
    uint8_t humidity;

    HAL_Init();    /* 初始化 HAL 库 */
    sys_stm32_clock_init(RCC_PLL_MUL9);    /* f 设置时钟, 72 MHz */
    delay_init(72);    /* 延时初始化 */
    usart_init(115200);    /* f 串口初始化为 115 200 */
    led_init();    /* f 初始化 LED */
    lcd_init();    /* 初始化 LCD */

    lcd_show_string(30, 50, 200, 16, 16, "STM32", RED);
    lcd_show_string(30, 70, 200, 16, 16, "DHT11 TEST", RED);
    lcd_show_string(30, 90, 200, 16, 16, "ATOM@ ALIENTEK", RED);
    while (dht11_init())    /* fDHT11 初始化 */
    {
        lcd_show_string(30, 110, 200, 16, 16, "DHT11 Error", RED);
        delay_ms(200);
        lcd_fill(30, 110, 239, 130 + 16, WHITE);
        delay_ms(200);
    }

    lcd_show_string(30, 110, 200, 16, 16, "DHT11 OK", RED);
    lcd_show_string(30, 130, 200, 16, 16, "Temp: C", BLUE);
    lcd_show_string(30, 150, 200, 16, 16, "Humi: %", BLUE);
    while (1)
    {
        if (t % 10 == 0)    /* f 每 100 ms 读取一次 */
        {
            dht11_read_data(&temperature, &humidity);    /* f 读取温湿度值 */
            lcd_show_num(30 + 40, 130, temperature, 2, 16, BLUE);    /* f 显示温度 */
            lcd_show_num(30 + 40, 150, humidity, 2, 16, BLUE);    /* f 显示湿度 */
        }
```

```
delay_ms(10);
t++;

if (t == 20)
{
    t = 0;
    LED0_TOGGLE();    /* fLED0 闪烁 */
}
}
```

主函数代码比较简单,一系列硬件初始化后,如果 DHT11 初始化成功,那么在循环中调用 dht11_get_temperature 函数获取温湿度值,每隔 100 ms 读取数据并显示在 LCD 上。

5.10.6　下载验证

假定 DHT11 传感器已经接到正确的位置,将程序下载到开发板后,可以看到 LED0 不停的闪烁,提示程序已经在运行。LCD 显示当前温度值的内容如图 5.10.8 所示。

图 5.10.8　程序运行效果图

5.11　无线通信实验

5.11.1　NRF24L01 无线模块

NRF24L01 无线模块采用的芯片是 NRF24L01+。该芯片是由 NORDIC 公司生产,并且集成 NORDIC 自家的 Enhance ShortBurst 协议,主要特点如下:

(1)2.4 G 全球开放的 ISM 频段,免许可证使用。

(2)最高工作速率 2 Mbps,高效的 GFSK 调制,抗干扰能力强。

(3)126 个可选的频道,满足多点通信和调频通信的需要。

(4)6 个数据通道可支持点对多点的通信地址控制。

(5)低工作电压(1.9 ~ 3.6 V)。

(6)硬件 CRC 和自动处理字头。

(7)可设置自动应答,确保数据可靠传输。

由于高速信号是由芯片内部的射频协议处理后进行无线高速通信,对 MCU 的时钟频率要求不高,只需要对 NRF24L01 某些寄存器进行配置即可。芯片与外部 MCU 是通过 SPI 通信接口进行数据通信,并且最大的 SPI 速度可达 10 MHz。这个芯片是 NRF24L01 的升级版。相比 NRF24L01,升级版支持 250 k、1 M、2 M 三种传输速率;支持更多种功率配置,根据不同应用有效节省功耗;稳定性及可靠性更高。NRF24L01 无线模块的外形和引脚图如图 5.11.1 所示。

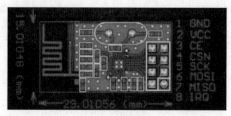

图 5.11.1　NRF24L01 无线模块外形和引脚图

模块 VCC 脚的电压范围为 1.9~3.6 V,建议不要超过 3.6 V,否则可能烧坏模块,一般用 3.3 V 电压比较合适。除了 VCC 和 GND 脚,其他引脚都可以和 5 V 单片机的 IO 口直连,正是因为其兼容 5 V 单片机的 IO,所以使用上具有很大优势。具体引脚介绍如表 5.11.1 所示。

表 5.11.1　引脚介绍

模块引脚	GND	VCC	CE	CSN	SCK	MOSI	MISO	IRQ
功能说明	地线	3 V 电源线	模式控制线	片选	时钟	数据输出	数据输入	中断

引脚部分主要分为电源相关的 VCC 和 GND,SPI 通信接口相关的 CSN、SCK、MOSI、MISO,模式选择相关的 CE,中断相关的 IRQ。CE 引脚会与 CONFIG 寄存器共同控制 NRF24L01 进入某个工作模式。IRQ 引脚会在寄存器的配置下生效,当收到数据、成功发送数据或达到最大重发次数时,IRQ 引脚会变为低电平。

NRF24L01 的 Enhance ShockBurstTM 模式具体表现在自动应答和重发机制,发送端要求接收端在接收到数据后要有应答信号,便于发送端检测有无数据丢失,一旦有数据丢失,则通过重发功能将丢失的数据恢复,这个过程无须 MCU。Enhance ShockBurstTM 模式可以通过 EN_AA 寄存器进行配置。接下来看一下 Enhanced ShockBurstTM 模式下 NRF24L01 通信图,如图 5.11.2 所示。

这里抽离 PTX6 和 PRX 出来,分析一下通信过程。

PTX6 作为发送端,需要设置发送地址,可以看到 TX_ADDR 为 0x7878787878,PRX 作为接收端,使能接收通道 0 并设置接收通道 0 接收地址 0x7878787878。通信时,发送端发送数据→接收端接收到数据并记录 TX 地址→接收端以 TX 地址为目的地址发送应答信号→发送端会以通道 0 接收应答信号。

NRF24L01 规定:发送端中的数据通道 0 是用来接收接收端发送的应答信号,所以数据通道 0 的接收地址要与发送地址相同才能确保收到正确的应答信号,必须要在相关寄存器中配置正确。

5.11.2　NRF24L01 工作模式介绍

NRF24L01 作为无线通信模块,功耗问题十分重要,有数据发送与空闲状态下能耗需

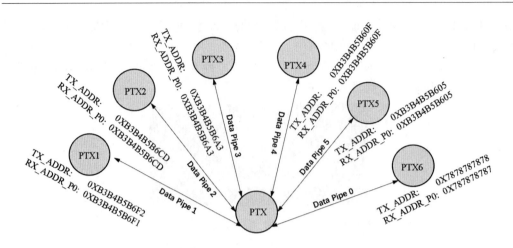

Addr Data Pipe 0 (RX_ADDR_P0): 0X7878787878
Addr Data Pipe 1 (RX_ADDR_P1): 0XB3B4B5B6F1
Addr Data Pipe 2 (RX_ADDR_P2): 0XB3B4B5B6CD
Addr Data Pipe 3 (RX_ADDR_P3): 0XB3B4B5B6A3
Addr Data Pipe 4 (RX_ADDR_P4): 0XB3B4B5B607
Addr Data Pipe 5 (RX_ADDR_P5): 0XB3B4B5B605

图 5.11.2 NRF24L01 通信图

要调整,所以设计者给芯片设计了多种工作模块,如表 5.11.2 所示。

表 5.11.2 NRF24L01 工作模式

24L01 模式	PWR_UP 位	PRIM_RX 位	CE 引脚电平	FIFO 寄存器状态
接收模式	1	1	1	—
发送模式	1	0	1	发送所有 TXFIFO 数据
发送模式	1	0	1(至少 10 μs)→0	发送一级 TXFIFO 数据
待机模式 Ⅱ	1	0	1	TXFIFO 为空
待机模式 Ⅰ	1	—	0	无数据包传输
掉电模式	0	—	—	—

NRF24L01 工作模式是由 CE 引脚和 CONFIG 寄存器的 PWR_UP 位和 PRIM_RX 位共同控制的。CE 引脚在前面也说到是模式控制线,而 PWR_UP 位是上电位,PRIM_RX 位可以理解为配置身份位(TX or RX)。可以看到发送模式有两种,待机模式也有两种,功耗上各不相同,表 5.11.2 中第三行的发送模式和第五行中的待机模式 1 是官方推荐使用的,更加节能,但是本实验用到的模式就是表 5.11.2 中第一行、第二行和第四行的模式使用起来更加方便。单看发送模式,使用官方推荐的发送模式,你要发送三级 TX_FIFO 数据需要产生 3 个边沿信号(CE 从高电平变为低电平)。使用的发送模式,从 CE 引脚的操作上看,只需要拉高,就可以把所有 TX_FIFO 里的数据发送完成。NRF24L01 的发送和接收都有三级 FIFO,每一级 FIFO 有 32 字节。发送和接收都是对 FIFO 进行操作,并

且最大操作数据量是一级 FIFO 即 32 字节。发送时,只需要把数据存进 TX_FIFO 并按照发送模式下的操作(参考 NRF24L01 工作模式表中的发送模式)即可让 NRF24L01 启动发射,这个发射过程包括:无线系统上电,启动内部 16 MHz 时钟,无线发送数据打包,高速发送数据。接收时,通过读取 RX_FIFO 里的内容。

5.11.3　NRF24L01 寄存器

在这里简单介绍一下本实验用到的 NRF24L01 比较重要的寄存器。

1. 配置寄存器(CONFIG)

寄存器地址 0x01,复位值为 0x80,用来配置 NRF24L01 工作状态以及中断相关,描述如表 5.11.3 所示。

表 5.11.3　配置寄存器

参数	位	描述
Reserved	7	保留位
MASK_RX_DR	6	可屏蔽中断 RX_RD(1:IRQ 引脚不显示 RX_RD 中断,0:RX_RD 中断时,IRQ 输出低电平)
MASK_TX_DS	5	可屏蔽中断 TX_RD(1:IRQ 引脚不显示 TX_DS 中断,0:TX_DS 中断时,IRQ 输出低电平)
MASK_MAX_RT	4	可屏蔽中断 MAX_RT(1:IRQ 引脚不显示 MAX_RT 中断,0:MAX_RT 中断时,IRQ 输出低电平)
EN_CRC	3	CRC 使能(如果 EN_AA 中任意一位为高则 EN_CRC 强迫为高)
CRCO	2	CRC 模式(1:16 位 CRC 校验,0:8 位 CRC 校验)
PWR _UP	1	上电/掉电模式设置位(1:上电,0:掉电)
PRIM_RX	0	接收/发送模式设置位(1:接收模式,0:发送模式)

需要配置成发送模式,可以把该寄存器赋值为 0x0E,如果配置成接收模式,可以把该寄存器赋值为 0x0F。无论是发送模式还是接收模式,都使能 16 位 CRC 以及使能接收中断、发送中断和最大重发次数中断,这里发送端和接收端配置需要一致。

2. 自动应答功能寄存器(EN_AA)

寄存器地址 0x01,复位值为 0x3F,用来设置通道 0 ~ 5 的自动应答功能,描述如表 5.11.4所示。

表 5.11.4　自动应答功能寄存器

参数	位	描述
Reserved	7:6	保留位
ENAA_P5	5	数据通道5,自动应答允许
ENAA_P4	4	数据通道4,自动应答允许

续表5.11.4

参数	位	描述
ENAA_P3	3	数据通道 3,自动应答允许
ENAA_P2	2	数据通道 2,自动应答允许
ENAA_P1	1	数据通道 1,自动应答允许
ENAA_P0	0	数据通道 0,自动应答允许

本实验,接收端是以数据通道 0 作为接收通道,并且前面也提及 Enhanced Shock-BurstTM 模式的自动应答流程,接收端接收到数据后,需要回复应答信号,通过该寄存器 ENAA_P0 置 1 即可实现。另外,使能自动应答也相当于配置成 Enhanced 模式,所以发送端也需要进行自动应答允许。

3. 接收地址允许寄存器(EN_RXADDR)

寄存器地址 0x02,复位值为 0x03,用于使能接收通道 0~5,描述如表 5.11.5 所示。

表 5.11.5 接收地址允许寄存器

参数	位	描述
Reserved	7:6	保留位
ERX_P5	5	数据接收通道 5 使能
ERX_P4	4	数据接收通道 4 使能
ERX_P3	3	数据接收通道 3 使能
ERX_P2	2	数据接收通道 2 使能
ERX_P1	1	数据接收通道 1 使能
ERX_P0	0	数据接收通道 0 使能

前面说到接收端使用通道 0 进行接收数据,所以 ERX_P0 需要置 1 处理。同样的,发送端也需要使能数据通道 0 来接收应答信号。

4. 地址宽度设置寄存器(SETUP_AW)

寄存器地址 0x03,复位值为 0x03,对接收/发送地址宽度设置位,描述如表 5.11.6 所示。

表 5.11.6 地址宽度设置寄存器

参数	位	描述
Reserved	7:2	保留位
AW	1:0	RX/TX 地址字段宽度'00'非法,'01'3 字节,'10'4 字节,'11'5 字节

本实验中,无论是发送地址还是接收地址都是使用 5 字节,也就是默认设置便是使用 5 字节宽度的地址。

5. 自动重发配置寄存器(SETUP_RETR)

寄存器地址 0x04,复位值为 0x00,对发送端的自动重发数值和延时进行设置,描述如表 5.11.7 所示。

表 5.11.7　自动重发配置寄存器

参数	位	描述
ADR	7:4	自动重发延时: 0000~1111→86 μs+250*(ARD+1)μs
ARC	3:0	自动重发计数 0000~1111→自动重发次数。0 代表禁止

本实验中,直接对该寄存器写入 0x1A,即自动重发间隔时间为 586 μs,最大自动重发次数为 10 次。在使能 MAX_RT 中断时,连续重发 10 次还是发送失败的时候,IRQ 中断引脚就会拉低。

6. 射频频率设置寄存器(RF_CH)

寄存器地址 0x05,复位值为 0x05,对 NRF24L01 的频段进行设置,描述如表 5.11.8 所示。

表 5.11.8　射频频率设置寄存器

参数	位	描述
Reserved	7	保留位
RF_CH	6:0	0~125,设置 NRF24L01 的射频频率,接收端和发送端需一致

频率计算公式:2 400 + RF_CH(MHz)

本实验中,直接对该寄存器写入 40,即射频频率为 2 440 MHz。通信双方该寄存器必须配置一样才能通信成功。

7. 发射参数设置寄存器(RF_SETUP)

寄存器地址 0x06,复位值为 0x0E,对 NRF24L01 的发射功率、无线速率进行设置,描述如表 5.11.9 所示。

表 5.11.9　发射参数设置寄存器

参数	位	描述
CONT_WAVE	7	高电平时,可使载波连续传输
Reserved	6	只允许写'0'
RF_DR_LOW	5	设置射频数据速率 250 kbps(结合 RF_DR_HIGH 查看)
PLL_LOCK	4	PLL_LOCK 允许,仅用于测试模式
RF_DR_HIGH	3	与 RF_DR_LOW 决定传输速率[RF_DR_LOW,RF_DR_HIGH] '00':1 Mbps,'01':2 Mbps '10':250 kbps,'11':保留

续表5.11.9

参数	位	描述
RF_PWR	1:0	设置射频输出功率 '00':-18 dBm,'01':-12 dBm '10':-6 dBm,'11':0 dBm
Obsolete	0	—

本实验中,直接对该寄存器写入 0x0F,即射频输出功率为 0 dBm 增益,传输速率为 2 MHz。发送端和接收端该寄存器的配置需一样。功率越小耗电越少,同等条件下,传输距离越小,这里设置射频部分功耗为最大,可以根据实际应用而选择对应的功率配置。

8. 状态寄存器(STATUS)

地址 0x07,复位值为 0x0E,反应 NRF24L01 当前工作状态,描述如表 5.11.10 所示。

表 5.11.10 状态寄存器

参数	位	描述
Reserved	7	保留位
RX_DR	6	接收数据标记,收到数据后置1。写1清除中断
TX_DS	5	数据发送完成标记。工作在自动应答模式,必须收到 ACK 才会置1。写1清除中断
MAX_RT	4	达到最大重发次数标记。写1清除中断(如果 MAX_RX 中断产生则必须清除后系统才能进行通信)
RX_P_NO	3:1	接收数据通道:000~101,数据通道号 110 未使用, 111 RX FIFO 为空
TX_FULL	0	TX_FIFO 寄存器满标记(1:满,0:未满)

该寄存器作为查询作用,作为发送端,发送完数据后,可以查询 TX_DS 位状态便知是否成功发送数据,发送数据异常时,也可以通过查询 MAX_RT 位状态获知是否达到最大重发次数。作为接收端,可以通过查询 RX_OK 位状态获知是否接收到数据。查询相关位后都需要将该位置 1 清除中断。此外,还用到设置接收通道 0 地址寄存器 RX_ADDR_P0(0x0A)和发送地址设置寄存器 TX_ADDR(0x10),以及接收通道 0 有效数据设置寄存器 RX_PW_P0(0x11),由于这 3 个寄存器比较简单,所以这里就不列出来了。

5.11.4 硬件设计

1. 例程功能

开机时先检测 NRF24L01 模块是否存在,在检测到 NRF24L01 模块之后,根据 KEY0 和 KEY1 的设置来决定模块的工作模式。在设定好工作模式之后,就会不停地发送/接收数据,同时在 LCD 上面显示相关信息。LED0 闪烁用于提示程序正在运行。

2. 硬件资源

(1)LED 灯:LED0-PB5。

(2)独立按键:KEY0-PE4、KEY1-PE3。

（3）2.4 G 无线模块 NRF24L01 模块。

（4）正点原子2.8′、3.5′、4.3′、7′、10′ TFTLCD 模块（仅限 MCU 屏,16 位 8080 并口驱动）。

（5）串口 1（PA9/PA10 连接在板载 USB 转串口芯片 CH340 上）。

（6）SPI2（连接在 PB13、PB14、PB15）。

3. 原理图

NRF24L01 模块与 STM32 的连接关系,如图 5.11.3 所示。

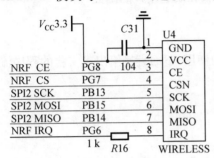

图 5.11.3　无线模块与 STM32 的接口

NRF24L01 使用的是 SPI2,与 NOR FLASH 共用一个 SPI 接口,所以如果同时使用这些设备的时候,必须分时复用。为了防止其他器件对 NRF24L01 的通信造成干扰,最好可以把 NOR FLASH 的片选信号引脚拉高。

由于无线通信实验是双向的,所以至少要有两个模块同时能工作,这里使用两套开发板来向大家演示。

5.11.5　程序设计

NRF24L01 配置步骤:

1. SPI 参数初始化（工作模式、数据时钟极性、时钟相位等）

HAL 库通过调用 SPI 初始化函数 HAL_SPI_Init 完成对 SPI 参数初始化,详见例程源码。

注意:该函数会调用 HAL_SPI_MspInit 函数来完成对 SPI 底层的初始化,包括:SPI 及 GPIO 时钟使能、GPIO 模式设置等。

2. 使能 SPI 时钟和配置相关引脚的复用功能以及 NRF24L01 的其他相关管脚

本实验用到 SPI2,使用 PB13、PB14 和 PB15 作为 SPI_SCK、SPI_MISO 和 SPI_MOSI,以及 NRF24L01 的 CE、CSN 和 IRQ 分别对应 PG8、PG7 和 PG6,因此需要先使能 SPI2、GPIOB 和 GPIOG 时钟。参考代码如下:

_HAL_RCC_SPI2_CLK_ENABLE( );

_HAL_RCC_GPIOB_CLK_ENABLE( );

_HAL_RCC_GPIOG_CLK_ENABLE( );

I/O 口复用功能是通过函数 HAL_GPIO_Init 来配置的。

3. 使能 SPI

通过_HAL_SPI_ENABLE 函数使能 SPI,便可进行数据传输。

4. SPI 传输数据

通过 HAL_SPI_Transmit 函数进行发送数据。

通过 HAL_SPI_Receive 函数进行接收数据。

也可以通过 HAL_SPI_TransmitReceive 函数进行发送与接收操作。

5. 编写 NRF24L01 的读写函数

基于 SPI 的读写函数的基础上,编写 NRF24L01 的读写函数。

6. 编写 NRF24L01 接收模式与发送模式函数

通过查看寄存器,编写配置 NRF24L01 接收和发送模式的函数。

5.11.6 程序流程图

本实验是关于 NRF24L01 无线通信功能的使用,下面直接给出本实验的程序流程图,如图 5.11.4 所示。

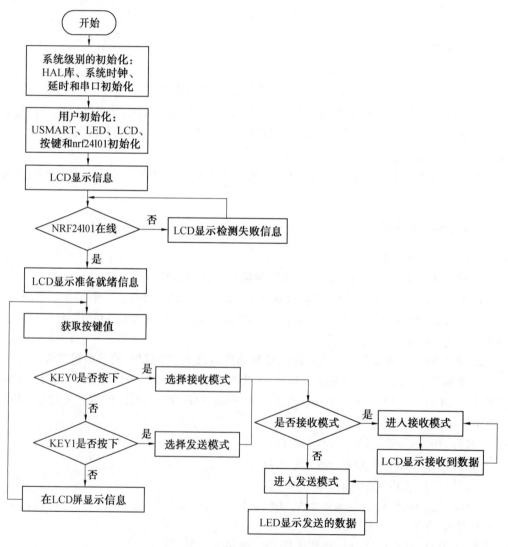

图 5.11.4 无线通信实验程序流程图

5.11.7　程序解析

1. NRF24L01 驱动代码

这里只讲解核心代码,详细的源码请大家参考正点原子资料相应实例对应的源码。NRF24L01 驱动源码包括两个文件:nrf24l01.c 和 nrf24l01.h。

在 spi.c 文件中封装好的函数的基础上进行调用,实现 nrf24l01 的发送与接收。下面先看一下 nrf24l01.h 文件中定义的信息,其代码如下:

/*NRF24L01 操作引脚 定义(不包含 SPI_SCK、MISO、MISO 等三根线)*/

```
#define NRF24L01_CE_GPIO_PORT           GPIOG
#define NRF24L01_CE_GPIO_PIN            GPIO_PIN_8
#define NRF24L01_CE_GPIO_CLK_ENABLE()   do{ _HAL_RCC_GPIOG_CLK_ENA-
BLE();}while(0)   /*fPG 口时钟使能*/


#define NRF24L01_CSN_GPIO_PORT          GPIOG
#define NRF24L01_CSN_GPIO_PIN           GPIO_PIN_7
#define NRF24L01_CSN_GPIO_CLK_ENABLE()  do{ _HAL_RCC_GPIOG_CLK_ENA-
BLE();}while(0)   /*fPE 口时钟使能*/


#define NRF24L01_IRQ_GPIO_PORT          GPIOG
#define NRF24L01_IRQ_GPIO_PIN           GPIO_PIN_6
#define NRF24L01_IRQ_GPIO_CLK_ENABLE()  do{ _HAL_RCC_GPIOG_CLK_ENA-
BLE();}while(0)   /*fPG 口时钟使能*/


/ * * * * * * * * * * * * * * * * * * * * * * * * * * * * * * * * * *
* * * * * * * * * * * */


/*24L01 操作线*/
#define NRF24L01_CE(x)     do{ x ? \
                            HAL_GPIO_WritePin(NRF24L01_CE_GPIO_
PORT, NRF24L01_CE_GPIO_PIN, GPIO_PIN_SET): \
                            HAL_GPIO_WritePin(NRF24L01_CE_GPIO_
PORT, NRF24L01_CE_GPIO_PIN, GPIO_PIN_RESET); \
                        }while(0)   /*f24L01 模式选择信号*/


#define NRF24L01_CSN(x)   do{ x ? \
                            HAL_GPIO_WritePin(NRF24L01_CSN_GPIO_
PORT, NRF24L01_CSN_GPIO_PIN, GPIO_PIN_SET): \
```

HAL_GPIO_WritePin(NRF24L01_CSN_GPIO_
PORT, NRF24L01_CSN_GPIO_PIN, GPIO_PIN_RESET); \
|while(0) /* f24L01 片选信号 */

```
#define NRF24L01_IRQ
HAL_GPIO_ReadPin( NRF24L01_IRQ_GPIO_PORT, NRF24L01_IRQ_GPIO_PIN)  /
*fIRQ 主机数据输入 */
```

以上除了有 NRF24L01 的引脚定义及引脚操作函数,还有一些 NRF24L01 寄存器操作命令以及其寄存器地址,由于篇幅太大,这里就不列出来了,大家可以去看一下工程文件。下面看一下 NRF24L01 的初始化函数,在 nrf24l01.c 文件中,其定义如下:

```
/* *
 * @brief 初始化 24L01 的 IO 口
 * @note 将 SPI2 模式改成 SCK 空闲低电平及 SPI 模式 0
 * @param 无
 * @retval 无
 */
void nrf24l01_init(void)
{
    GPIO_InitTypeDef gpio_init_struct;

    NRF24L01_CE_GPIO_CLK_ENABLE();  /* fCE 脚时钟使能 */
    NRF24L01_CSN_GPIO_CLK_ENABLE();  /* fCSN 脚时钟使能 */
    NRF24L01_IRQ_GPIO_CLK_ENABLE();  /* fIRQ 脚时钟使能 */

    gpio_init_struct.Pin = NRF24L01_CE_GPIO_PIN;
    gpio_init_struct.Mode = GPIO_MODE_OUTPUT_PP;  /* f 推挽输出 */
    gpio_init_struct.Pull = GPIO_PULLUP;  /* 上拉 */
    gpio_init_struct.Speed = GPIO_SPEED_FREQ_HIGH;  /* f 高速 */
    HAL_GPIO_Init( NRF24L01_CE_GPIO_PORT, &gpio_init_struct);  /* f 初始化
CE 引脚 */

    gpio_init_struct.Pin = NRF24L01_CSN_GPIO_PIN;
    HAL_GPIO_Init( NRF24L01_CSN_GPIO_PORT, &gpio_init_struct);  /* f 初始
化 CSN 引脚 */

    gpio_init_struct.Pin = NRF24L01_IRQ_GPIO_PIN;
    gpio_init_struct.Mode = GPIO_MODE_INPUT;  /* f 输入 */
```

gpio_init_struct. Pull = GPIO_PULLUP;　/＊上拉＊/

gpio_init_struct. Speed = GPIO_SPEED_FREQ_HIGH;　/＊f 高速＊/

HAL_GPIO_Init(NRF24L01_IRQ_GPIO_PORT, &gpio_init_struct);　/＊f 初始化 CE 引脚＊/

spi2_init();　/＊f 初始化 SPI2＊/

nrf24l01_spi_init();　/＊f 针对 NRF 的特点修改 SPI 的设置＊/

NRF24L01_CE(0);　/＊f 使能 24L01＊/

NRF24L01_CSN(1);　/＊fSPI 片选取消＊/

}

g_spi2_handler. Init. CLKPolarity = SPI_POLARITY_LOW;　/＊f 串行同步时钟的空闲状态为低电平＊/

g_spi2_handler. Init. CLKPhase = SPI_PHASE_1EDGE;　/＊f 串行同步时钟的第1个跳变沿(上升或下降)数据被采样＊/

HAL_SPI_Init(&g_spi2_handler);

_HAL_SPI_ENABLE(&g_spi2_handler);　/＊f 使能 SPI2＊/

}

在初始化函数中,主要对该模块用到的管脚进行配置,以及需要调用 spi. c 文件中的 spi_init 函数对 SPI1 的引脚进行初始化。NRF24L01 工作时序图如图 5.11.5 所示。

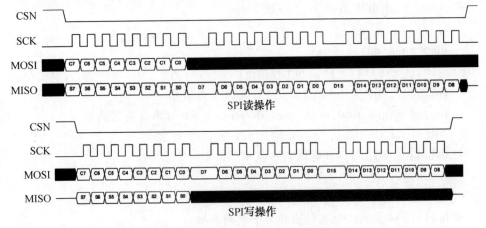

图 5.11.5　NRF24L01 工作时序图

大家可以比对一下前面章节的 SPI 工作时序图,符合工作模式1的时序,即在奇数边沿上升沿进行数据的采集。所以调用 nrf24l01_spi_init 函数针对 NRF 的特点修改 SPI 的设置。该函数就是将 SPI 的工作模式配置成串行同步时钟,空闲状态为低电平,在奇数边沿数据被采集,也就是 SPI 的工作模式 0。工作时序图某些标号意义如下:Cn 代表指令位,Sn 代表状态寄存器位,Dn 代表数据位。NRF24L01 的读写函数,代码如下:

/＊＊

＊@ brief　　　　NRF24L01 写寄存器

```
 * @ param      reg :寄存器地址
 * @ param      value :写入寄存器的值
 * @ retval     状态寄存器值
 */
static uint8_t nrf24l01_write_reg( uint8_t reg, uint8_t value)
{
    uint8_t status;
    NRF24L01_CSN(0);   /*使能 SPI 传输*/
    status = spi2_read_write_byte(reg);   /*ff 发送寄存器号*/
    spi2_read_write_byte( value);   /*ff 写入寄存器的值*/
    NRF24L01_CSN(1);   /*ff 禁止 SPI 传输*/
    return status;   /*返回状态值*/
}


/**
 * @ brief       NRF24L01 读寄存器
 * @ param        reg   :寄存器地址
 * @ retval 读取到的寄存器值;
 */
static uint8_t nrf24l01_read_reg( uint8_t reg)
{
    uint8_t reg_val;
NRF24L01_CSN(0);/* 使能 SPI 传输*/
    spi2_read_write_byte( reg);   /*ff 发送寄存器号*/
    reg_val = spi2_read_write_byte(0XFF);   /*ff 读取寄存器内容*/
    NRF24L01_CSN(1);   /*ff 禁止 SPI 传输*/
    return reg_val;   /*ff 返回状态值*/
}
/**
 * @ brief       在指定位置读出指定长度的数据
 * @ param      reg:寄存器地址
 * @ param      pbuf:数据指针
 * @ param      len:数据长度
 * @ retval     状态寄存器值
 */
static uint8_t nrf24l01_read_buf( uint8_t reg, uint8_t * pbuf, uint8_t len)
{
    uint8_t status, i;
```

```
    NRF24L01_CSN(0);  /* ff 使能 SPI 传输 */
    status = spi2_read_write_byte(reg);  /* ff 发送寄存器值(位置),并读取状态值
*/

    for (i = 0; i < len; i++)
    {
        pbuf[i] = spi2_read_write_byte(0XFF);  /* ff 读出数据 */
    }

    NRF24L01_CSN(1);  /* ff 关闭 SPI 传输 */
    return status;  /* ff 返回读到的状态值 */
}
/* ff *
* @ brief      在指定位置写指定长度的数据
* @ param      reg:寄存器地址
* @ param      pbuf:数据指针
* @ param      len:数据长度
* @ retval     状态寄存器值
*/
static uint8_t nrf24l01_write_buf(uint8_t reg, uint8_t * pbuf, uint8_t len)
{
    uint8_t status, i;
    NRF24L01_CSN(0);  /* ff 使能 SPI 传输 */
    status = spi2_read_write_byte(reg);  /* ff 发送寄存器值(位置),并读取状态值
*/

    for (i = 0; i < len; i++)
    {
        spi2_read_write_byte( * pbuf++);  /* ff 写入数据 */
    }

    NRF24L01_CSN(1);  /* ff 关闭 SPI 传输 */
    return status;  /* ff 返回读到的状态值 */
}
```

　　以上是 NRF24L01 的写寄存器函数和读寄存器函数,以及扩展的函数。在指定位置写入指定长度的数据函数和指定位置读取指定长度的数据函数。NRF24L01 读写寄存器函数实现的具体过程:先拉低片选线→发送寄存器号→发送数据/接收数据→拉高片选线。SPI 的相关知识:SPI 是通过移位寄存器进行数据传输的,所以发一个字节数据就会

收到一个字节数据。那么发数据就可以直接发送数据,接收数据只需要发送 0xFF,寄存器会返回要读取的数据。在指定位置写入指定长度的数据函数和在指定位置读取指定长度的数据函数的实现方式是通过调用 SPI 的读写一字节函数实现。

这两种模式的初始化过程如下:

RX 模式初始化过程:

(1)写 RX 节点的地址;

(2)使能通道 X 自动应答;

(3)使能通道 X 接收地址;

(4)设置通信频率;

(5)选择通道 X 的有效数据宽度;

(6)配置发射参数(发射功率、无线速率);

(7)配置 NRF24L01 的基本参数以及工作模式,其代码如下:

```
/ * *
 * @ brief        NRF24L01 进入接收模式
 * @ note 设置 RX 地址,写 RX 数据宽度,选择 RF 频道,波特率
 *              当 CE 变高后,即进入 RX 模式,并可以接收数据
 * @ param       无
 * @ retval      无
 */
void nrf24l01_rx_mode( void)
{
    NRF24L01_CE(0);
    nrf24l01_write_buf( NRF_WRITE_REG + RX_ADDR_P0, ( uint8_t * ) RX_AD-
DRESS, RX_ADR_WIDTH);  / * ff 写 RX 节点地址 * /

    nrf24l01_write_reg( NRF_WRITE_REG + EN_AA, 0x01);  / * ff 使能通道 0 的
自动应答 * /
    nrf24l01_write_reg( NRF_WRITE_REG + EN_RXADDR, 0x01);  / * ff 使能通道
0 的接收地址 * /
    nrf24l01_write_reg( NRF_WRITE_REG + RF_CH, 40);  / * ff 设置 RF 通信频率
 * /
    nrf24l01_write_reg( NRF_WRITE_REG + RX_PW_P0, RX_PLOAD_WIDTH);  /
 * ff 选择通道 0 的有效数据宽度 * /
    nrf24l01_write_reg( NRF_WRITE_REG + RF_SETUP, 0x0f);  / * ff 设置 TX 发
射参数,0 db 增益,2 Mbps * /
    nrf24l01_write_reg( NRF_WRITE_REG + CONFIG, 0x0f);  / * ff 配置基本工作
模式的参数;PWR_UP,EN_CRC,16BIT_CRC,接收模式 * /
    NRF24L01_CE(1);  / * ffCE 为高,进入接收模式 * /
```

```
    }


/ * *
 * @ brief        NRF24L01 进入发送模式
 * @ note         设置 TX 地址,写 TX 数据宽度,设置 RX 自动应答的地址,填充 TX
发送数据,选择 RF 频道,波特率和
 *                PWR_UP,CRC 使能
 *                当 CE 变高后,即进入 TX 模式,并可以发送数据,CE 为高大于
10 μs,则启动发送
 * @ param        无
 * @ retval       无
 */
```

TX 模式初始化过程:

(1)写 TX 节点的地址。

(2)写 RX 节点的地址,主要为了使能硬件的自动应答。

(3)使能通道 X 的自动应答。

(4)使能通道 X 接收地址。

(5)配置自动重发次数。

(6)配置通信频率。

(7)选择通道 X 的有效数据宽度。

(8)配置发射参数(发射功率、无线速率)。

(9)配置 NRF24L01 的基本参数以及切换工作模式。

其代码如下:

```
/ * *
 * @ brief        NRF24L01 进入发送模式
 * @ note         设置 TX 地址,写 TX 数据宽度,设置 RX 自动应答的地址,填充 TX
发送数据,选择 RF 频道,波特率和
 *                PWR_UP,CRC 使能
 *                当 CE 变高后,即进入 TX 模式,并可以发送数据,CE 为高大于
10 μs,则启动发送
 * @ param        无
 * @ retval       无
 */
void nrf24l01_tx_mode( void)
    {
    NRF24L01_CE(0);
    nrf24l01_write_buf( NRF_WRITE_REG + TX_ADDR, ( uint8_t * ) TX_ADDRESS,
TX_ADR_WIDTH) ;   / * ff 写 TX 节点地址 * /
```

nrf24l01_write_buf(NRF_WRITE_REG + RX_ADDR_P0, (uint8_t *) RX_AD-DRESS, RX_ADR_WIDTH); /*ff 设置 RX 节点地址,主要为了使能 ACK */

nrf24l01_write_reg(NRF_WRITE_REG + EN_AA, 0x01); /*ff 使能通道 0 的自动应答*/

nrf24l01_write_reg(NRF_WRITE_REG + EN_RXADDR, 0x01); /*ff 使能通道 0 的接收地址*/

nrf24l01_write_reg(NRF_WRITE_REG + SETUP_RETR, 0x1a); /*ff 设置自动重发间隔时间:500 μs + 86 μs;最大自动重发次数:10 次 */

nrf24l01_write_reg(NRF_WRITE_REG + RF_CH, 40); /*ff 设置 RF 通道为 40 */

nrf24l01_write_reg(NRF_WRITE_REG + RF_SETUP, 0x0f); /*ff 设置 TX 发射参数,0 db 增益,2 Mbps */

nrf24l01_write_reg(NRF_WRITE_REG + CONFIG, 0x0e); /*ff 配置基本工作模式的参数;PWR_UP,EN_CRC,16BIT_CRC,接收模式,开启所有中断*/
NRF24L01_CE(1); /*ffCE 为高,10 μs 后启动发送*/
}

以上是两种模式的配置,看过完整代码的,会发现 TX_ADDR 和 RX_ADDR 两个地址是一样的,与前面说法一致,必须保持地址的匹配才能通信成功。以上代码中的发送函数都有一个特点,并不是单纯发送寄存器地址,而是操作指令+寄存器地址,这一点需要记得。NRF24L01 的操作指令有多个,它是配合寄存器完成特定的操作,其定义如下:
/* NRF24L01 寄存器操作命令 */
#define NRFREAD REG   0x00   /*ff 读配置寄存器,低5 位为寄存器地址 */
#define NRF_WRITE_ REG   0x20   /*ff 写配置寄存器,低5 位为寄存器地址 */
#defineRD_ RX_ PLOAD   0x61   /*ff 读 RX 有效数据,1 ~ 32 字节 */
#define WD_ TX_ PLOAD   0xa0   /*ff 写 TX 有效数据,1 ~ 32 字节 */
#defineFLUSH_TX   0xE1   /*ff 清除 TX FIFO 寄存器,发射模式下用*/
#defineFLUSH_RX   0xE2   /*ff 清除 RX FIFO 寄存器,接收模式下用 */
#defineREUSE_TX_PL   0xE3   /*ff 清除 RX FIFO 寄存器,接收模式下用 */
#defineNOP   0xFF   /*ff 空操作,可以用来读状态寄存器 */

经过上面的发送或者接收模式初始化步骤后,NRF24L01 就可以准备启动发送数据或者等待接收数据了。启动 NRF24L01 发送一次数据的函数,其定义如下:
/* *
* @ brief   启动 NRF24L01 发送一次数据(数据长度 = TX_PLOAD_WIDTH)
* @ param   ptxbuf:待发送数据首地址
* @ retval   发送完成状态

```
* @ arg      0:发送成功
* @ arg      1:达到最大发送次数,失败
* @ arg      0XFF :其他错误
*/
uint8_t nrf24l01_tx_packet(uint8_t * ptxbuf)
{
    uint8_t sta;
    uint8_t rval = 0XFF;

    NRF24L01_CE(0);
    nrf24l01_write_buf(WR_TX_PLOAD, ptxbuf, TX_PLOAD_WIDTH);  / * ff 写数
据到 TX BUF  TX_PLOAD_WIDTH 个字节 * /
    NRF24L01_CE(1);  / * ff 启动发送 * /

    while (NRF24L01_IRQ ! = 0);  / * ff 等待发送完成 * /

    sta = nrf24l01_read_reg(STATUS);  / * ff 读取状态寄存器的值 * /
    nrf24l01_write_reg(NRF_WRITE_REG + STATUS, sta);  / * ff 清除 TX_DS 或
MAX_RT 中断标志 * /

    if (sta & MAX_TX)  / * ff 达到最大重发次数 * /
    {
        nrf24l01_write_reg(FLUSH_TX, 0xff);  / * ff 清除 TX FIFO 寄存器 * /
        rval = 1;
    }

    if (sta & TX_OK)  / * ff 发送完成 * /
    {
        rval = 0;  / * ff 标记发送成功 * /
    }

    return rval;  / * ff 返回结果 * /
}
```

启动发送数据函数中,具体实现很简单,拉低片选信号→向发送数据寄存器写入数据→拉高片选信号。这里说明一下,在发送完寄存器信号后都会返回一个 status 值,返回的这个值就是前面介绍的 STATUS 寄存器的内容。在这个基础上可以知道数据是否发送完成以及现在的状态。NRF24L01 接收一次数据函数,其定义如下:

```
/ * *
```

```
* @ brief 启动      NRF24L01 接收一次数据(数据长度 = RX_PLOAD_WIDTH)
* @ param       prxbuf :接收数据缓冲区首地址
* @ retval      接收完成状态
* @ arg       0 :接收成功
* @ arg       1 :失败
*/
uint8_t nrf24l01_rx_packet( uint8_t * prxbuf)
{
    uint8_t sta;
    uint8_t rval = 1;

    sta = nrf24l01_read_reg(STATUS);   /* ff 读取状态寄存器的值 */
    nrf24l01_write_reg( NRF_WRITE_REG + STATUS, sta);   /* ff 清除 RX_OK 中断标志 */

    if (sta & RX_OK)   /* ff 接收到数据 */
    {
        nrf24l01_read_buf(RD_RX_PLOAD, prxbuf, RX_PLOAD_WIDTH);   /* ff 读取数据 */
        nrf24l01_write_reg(FLUSH_RX, 0xff);   /* ff 清除 RX FIFO 寄存器 */
        rval = 0;   /* ff 标记接收完成 */
    }

    return rval;   /* ff 返回结果 */
}
```

在启动接收的过程中,首先需要判断当前 NRF24L01 的状态,往后才是真正的读取数据,清除接收寄存器的缓冲,完成数据接收。需要注意的是通过 RX_ PLOAD_WIDTH 和 TX_PLOAD_WIDTH 决定了接收和发送的数据宽度,这也决定每次发送和接收的有效字节数。NRF24L01 每次最多传输 32 个字节,再多的字节传输则需要多次传输。通信双方的发送和接收数据宽度必须一致才能正常通信。

2. main. c 代码

在 main. c 里面编写如下代码:

```
int main( void)
{
    uint8_t key, mode;
    uint16_t t = 0;
    uint8_t tmp_buf[33];
```

```
HAL_Init();   /* ff 初始化 HAL 库 */
sys_stm32_clock_init(RCC_PLL_MUL9);   /* ff 设置时钟, 72 MHz */
delay_init(72);   /* ff 延时初始化 */
usart_init(115200);   /* ff 串口初始化为 115 200 */
led_init();   /* ff 初始化 LED */
lcd_init();   /* 初始化 LCD */
key_init();   /* 初始化按键 */
nrf24l01_init();   /* 初始化 NRF24L01 */

lcd_show_string(30, 50, 200, 16, 16, "STM32", RED);
lcd_show_string(30, 70, 200, 16, 16, "NRF24L01 TEST", RED);
lcd_show_string(30, 90, 200, 16, 16, "ATOM@ ALIENTEK", RED);

while (nrf24l01_check())   /* ff 检查 NRF24L01 是否在线 */
{
    lcd_show_string(30, 110, 200, 16, 16, "NRF24L01 Error", RED);
    delay_ms(200);
    lcd_fill(30, 110, 239, 130 + 16, WHITE);
    delay_ms(200);
}

lcd_show_string(30, 110, 200, 16, 16, "NRF24L01 OK", RED);
    while (1)   /* ff 提醒用户选择模式 */
    {
        key = key_scan(0);

        if (key == KEY0_PRES)
        {
            mode = 0;   /* ff 接收模式 */
            break;
        }
        else if (key == KEY1_PRES)
        {
            mode = 1;   /* ff 发送模式 */
            break;
        }

        t++;
```

```
        if (t == 100)   /* ff 显示提示信息 */
        {
            lcd_show_string(10, 130, 230, 16, 16, "KEY0:RX_Mode   KEY1:TX_
Mode", RED);
        }

        if (t == 200)   /* ff 关闭提示信息 */
        {
            lcd_fill(10, 130, 230, 150 + 16, WHITE);
            t = 0;
        }

        delay_ms(5);
    }
    lcd_fill(10, 130, 240, 166, WHITE);   /* ff 清空上面的显示 */

    if (mode == 0)   /* ffRX 模式 */
    {
        lcd_show_string(30, 130, 200, 16, 16, "NRF24L01 RX_Mode", BLUE);
        lcd_show_string(30, 150, 200, 16, 16, "Received DATA:", BLUE);
        nrf24l01_rx_mode();   /* ff 进入 RX 模式 */

        while (1)
        {
            if (nrf24l01_rx_packet(tmp_buf) == 0)   /* ff 一旦接收到信息,则显
示出来 */
            {
                tmp_buf[32] = 0;   /* ff 加入字符串结束符 */
                lcd_show_string(0, 170, lcddev.width-1, 32, 16, (char *)tmp_
buf, BLUE);
            }
            else
                delay_us(100);

            t++;

            if (t == 10000)   /* ff 大约 1 s 改变一次状态 */
```

```
                {
                    t = 0;
                    LED0_TOGGLE( );
                }
            }
        }
    else    / * ffTX 模式 */
        {
            lcd_show_string(30, 130, 200, 16, 16, "NRF24L01 TX_Mode", BLUE);
            nrf24l01_tx_mode( );    / * ff 进入 TX 模式 */
            mode = ´´;   / * ff 从空格键开始发送 */

            while (1)
            {
                if ( nrf24l01_tx_packet( tmp_buf) = = 0)    / * ff 发送成功 */
                {
                    lcd _ show _ string (30, 150, 239, 32, 16, " Sended  DATA:",
BLUE);
                    lcd_show_string(0, 170, lcddev. width-1, 32, 16, (char * )tmp_
buf, BLUE);

                    key = mode;

                    for ( t = 0; t < 32; t++)
                    {
                        key++;

                        if ( key > (´~´))
                            key = ´´;

                        tmp_buf[ t] = key;
                    }

                    mode++;

                    if ( mode > ´~´)
                        mode = ´´;

                    tmp_buf[32] = 0;    / * ff 加入结束符 */
```

```
        }
        else
        {
            lcd_fill(0, 150, lcddev. width, 170 + 16 * 3, WHITE);  / * ff 清
```

空显示 */

```
            lcd_show_string(30, 150, lcddev. width-1, 32, 16, " Send Failed
", BLUE);
        }

        LED0_TOGGLE();
        delay_ms(200);
        }
    }
}
```

程序运行时先通过 nrf24l01_cheak 函数检测 NRF24L01 是否存在,如果存在,则让用户选择发送模式还是接收模式,在确定模式之后,设置 NRF24L01 的工作模式,然后执行相对应的数据发送/接收处理。

5.11.8 下载验证

将程序下载到开发板后,可以看到 LCD 显示的内容,如图 5.11.6 所示。

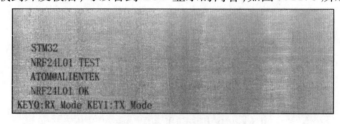

图 5.11.6 LCD 显示图

通过 KEY0 和 KEY1 来选择 NRF24L01 模块所要进入的工作模式,两个开发板一个选择发送模式,一个选择接收模式。设置好的通信界面如图 5.11.7 和图 5.11.8 所示。

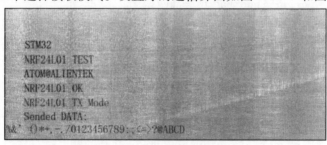

图 5.11.7 开发板 A 发送数据

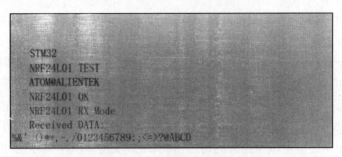

图 5.11.8　开发板 B 接收数据

图 5.11.7 来自于开发板 A,工作在发送模式。图 5.11.8 来自于开发板 B,工作在接收模式,A 发送,B 接收。发送和接收图片的数据不一样,是因为拍照的时间不一样导致的。如果看到收发数据一致,那就说明实验成功了。

5.12　图片显示实验

5.12.1　图片格式介绍

常用的图片格式有很多,一般最常用的有三种:JPEG(或 JPG)、BMP 和 GIF。其中 JPEG(或 JPG)和 BMP 是静态图片,而 GIF 则可以实现动态图片。下面,简单介绍一下这三种图片格式。

1. BMP 图片格式

BMP(全称 Bitmap)是 Window 操作系统中的标准图像文件格式,文件后缀名为 ".bmp",使用非常广。它采用位映射存储格式,除了图像深度可选以外,不采用其他任何压缩,因此,BMP 文件所占用的空间很大,但是没有失真。BMP 文件的图像深度可选 1 bit、4 bit、8 bit、16 bit、24 bit 及 32 bit。BMP 文件存储数据时,图像的扫描方式按从左到右、从下到上的顺序。典型的 BMP 图像文件由四部分组成:

① 位图头文件数据结构,它包含 BMP 图像文件的类型、显示内容等信息。

② 位图信息数据结构,它包含 BMP 图像的宽、高、压缩方法,以及定义颜色等信息。

③ 调色板,这部分是可选的,有些位图需要调色板;有些位图,比如真彩色图(24 位的 BMP)不需要调色板。

④ 位图数据,这部分的内容根据 BMP 位图使用的位数不同而不同,在 24 位图中直接使用 RGB,而其他的小于 24 位的使用调色板中颜色索引值。

2. JPEG 图片格式

JPEG 是 Joint Photographic Experts Group(联合图像专家组)的缩写,文件后辍名为 ".jpg"或".jpeg",是最常用的图像文件格式,由一个软件开发联合会组织制定,同 BMP 格式不同,JPEG 是一种有损压缩格式,能够将图像压缩在很小的储存空间,图像中重复或不重要的资料会被丢失,因此容易造成图像数据的损伤(BMP 不会,但是 BMP 占用空间大)。尤其是使用过高的压缩比例,将使最终解压缩后恢复的图像质量明显降低,如果追求高品质图像,不宜采用过高压缩比例。但是 JPEG 压缩技术十分先进,它用有损压缩方式去除冗余的图像数据,在获得极高的压缩率的同时能展现丰富生动的图像,换句话说,就是可以用最少的磁盘空间得到较好的图像品质。而且 JPEG 是一种很灵活的格式,具有调节图像质量的功能,允许用不同的压缩比例对文件进行压缩,支持多种压缩级别,压缩比率通常在 10：1 到 40：1 之间,压缩比越大,品质就越低;相反地,压缩比越小,品质就越好。比如可以把 1.37 MB 的 BMP 位图文件压缩至 20.3 KB。当然也可以在图像质量和文件尺寸之间找到平衡点。JPEG 格式压缩的主要是高频信息,对色彩的信息保留较好,适合应用于互联网,可减少图像的传输时间,可以支持 24 bit 真彩色,也普遍应用于需要连续色调的图像。

JPEG/JPG 的解码过程可以简单地概述为如下几个部分：

(1)从文件头读出文件的相关信息。JPEG 文件数据分为文件头和图像数据两大部分,其中文件头记录了图像的版本、长宽、采样因子、量化表、哈夫曼表等重要信息。所以解码前必须将文件头信息读出,以备图像数据解码过程之用。

(2)从图像数据流读取一个最小编码单元(MCU),并提取出里边的各个颜色分量单元。

(3)将颜色分量单元从数据流恢复成矩阵数据。使用文件头给出的哈夫曼表,对分割出来的颜色分量单元进行解码,把其恢复成 8×8 的数据矩阵。

(4)8×8 的数据矩阵进一步解码。此部分解码工作以 8×8 的数据矩阵为单位,其中包括相邻矩阵的直流系数差分解码、使用文件头给出的量化表反量化数据、反 Zig-zag 编码、隔行正负纠正、反向离散余弦变换等 5 个步骤,最终输出仍然是一个 8×8 的数据矩阵。

(5)颜色系统 YCrCb 向 RGB 转换。将一个 MCU 的各个颜色分量单元解码结果整合起来,将图像颜色系统从 YCrCb 向 RGB 转换。

(6)排列整合各个 MCU 的解码数据。不断读取数据流中的 MCU 并对其解码,直至读完所有 MCU 为止,将各 MCU 解码后的数据正确排列成完整的图像。JPEG 的解码本身是比较复杂的,这里 FATFS 的作者,提供了一个轻量级的 JPG/JPEG 解码库：TjpgDec,最少仅需 3 KB 的 RAM 和 3.5 KB 的 FLASH 即可实现 JPG/JPEG 解码,本例程采用 TjpgDec 作为 JPG/JPEG 的解码库。

3. GIF 格式

GIF(Graphics Interchange Format)是 CompuServe 公司开发的图像文件存储格式,1987 年开发的 GIF 文件格式版本号是 GIF87a,1989 年进行了扩充,扩充后的版本号定义为 GIF89a。GIF 图像文件以数据块(block)为单位来存储图像的相关信息。一个 GIF 文件由表示图形/图像的数据块、数据子块以及显示图形/图像的控制信息块组成,称为 GIF 数据流(DataStream)。数据流中的所有控制信息块和数据块都必须在文件头(Header)和文件结束块(Trailer)之间。GIF 文件格式采用了 LZW(Lempel–ZivWalch)压缩算法来存储图像数据,定义了允许用户为图像设置背景的透明(transparency)属性。此外,GIF 文件格式可在一个文件中存放多幅彩色图形、图像。如果在 GIF 文件中存放有多幅图,它们可以像演幻灯片那样显示或者像动画那样演示。一个 GIF 文件的结构可分为文件头(FileHeader)、GIF 数据流(GIFDataStream)和文件终结器(Trailer)三部分。文件头包含

GIF 文件署名(Signature)和版本号(Version);GIF 数据流由控制标识符、图像块(Image-Block)和其他的一些扩展块组成;文件终结器只有一个值为 0x3B 的字符(´;´)表示文件结束。

5.12.2　硬件设计

1. 例程功能

开机的时候先检测字库,然后检测 SD 卡是否存在,如果 SD 卡存在,则开始查找 SD 卡根目录下的 PICTURE 文件夹,如果找到则显示该文件夹下面的图片文件(支持 bmp、jpg、jpeg 或 gif 格式),循环显示,通过按 KEY0 和 KEY2 可以快速浏览下一张和上一张,KEY_UP 按键用于暂停、继续播放,DS1 用于指示当前是否处于暂停状态。如果未找到 PICTURE 文件夹、任何图片文件,则提示错误。同样也用 DS0 来指示程序正在运行。

2. 硬件资源

(1)LED 灯。

DS0:LED0-PB5;

DS1:LED1-PE5。

(2)串口 1(PA9/PA10 连接在板载 USB 转串口芯片 CH340 上)。

(3)正点原子开发板上所带有的 2.8′、3.5′、4.3′、7′、10′ TFTLCD 模块(仅限 MCU 屏,16 位 8080 并口驱动)。

(4)独立按键:KEY0-PE4、KEY1-PE3、WK_UP-PA0。

(5)SD 卡,通过 SDIO 连接。

(6)NOR FLASH(SPI FLASH 芯片,连接在 SPI 上)。

5.12.3　程序设计

照相机实验程序流程图如图 5.12.1 所示。

本程序主要靠文件操作,打开指定位置的图片并调用图片解码库解码后显示不同格式的图片。加入了按键进行人机交互,以控制图片的显示切换等。

5.12.4　程序解析

1. PICTURE 代码

这里只讲解核心代码,PICTURE 驱动源码包括 8 个文件:bmp. c、bmp. h、tjpgd. c、tjpgd. h、gif. c、gif. h、piclib. c 和 piclib. h。其中,bmp. c 和 bmp. h 用于实现对 bmp 文件的解码;tjpgd. c 和 tjpgd. h 用于实现对 jpeg、jpg 文件的解码;gif. c 和 gif. h 用于实现对 gif 文件的解码。

(1)解码库的控制句柄_pic_phy 和_pic_info。

使用这个接口,把解码后的图形数据与 LCD 的实际操作对应起来。为了方便显示图片,需要将图片的信息与 LCD 联系上。_pic_phy 和_pic_info 分别用于定义图片解码库的 LCD 操作和存放解码后的图片尺寸颜色信息。在 piclib. h 中可找到源文件,它们的定义如下:

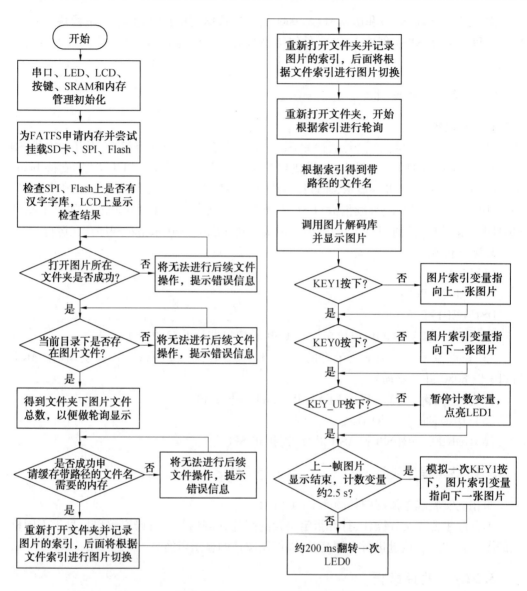

图 5.12.1　照相机实验程序流程图

```
/* 在移植的时候,必须由用户自己实现这几个函数 */
typedef struct
{
/* uint32_t read_point(uint16_t x,uint16_t y)读点函数 */
    uint32_t( * read_point)(uint16_t, uint16_t);

    /* void draw_point(uint16_t x,uint16_t y,uint32_t color)画点函数 */
    void( * draw_point)(uint16_t, uint16_t, uint32_t);
```

/ * void fill(uint16_t sx,uint16_t sy,uint16_t ex,uint16_t ey,uint32_t color)单色
填充函数 * /

void(* fill)(uint16_t, uint16_t, uint16_t, uint16_t, uint32_t);

/ * void draw_hline(uint16_t x0,uint16_t y0,uint16_t len,uint16_t color)画水平线
函数 * /

void(* draw_hline)(uint16_t, uint16_t, uint16_t, uint16_t);

/ * void piclib_fill_color(uint16_t x,uint16_t y,uint16_t width,uint16_t height,
uint16_t * color)颜色填充 * /

void(* fillcolor)(uint16_t, uint16_t, uint16_t, uint16_t, uint16_t *);

} _pic_phy;

extern _pic_phy pic_phy;

/ * 图像信息 * /

typedef struct

{

　　uint16_t lcdwidth;　/ * ffLCD 的宽度 * /

　　uint16_t lcdheight;　/ * ffLCD 的高度 * /

　　uint32_t ImgWidth;　/ * ff 图像的实际宽度和高度 * /

　　uint32_t ImgHeight;

　　uint32_t Div_Fac;　/ * ff 缩放系数（扩大了 8 192 倍的） * /

　　uint32_t S_Height;　/ * ff 设定的高度和宽度 * /

　　uint32_t S_Width;

　　uint32_t S_XOFF;　/ * ffx 轴和 y 轴的偏移量 * /

　　uint32_t S_YOFF;

　　uint32_t staticx;　/ * ff 当前显示到的 xy 坐标 * /

　　uint32_t staticy;

} _pic_info;

extern _pic_info picinfo;　/ * ff 图像信息 * /

在 piclib.c 文件中,用上述类型定义了两个结构体,声明如下:

_pic_info picinfo;　/ * ff 图片信息 * /

_pic_phy pic_phy;　/ * ff 图片显示物理接口 * /

(2)piclib_init 函数。

该函数用于初始化图片解码的相关信息,用于定义解码后的 LCD 操作。具体定义如
下:

/ * *

 * @ brief 画图初始化

```
 *    @note 在画图之前,必须先调用此函数,指定相关函数
 * @ param 无
 * @ retval 无
 */
void piclib_init( void)
{
    pic_phy. read_point = lcd_read_point;    /* ff 读点函数实现,仅 BMP 需要 */
    pic_phy. draw_point = lcd_draw_point;    /* ff 画点函数实现 */
    pic_phy. fill = lcd_fill;    /* ff 填充函数实现,仅 GIF 需要 */
    pic_phy. draw_hline = lcd_draw_hline;    /* ff 画线函数实现,仅 GIF 需要 */
    pic_phy. fillcolor = piclib_fill_color;    /* ff 颜色填充函数实现,仅 TJPGD 需要
*/

    picinfo. lcdwidth = lcddev. width;    /* ff 得到 LCD 的宽度像素 */
    picinfo. lcdheight = lcddev. height;    /* ff 得到 LCD 的高度像素 */

    picinfo. ImgWidth = 0;    /* ff 初始化宽度为 0 */
    picinfo. ImgHeight = 0;    /* 初始化高度为 0 */
    picinfo. Div_Fac = 0;    /* 初始化缩放系数为 0 */
    picinfo. S_Height = 0;    /* 初始化设定的高度为 0 */
    picinfo. S_Width = 0;    /* 初始化设定的宽度为 0 */
    picinfo. S_XOFF = 0;    /* 初始化 x 轴的偏移量为 0 */
    picinfo. S_YOFF = 0;    /* 初始化 y 轴的偏移量为 0 */
    picinfo. staticx = 0;    /* 初始化当前显示到的 x 坐标为 0 */
    picinfo. staticy = 0;    /* 初始化当前显示到的 y 坐标为 0 */
}
```

① 函数描述。初始化图片解码的相关信息,这些函数必须由用户在外部实现。使用之前 LCD 的操作函数对这个结构体中的绘制操作:画点、画线、画圆等定义与 LCD 操作对应起来。

② 函数形参:无。

③ 函数返回值:无。

(3)piclib_alpha_blend 函数。

RGB 色彩中,一个标准像素由 32 位组成:透明度(8 bit)+R(8 bit)+B(8 bit)+B(8 bit),8 位的 α 通道(alpha channel)位表示该像素如何产生特技效果,即通常所说的半透明。alpha 的取值一般为 0~255。为 0 时,表示是全透明的,即图片是看不见的。为 255 时,表示图片是显示原始图的。中间值即为半透明状态。计算 alpha blending 时,通常的方法是将源像素的 RGB 值,分别与目标像素(如背景)的 RGB 按比例混合,最后得

到一个混合后的 RGB 值。在 Middlewares/PICTURE 文件夹中找到 piclib. c 可找到源文件,函数定义如下:

```
**
 * @ brief 快速 ALPHA BLENDING 算法
 * @ param        src:颜色数
 * @ param        dst:目标颜色
 * @ param        alpha:透明程度(0~32)
 * @ retval 混合后的颜色
 */
uint16_t piclib_alpha_blend( uint16_t src, uint16_t dst, uint8_t alpha)
{
    uint32_t src2;
    uint32_t dst2;
/ * Convert to 32bit |-----GGGGGG-----RRRRR------BBBBB| */
    src2 = (( src << 16) | src)& 0x07E0F81F;
    dst2 = (( dst << 16) | dst)& 0x07E0F81F;
/ * Perform blending R:G:B with alpha in range 0..32
    * Note that the reason that alpha may not exceed 32 is that there are only
    * 5bits of space between each R:G:B value, any higher value will overflow
    * into the next component and deliver ugly result.
    */
    dst2 = (((( dst2-src2) * alpha)>> 5)+ src2)& 0x07E0F81F;
    return ( dst2 >> 16) | dst2;
}
```

① 函数描述。piclib_alpha_blend 函数,该函数用于实现半透明效果,在小格式(图片分辨率小于 LCD 分辨率)bmp 解码的时候,可能被用到。

② 函数形参。

形参 1 是为 RGB 色彩编号,这里使用的是 RGB565 模式,故只有 16 位。

形参 2 是目标像素,使用时一般指背景颜色。

形参 3 是透明度,有效范围为 0~255,0 表示全透明,255 表示不透明。

③ 函数返回值。返回计算后的透明度颜色数值。

(4)piclib_ai_draw_init 函数。

对于给定区域,为了显示更好看,一般会选择图片居中显示,此函数实现此功能,把图片在显示区域中居中。

```
/ **
 * @ brief 初始化智能画点
 * @ param 无
 * @ retval 无
```

```
    */
void piclib_ai_draw_init(void)
{
    float temp, temp1;
    temp = (float)picinfo. S_Width/picinfo. ImgWidth;
    temp1 = (float)picinfo. S_Height/picinfo. ImgHeight;

    if (temp < temp1) temp1 = temp;    /* ff 取较小的那个 */

    if (temp1 > 1) temp1 = 1;

/* 使图片处于所给区域的中间 */
    picinfo. S_XOFF += (picinfo. S_Width-temp1 * picinfo. ImgWidth)/2;
    picinfo. S_YOFF += (picinfo. S_Height-temp1 * picinfo. ImgHeight)/2;
    temp1 *= 8192;/* 扩大 8 192 倍 */
    picinfo. Div_Fac = temp1;
    picinfo. staticx = 0xffff;
    picinfo. staticy = 0xffff;    /* ff 放到一个不可能的值上面 */
}
```

① 函数描述。piclib_ai_draw_init 函数,该函数使解码后的图片信息处于所给的区域的中间。

② 函数形参。无。

③ 函数返回值:无。

可以在显示实例中测试加与不加此函数的显示效果差异。

(5)piclib_is_element_ok 函数。

piclib_is_element_ok 函数定义如下:

```
/**
 *@ brief 判断这个像素是否可以显示
 *@ param        x, y:像素原始坐标
 *@ param        chg:功能变量
 *@ param 无
 *@ retval 操作结果
 *    @ arg        0,不需要显示
 *    @ arg        1,需要显示
 */
_inline uint8_t piclib_is_element_ok(uint16_t x, uint16_t y, uint8_t chg)
{
    if (x ! = picinfo. staticx || y ! = picinfo. staticy)
```

```
    {
        if ( chg = = 1 )
        {
            picinfo. staticx = x;
            picinfo. staticy = y;
        }

        return 1;
    }
    else
    {
        return 0;
    }
}
```

①函数描述。piclib_is_element_ok 函数用于判断一个点是否应该显示出来,在图片缩放的时候该函数是必须用到的。这里用_inline 修饰,保证该部分的代码不被优化。

②函数形参:无。

③函数返回值:

1:需要显示。

0:不需要显示。

其他函数使用到时,根据此返回值进行判定显示操作。

(6) piclib_ai_load_picfile 函数。

piclib_ai_load_picfile 帮助得到需要显示的图片信息和下一步的绘制。本函数需要结合文件系统来操作,图片根据后缀区分,并且在文件夹中保存是在 PC 下的分类,也是需要处理和分类图片的最方便的方式。

```
/ * *
* @ brief 智能画图
* @ note 图片仅在 x、y 和 width、height 限定的区域内显示
*
* @ param      filename:包含路径的文件名(. bmp、. jpg、. jpeg、. gif 等)
* @ param      x, y:起始坐标
* @ param      width, height:显示区域
* @ param      fast:使能快速解码
* @ arg                    0,不使能
* @ arg                    1,使能
* @ note 图片尺寸小于等于液晶分辨率,才支持快速解码
* @ retval 无
* /
```

```
uint8_t piclib_ai_load_picfile(char * filename, uint16_t x, uint16_t y, uint16_t width,
uint16_t height, uint8_t fast)
{
    uint8_tres;   /* ff 返回值 */
    uint8_t temp;

    if ((x + width) > picinfo. lcdwidth) return PIC_WINDOW_ERR;   /* ffx 坐标超范
围了 */

    if ((y + height) > picinfo. lcdheight) return PIC_WINDOW_ERR;   /* ffy 坐标超
范围了 */

    /* 得到显示方框大小 */
    if (width == 0 || height == 0) return PIC_WINDOW_ERR;   /* ff 窗口设定错
误 */

    picinfo. S_Height = height;
    picinfo. S_Width = width;

    /* 显示区域无效 */
    if (picinfo. S_Height == 0 || picinfo. S_Width == 0)
    {
        picinfo. S_Height = lcddev. height;
        picinfo. S_Width = lcddev. width;
        return FALSE;
    }

    if (pic_phy. fillcolor == NULL) fast = 0;   /* ff 颜色填充函数未实现,不能快速
显示 */

    /* 显示的开始坐标点 */
    picinfo. S_YOFF = y;
    picinfo. S_XOFF = x;

    /* 文件名传递 */
    temp = exfuns_file_type(filename);   /* ff 得到文件的类型 */

    switch (temp)
```

```
    {
        case T_BMP:
            res = stdbmp_decode(filename);   /* ff 解码 bmp */
            break;


        case T_JPG:
        case T_JPEG:
            res = jpg_decode(filename, fast);   /* ff 解码 JPG/JPEG */
            break;


        case T_GIF:
            res = gif_decode(filename, x, y, width, height);   /* ff 解码 gif */
            break;


        default:
            res = PIC_FORMAT_ERR;   /* ff 非图片格式!!! */
            break;
    }


    return res;
}
```

①函数描述。piclib_ai_load_picfile 函数,整个图片显示的对外接口,外部程序,通过调用该函数可以实现 bmp、jpg/jpeg 和 gif 的显示,该函数根据输入文件的后缀名,判断文件格式,然后交给相应的解码程序(bmp 解码/jpeg 解码/gif 解码),执行解码,完成图片显示。

②函数形参。

形参 1 filename 是文件的路径名,具体可以参考 FATFS 一节的描述,为字符口,本例程采用的是 SD 卡存图片,故一般为"0:/PICTURE/ * .GIF"等类似格式。

形参 2 为画图的起始 x 坐标。

形参 3 为画图的起始 y 坐标。

形参 4 的 width 和形参 5 的 height 形成了以 x、y 为起点的(x,y) ~ (x+width,y+height)的矩形显示区域,对屏幕坐标不理解的可参考 TFT LCD 一节的描述。

形参 5 根据 LCD 进行适应的一个快速解的操作,仅 jgp/jpeg 模式下有效。这里用到的 exfuns_file_type() 函数是前面 FATFS 一节提到的 FATFS 扩展应用,用这个函数来判断文件类型,方便进行程序设计。

③函数返回值。0:成功,其他:错误码。

由于图片显示需要用到大内存,可以使用动态内存分配来实现,本书仍使用自定的内存管理函数来管理程序内存。申请内存函数 piclib_mem_malloc() 和内存释放函数 piclib _mem_free( )的实现比较简单,大家参考光盘的源码即可。

2. main. c 代码

main. c 函数可以利用 FATFS 的接口来操作和查找图片文件,在 microSD/SD 卡的根目录下新建一个 PICTURE 文件夹,然后放置准备要显示的 BMP、JPG、GIF 图片,接下来按程序流程图设置的思路,先扫描图像文件的数量并切换显示,并加入按键支持图片翻页,主要的代码如下:

```
int main(void)
{
    uint8_t res;
    DIR picdir;   /* ff 图片目录 */
    FILINFO * picfileinfo;   /* ff 文件信息 */
    char * pname;   /* ff 带路径的文件名 */
    uint16_t totpicnum;   /* ff 图片文件总数 */
    uint16_t curindex;   /* ff 图片当前索引 */
    uint8_t key;   /* ff 键值 */
    uint8_t pause = 0;   /* ff 暂停标记 */
    uint8_t t;
    uint16_t temp;
uint32_t * picoffsettbl;   /* 图片文件 offset 索引表 */
/* 省略 LED、按键、LCD、文件系统和 malloc 等初始化过程 */
    while (f_opendir(&picdir, "0:/PICTURE"))   /* 打开图片文件夹 */
    {
        text_show_string(30, 150, 240, 16, " PICTURE 文件夹错误!", 16, 0,
RED);
        delay_ms(200);
        lcd_fill(30, 150, 240, 186, WHITE);   /* 清除显示 */
        delay_ms(200);
    }
    totpicnum = pic_get_tnum("0:/PICTURE");   /* 得到总有效文件数 */

    while (totpicnum == NULL)   /* 图片文件为 0 */
    {
        text_show_string(30, 150, 240, 16, "没有图片文件!", 16, 0, RED);
        delay_ms(200);
        lcd_fill(30, 150, 240, 186, WHITE);   /* 清除显示 */
        delay_ms(200);
    }
```

```
        picfileinfo = (FILINFO * )mymalloc(SRAMIN, sizeof(FILINFO));  /*申请内
存*/
        pname = mymalloc(SRAMIN, FF_MAX_LFN * 2 + 1);  /*为带路径的文件名
分配内存*/
    picoffsettbl = mymalloc(SRAMIN, 4 * totpicnum);
        while (! picfileinfo || ! pname || ! picoffsettbl)  /*内存分配出错*/
        {
            text_show_string(30, 150, 240, 16, "内存分配失败!", 16, 0, RED);
            delay_ms(200);
            lcd_fill(30, 150, 240, 186, WHITE);  /*清除显示*/
            delay_ms(200);
        }

    /*记录索引*/
    res = f_opendir(&picdir, "0:/PICTURE");  /*打开目录*/

        if (res = = FR_OK)
        {
            curindex = 0;  /*当前索引为0*/

            while (1)  /*全部查询一遍*/
            {
                temp = picdir.dptr;  /*记录当前dptr偏移*/
                res = f_readdir(&picdir, picfileinfo);  /*读取目录下的一个文件*/

                if (res ! = FR_OK || picfileinfo->fname[0] = = 0)
                    break;  /*错误了/到末尾了,退出*/

                res = exfuns_file_type(picfileinfo->fname);

                if ((res & 0XF0) = = 0X50)  /*取高四位,看看是不是图片文件*/
                {
                    picoffsettbl[curindex] = temp;  /*记录索引*/
                    curindex++;
                }
            }
        }
} text_show_string(30, 150, 240, 16, "开始显示...", 16, 0, RED);
    delay_ms(1500);
```

```
        piclib_init();  /*初始化画图*/
        curindex = 0;  /*从0开始显示*/
        res = f_opendir(&picdir, (const TCHAR *)"0:/PICTURE");  /*打开目录*/

        while (res == FR_OK)  /*打开成功*/
        {
            dir_sdi(&picdir, picoffsettbl[curindex]);  /*改变当前目录索引*/
            res = f_readdir(&picdir, picfileinfo);  /*读取目录下的一个文件*/

            if (res ! = FR_OK || picfileinfo->fname[0] == 0)
                break;  /*错误了/到末尾了,退出*/

            strcpy((char *)pname, "0:/PICTURE/");  /*复制路径(目录)*/
            strcat((char *)pname, (const char *)picfileinfo->fname);  /*将文件名
接在后面*/
            lcd_clear(BLACK);
            piclib_ai_load_picfile(pname, 0, 0, lcddev.width, lcddev.height, 1);  /*
显示图片*/
            text_show_string(2, 2, lcddev.width, 16, (char *)pname, 16, 1, RED);
    /*显示图片名字*/
            t = 0;
            while (1)
            {
                key = key_scan(0);  /*扫描按键*/

                if (t > 250)
                    key = 1;  /*模拟一次按下KEY0*/

                if ((t % 20) == 0)
                {
                    LED0_TOGGLE();  /*LED0闪烁,提示程序正在运行*/
                }

                if (key == KEY1_PRES)  /*上一张*/
                {
                    if (curindex)
                    {
                        curindex--;
```

```
            }
            else
            {
                curindex = totpicnum-1;
            }

            break;
        }
        else if (key == KEY0_PRES)   /*下一张*/
        {
            curindex++;

            if (curindex >= totpicnum)
                curindex = 0;   /*到末尾的时候,自动从头开始*/

            break;
        }
        else if (key == WKUP_PRES)
        {
            pause = ! pause;
            LED1(! pause);   /*暂停的时候 LED1 亮*/
        }

        if (pause == 0)
            t++;

        delay_ms(10);
    }

    res = 0;
}

myfree(SRAMIN, picfileinfo);   /*释放内存*/
myfree(SRAMIN, pname);   /*释放内存*/
myfree(SRAMIN, picoffsettbl);   /*释放内存*/
}
```

可以看到整个设计思路是根据图片解码库来设计的,piclib_ai_load_picfile( )是这套代码的核心,其他的交互是围绕它和图片解码后的图片信息做的显示。大家再仔细对照光盘中的源码进一步了解整个设置思路。另外,本程序中只分配了 4 个文件索引,故更多数量的图片无法直接在本程序下演示,大家根据自己的需要再进行修改即可。

5.12.5 下载验证

在代码编译成功后,下载代码到开发板上,可以看到 LCD 开始显示图片(假设 SD 卡及文件都准备好了,即在 SD 卡根目录新建:PICTURE 文件夹,并存放一些图片文件(. bmp、. jpg、. gif)在该文件夹内),如图 5.12.2 所示。

图 5.12.2　图片显示实验效果

本章,同样可以通过 USMART 来测试该实验,将 piclib_ai_load_picfile 函数加入 USMART 控制,就可以通过串口调用该函数,在屏幕上任何区域显示任何你想要显示的图片了! 同时,可以发送:runtime1,来开启 USMART 的函数执行时间统计功能,从而获取解码一张图片所需时间,方便验证。注意:本例程在支持 AC6 时,jpeg 解码库中的函数指针容易被优化,故如果使用 AC6 进行本实验时,建议单独对其进行优化设置,MDK 也支持对单一文件进行优化等级设置,操作方法如图 5.12.3 所示,设置 AC6 下不对这个解码库进行优化。

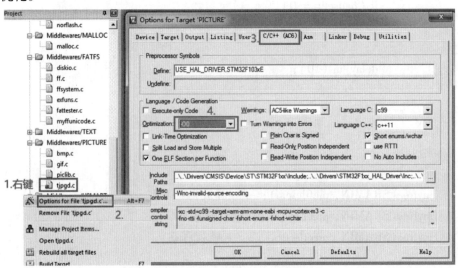

图 5.12.3　对 tjpgd. c 进行单独的优化设置

第6章　基于 CubeMX 库的实践项目

6.1　开发软件的安装

6.1.1　STM32CubeMX 软件的安装

1. STM32CubeMX 简介

STM32CubeMX 是 ST 意法半导体近几年来大力推荐的 STM32 芯片图形化配置工具，它是一款功能强且免费的软件，为 STM32 微控制器应用程序开发提供了一种快捷方便的方法。它旨在提高开发效率，节省时间和费用，并用于优化 STM32 微控制器的性能和可靠性。它会生成对应的"HAL 库程序"，为了方便开发者，允许用户使用图形化向导生成 C 初始化代码，可以大大减轻开发工作，缩短开发时间和降低开发费用，提高开发效率。

利用 STM32CubeMX 工具可以加快单片机开发，使得工程项目开发更加得心应手。在 STM32CubeMX 上，通过简单操作便能实现相关配置，最终能够生成 C 语言代码，支持多种工具链，比如 MDK、IAR For ARM、TrueStudio 等省去了配置各种外设的时间，大大地节省了时间。如果使用标准库开发，标准库的难点：

（1）设备初始化比较麻烦，当系统设置设备很多时，编写初始化程序比较难。

（2）引脚会冲突，当引脚冲突时，标准库有一个功能是引脚重新分配，需要大家对底层硬件非常熟悉，所以用标准库如果底层不熟练，将会面临很多难题。

（3）时钟问题分配，如果利用标准库进行分配，将会具有挑战性。

2. STM32CubeMX 安装

安装 STM32CubeMX 一共需要安装 3 个软件：

（1）JRE（Java Runtime Environment）：Java 运行环境，运行 Java 程序所必需的环境集合。

（2）STM32CubeMX。

（3）HAL 库：STM32 HAL 固件库。

3. JRE（Java Runtime Environment）安装

官网：https://www.java.com/en/download/manual.jsp；由于 STM32CubeMX 软件是基于 Java 环境运行的，所以需要安装 JRE 才能使用，选择 64 位安装。安装界面如图 6.1.1 所示，修改路径界面如图 6.1.2 所示，安装完成界面如图 6.1.3 所示。

4. STM32CubeMX 安装

官网：https://www.st.com/en/development-tools/stm32cubemx.html，官网下载界面如图 6.1.4 所示。可以根据需求选择版本号，本书选择版本号为 6.7.0。如果不想在官网下载可以拷贝下载安装包 en.stm32cubemx-win_v6-7-0 进行安装。

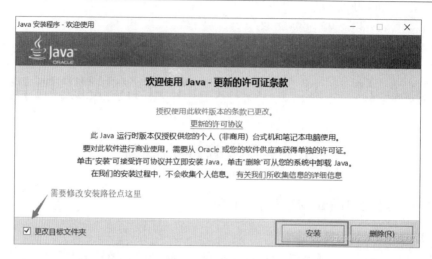

图 6.1.1　安装界面

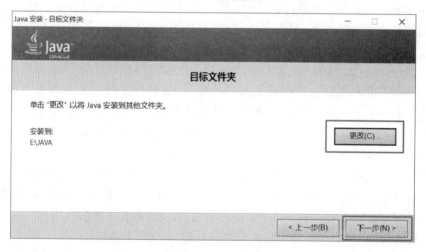

图 6.1.2　修改路径界面

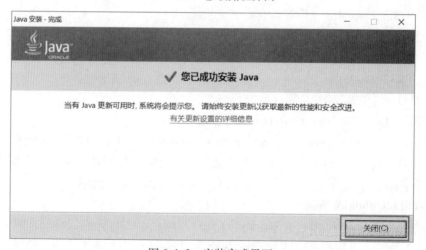

图 6.1.3　安装完成界面

Part Number		General Description	Latest version	Download	All versions
+	STM32CubeMX-Lin	STM32Cube init code generator for Linux	6.10.0	Get latest	Select version ⌄
+	STM32CubeMX-Mac	STM32Cube init code generator for macOS	6.10.0	Get latest	Select version ⌄
+	STM32CubeMX-Win	STM32Cube init code generator for Windows	6.10.0	Get latest	Select version ⌄
					6.10.0 ⬇
					6.9.2 ⬇
					6.9.1 ⬇

图 6.1.4　STM32CUBEMX 官网下载界面

双击 en. stm32cubemx-win_v6-7-0 后,将启动一个如图 6.1.5 所示的欢迎安装界面,在此界面中单击"Next",在如图 6.1.6 所示的许可协议安装界面中勾选"I accept the terms of this license agreement"的条款,单击"Next"进入如图 6.1.7 所示隐私政策与使用条款安装界面,勾选图中所示的两个小方框,第二个选项表示是否同意 ST 公司收集你的个人使用信息等,可以不用勾选。单击"Next"进入如图 6.1.8 所示路径选择安装界面,根据需要选择安装的路径,如果计算机没有此路径,则会自动创建,如图 6.1.9 所示。单击"Next"进入如图 6.1.10 所示的快捷方式安装界面,勾选在开始菜单和桌面创建快捷方式的两个小方框,其他不用设置就可以进行安装。安装完成的界面如图 6.1.11 所示,单击"Done"退出安装。

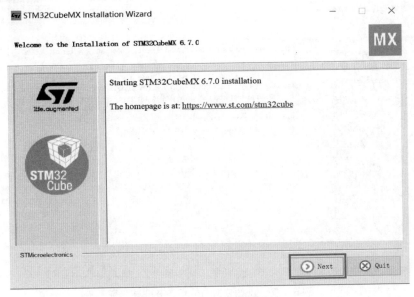

图 6.1.5　欢迎安装界面

安装完成后,会在电脑桌面上产生一个如图 6.1.12 所示 STM32CubeMX 快捷方式图标。单击此快捷方式将会进入如图 6.1.13 所示的运行界面。

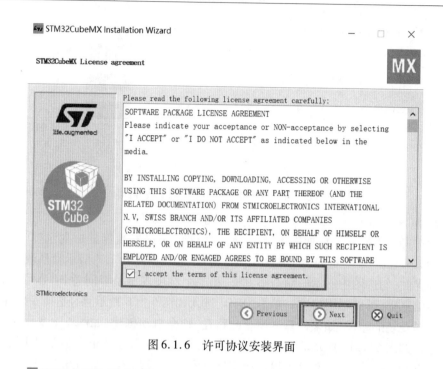

图 6.1.6 许可协议安装界面

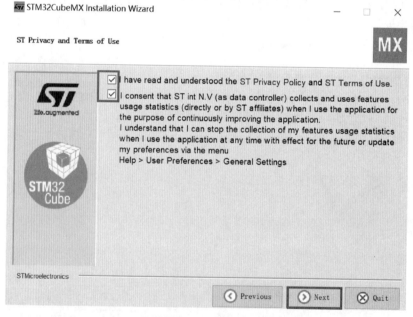

图 6.1.7 隐私政策与使用条款安装界面

图 6.1.8　路径选择安装界面

图 6.1.9　路径确认安装界面

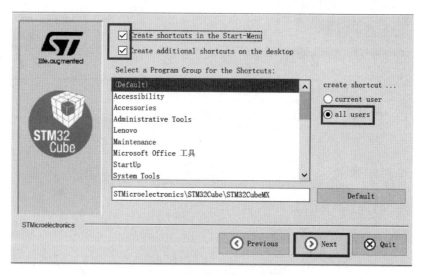

图 6.1.10　快捷方式安装界面

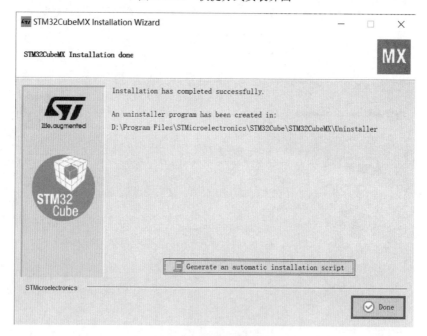

图 6.1.11　安装完成界面

图 6.1.12　STM32CubeMX 快捷方式图标

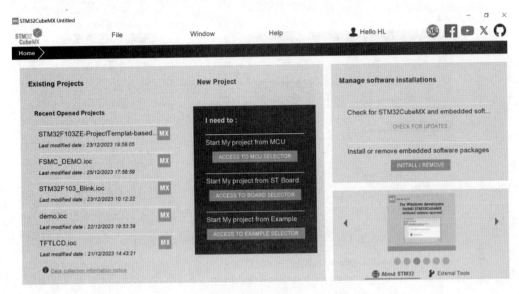

图 6.1.13　STM32CubeMX 运行界面

5. HAL 库的安装

STM32 HAL 固件库是 hardware abstraction layer 的缩写,中文名称是硬件抽象层。HAL 库是 ST 公司为 STM32 的 MCU 最新推出的抽象层嵌入式软件,为更方便实现跨 STM32 产品的最大可移植性。HAL 库加入了很多第三方的中间件,有 RTOS、USB、TCP/IP 和图形,等等。它和以前的标准库对比起来,STM32 的 HAL 库更加抽象,ST 最终的目的是要实现在 STM32 系列 MCU 之间无缝移植,甚至在其他 MCU 也能实现快速移植。并且从 2016 年开始,ST 公司就逐渐停止了对标准固件库的更新,转而倾向于 HAL 固件库和 Low-layer 底层库的更新。HAL 库,有在线安装、离线安装两种方式。注意:固件包的位置可以通过: Help → Updater Settings 中的 Repository Folder 重新指定。

(1)在线安装。

打开安装好的 STM32CubeMX 软件,单击如图 6.1.14 所示菜单栏中的 Help → Manage embedded software packages ,出现如图 6.1.15 所示的安装界面。找到 STM32F1 点击三角箭头,勾选最新的安装包,点击 Install 进行固件包的安装,安装之后固件包前面的方框会变成绿色,表示安装成功,本书选择 STM32Cube MCU Package for STM32F1 Series 1.8.5,如图 6.1.16 所示。点击"Install Now"直到安装成功。

(2)离线安装。

官网:www.st.com/stm32cubemx。

至此 STM32CubeMX 已经安装完毕,单击如图 6.1.17 所示的 Project Manager 标签,在工具栏/集成开发环境 Toolchain/IDE 中选择 MDK-ARM,在 Firmware Package Name and Version 中选择对应芯片的 HAL 库版本。

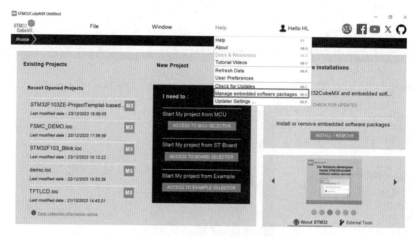

图 6.1.14　STM32CubeMX 中 HAL 库的安装示意图

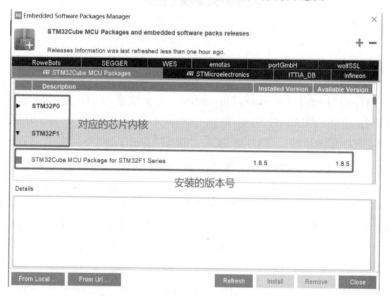

图 6.1.15　对应芯片的 HAL 库安装界面

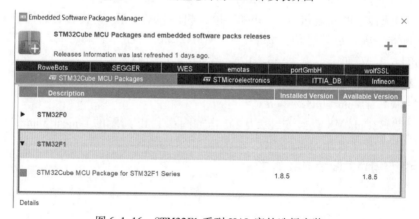

图 6.1.16　STM32F1 系列 HAL 库的选择安装

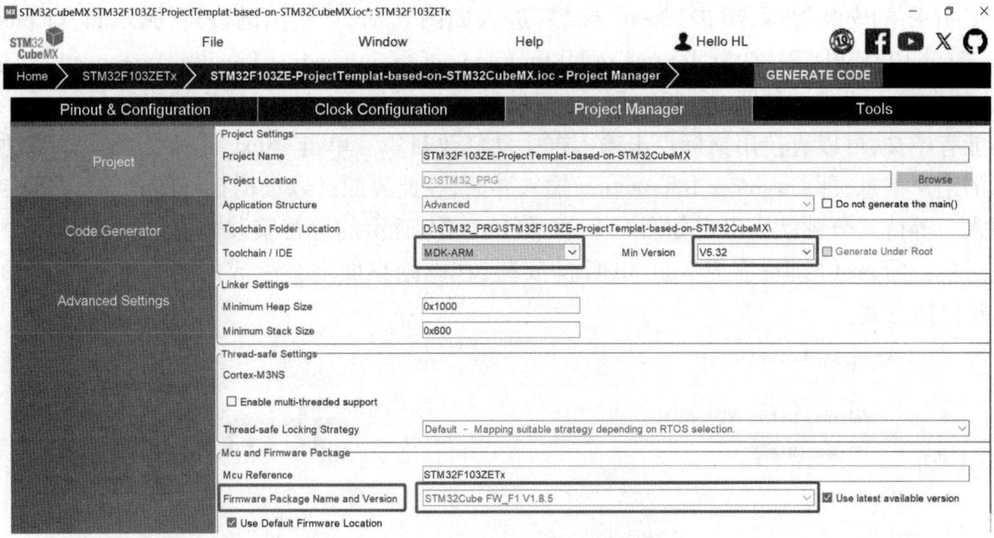

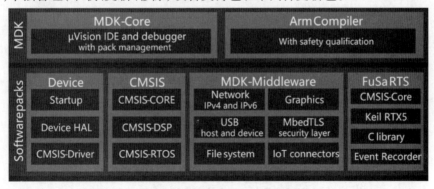

图 6.1.17　工程管理器的配置界面

6.1.2　Keil 软件的安装

1. Keil MDK5 介绍

Keil 是德国知名软件公司 Keil（现已并入 ARM 公司）开发的微控制器软件开发平台，是目前 ARM 内核单片机开发的主流工具。Keil 提供了包括 C 编译器、宏汇编、连接器、库管理和一个功能强大的仿真调试器在内的完整开发方案，通过一个集成开发环境（uVision）将这些功能组合在一起。

Keil MDK5 分成 MDK 和 Softwarepacks 两部分，如图 6.1.18 所示。MDK 主要包含 uVision5 IDE 集成开发环境和 Arm Compiler。Softwarepacks 则可以在不更换 MDK Core 的情况下，单独管理（下载、更新、移除）设备支持包和中间件更新包。

图 6.1.18　Keil MDK5 组成界面

2. Keil MDK5 安装包下载

官方网站：https://www2.keil.com/mdk5/。

3. Keil MDK5 安装

双击刚刚下载的 MDK 安装包 MDK-ARMV5.36，出现如图 6.1.19 所示的欢迎安装

Keil MDK 的安装界面,单击"Next"标签,进入如图 6.1.20 所示的许可协议,即 License Agreement安装界面中勾选"I agree to all the terms of the preceding License Agreement"的条款,单击"Next"进入如图6.1.21 所示的安装路径选择界面,选择 MDK 的安装目录,目录不能有中文,可以直接用鼠标点击输入框手动修改目录。单击"Next"进入如图6.1.22 所示的用户信息,即 Customer Information 输入界面,在此界面可以根据自己的个人信息适当填入。等待几分钟就会出现如图6.1.23 和6.1.24 所示的等待安装和安装完成的界面,最后单击"Finish"即可完成 Keil MDK 的安装,在电脑桌面上会生成如图6.1.25 所示的Keil 快捷方式。

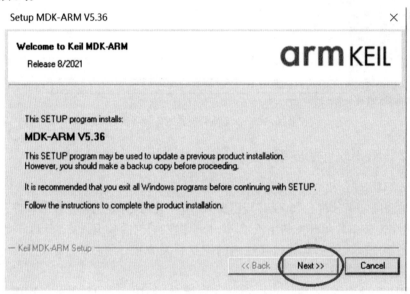

图 6.1.19　Keil MDK 的欢迎安装界面

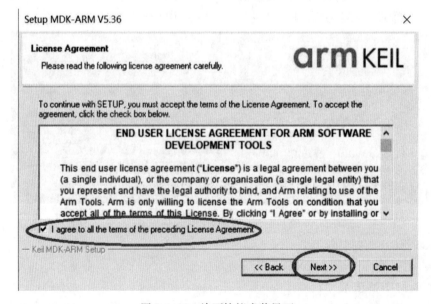

图 6.1.20　许可协议安装界面

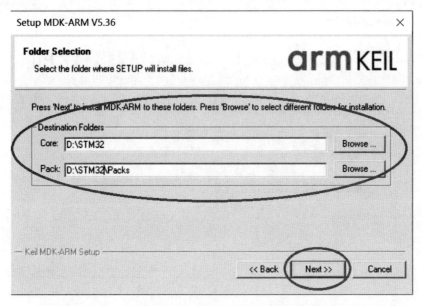

图 6.1.21 安装路径选择界面

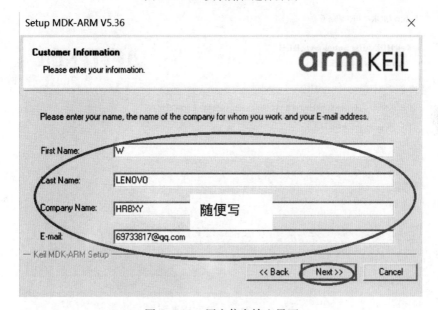

图 6.1.22 用户信息输入界面

4. Keil5 安装包 Pack 的安装

STM32F2 芯片包,应用 Keil5 调试时,需要安装该芯片包。所以 Keil 通过安装包 PACK 来支持不同的器件。STM32 芯片包一共有 4 个压缩包,解压完之后,包括 Keil. STM32F0xx_DFP. 2. 0. 0. pack,Keil. STM32F1xx_DFP. 1. 0. 5. pack,Keil. STM32F2xx_DFP. 2. 9. 0. pack,Keil. STM32F3xx_DFP. 2. 1. 0. pack,Keil. STM32F4xx_DFP. 2. 14. 0. pack,Keil. STM32F7xx_DFP. 2. 12. 0. pack。Pack 包安装有两种方法:一种是在 Keil 中直接更新;另一种是到官网下载 Pack 包然后安装。

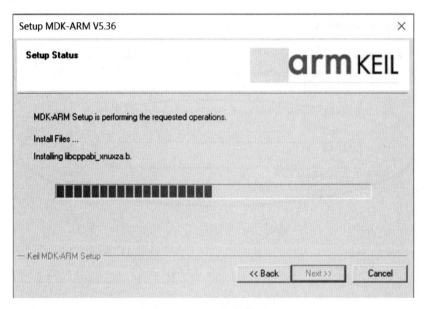

图 6.1.23　等待安装界面

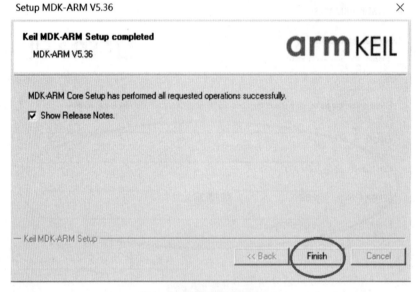

图 6.1.24　安装完成界面

图 6.1.25　Keil 快捷方式

（1）Keil 中直接更新方法。

Keil 调试时如果找不到自己要使用的芯片，可以使用 Keil 的"Pack installer"找到目标芯片进行下载安装，但是会很慢，因为有些芯片的 Pack 本来就很大，可以到几百 MB。具体步骤：

①在安装完 Keil 软件后，桌面会弹出如图 6.1.26 所示的 Keil Pack Installer，即 Keil 安装包安装的欢迎界面，单击"OK"进入安装包安装界面。

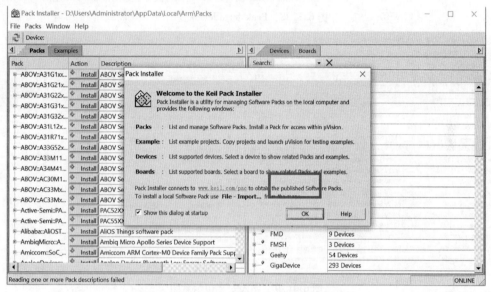

图 6.1.26　Keil 安装包安装的欢迎界面

②如果没有出现图 6.1.26 所示的界面，可以采用以管理员身份运行 Keil，如图 6.1.27所示。单击 Keil 工具栏中的工具图标 Pack Installer，如图 6.1.28 所示。进入 Pack Installer 界面后，点击"File"菜单，选择 Import 菜单，如图 6.1.29 所示。单击"Import"菜单，根据自己需要选择曾下载过的安装包进行安装，如图 6.1.30 所示。

图 6.1.27　以管理员身份运行 Keil 软件

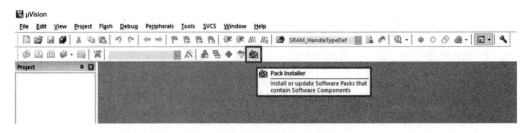

图 6.1.28　Pack Installer 标签图

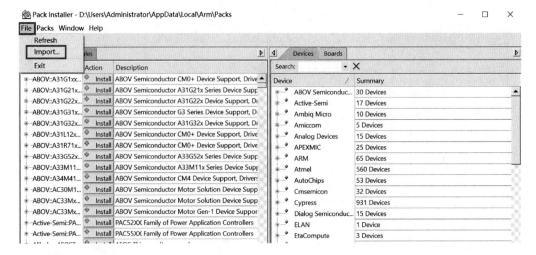

图 6.1.29　导入安装包示意图

图 6.1.30　选择安装包示意图

③如果在安装过程中出现如图 6.1.31 所示的安装包协议许可示意图,选择"I agree to all the terms of the preceding License Agreement"。

④安装全部完成后,显示如图 6.1.32 所示的 Pack 安装完成示意图。已经安装完成的项目会由"Install"变成"Up to date"标签。

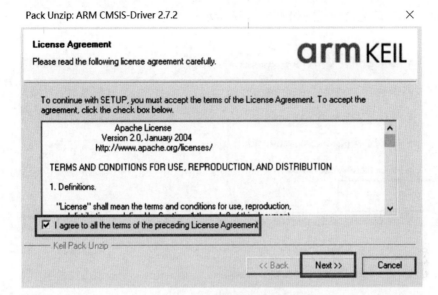

图 6.1.31　安装包协议许可示意图

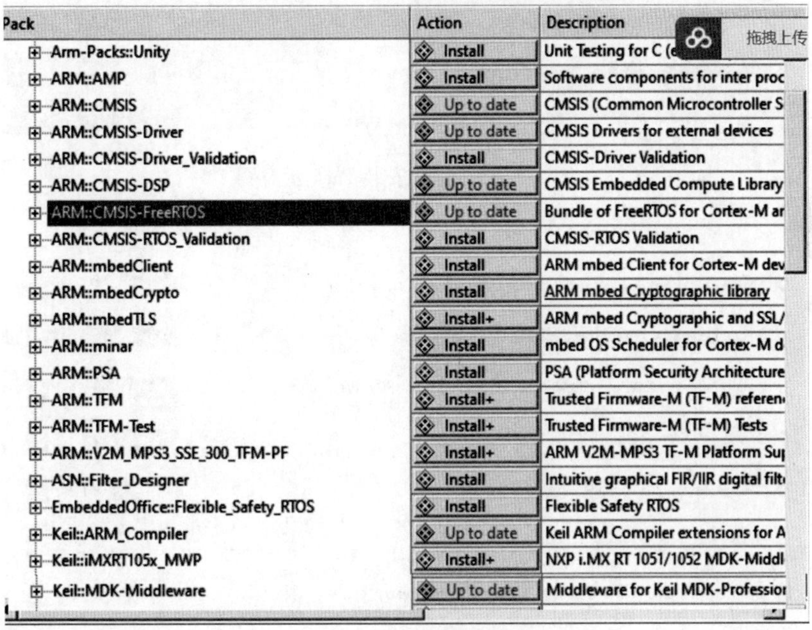

图 6.1.32　安装完成示意图

（2）官网下载 Pack 包。

官网 Pack 包下载链接：https://www.keil.com/dd2/pack/，具体步骤：

①点击上方链接，往下找到 Keil，如图 6.1.33 所示。

②选择 STM32F1 系列，如图 6.1.34 所示。

③选择合适的版本，单击"Download"进行下载，如图 6.1.35 所示。

④双击下载的安装包 Keil.STM32F1xx_DFP.2.3.0.pack 文件进行安装，如图 6.1.36
所示。

⑤安装包安装完成示意图如图 6.1.37 所示。

图 6.1.33　官网安装 Pack 示意图

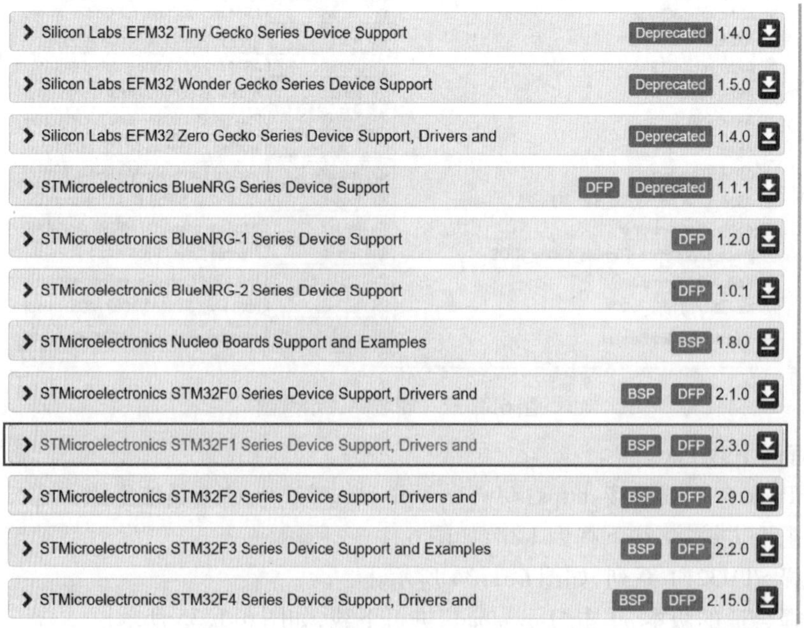

图 6.1.34　选择 STM32F1 系列示意图

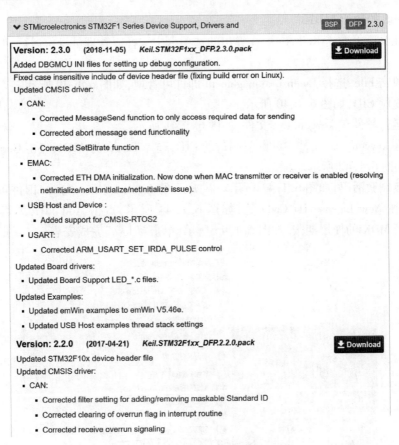

图 6.1.35 选择合适的版本示意图

Keil.STM32F1xx_DFP.2.3.0.pack

图 6.1.36 安装包文件

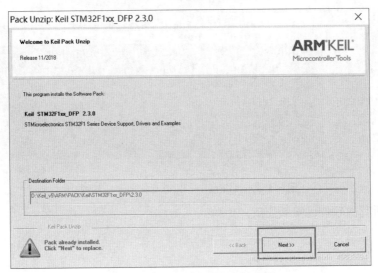

图 6.1.37 Pack 安装完成示意图

5. Keil5 的激活 MDK

（1）在桌面上右击 Keil 图标，在弹出的选项卡中选择以管理员身份运行，如图 6.1.38 所示。

（2）单击 File，选择 License Management 即许可管理，如图 6.1.39 所示。

（3）复制 CID，如图 6.1.40 所示。

（4）运行软件包 keygen. exe 文件，如图 6.1.41 所示。

（5）在 keygen. exe 文件中粘贴复制过的 CID，选择 Target 为 ARM，点击 Generate，生成激活码，如图 6.1.42 所示。

（6）复制激活码，如图 6.1.43 所示。在 Keil 的 License Management 即许可管理将激活码粘贴在 New License ID Code 处，如图 6.1.44 所示，点击 Add LIC，即可成功激活 MDK，显示 MDK 的使用期限，如图 6.1.45 所示，单击"Close"完成安装。

图 6.1.38　以管理员身份运行 Keil 软件

图 6.1.39　File+License Management 标签图

至此，所有的软件已安装完成。

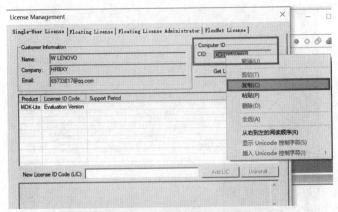

图 6.1.40 复制 CID 示意图

图 6.1.41 运行 keygen.exe 粘贴 CID 示意图

图 6.1.42 激活码生成示意图

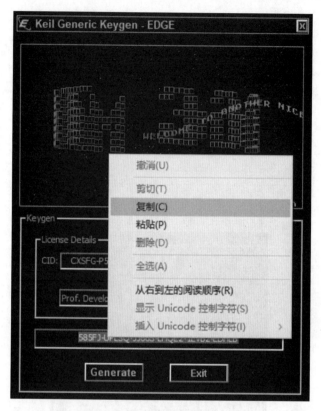

图 6.1.43　激活码复制示意图

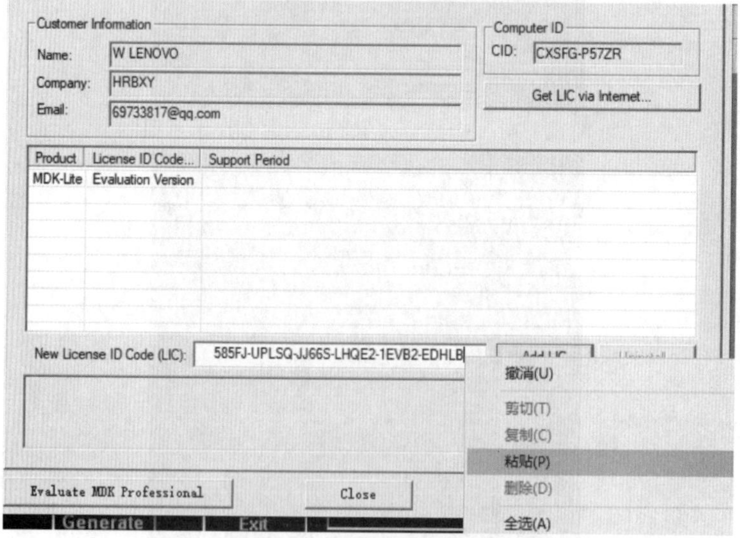

图 6.1.44　激活码粘贴示意图

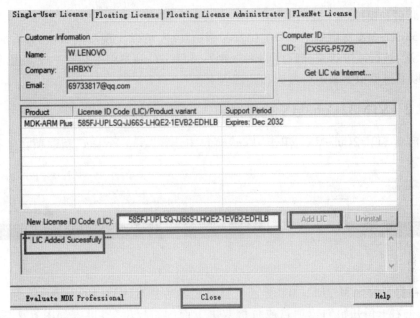

图 6.1.45　Keil 激活完成示意图

6.2　STM32CubeMX 正确配置

6.2.1　STM32CubeMX 的功能

STM32CubeMX 的功能主要包括图形化配置 HAL、性能分析、代码生成、仿真、调试和模拟功能。

（1）图形化配置 HAL。

STM32CubeMX 的图形化配置 HAL 功能支持使用图形化界面来配置 STM32 HAL 库，支持选择片上外设（如中断、DMA、ADC、TIM、GPIO 等），使用图形化界面配置时序参数，从而可以支持 STM32 硬件定时器、硬件时钟、DMA 等功能和参数。

（2）性能分析。

STM32CubeMX 可以对 STM32 应用程序和性能进行分析，并可以识别内存使用情况，执行速度和电源使用情况。此外，STM32CubeMX 还为客户提供了应用程序的基本性能参数，以识别系统性能的低点，提高系统性能。

（3）代码生成。

STM32CubeMX 不仅可以使用图形化工具配置芯片，还可以生成相应的源代码用于程序开发。此外，STM32CubeMX 还提供了配置文件和模板，可以帮助用户快速开发 STM32 应用程序。

（4）仿真。

STM32CubeMX 支持仿真功能，可以模拟 STM32 应用程序的运行状况，进行检查和调试，并发现在程序中可能出现的错误，从而可以更好地控制应用程序的质量。

（5）调试和模拟。

STM32CubeMX 支持基于串口的仿真和调试功能，可以实现双向调试，查看应用程序的运行状况，进行故障排查和程序调试。此外，STM32CubeMX 还支持一些常用的硬件模拟器，可以通过模拟器来进行测试和调试。

6.2.2　STM32CubeMX 的配置

（1）启动 STM32CubeMX，单击"File"菜单中选择"New Project"新建项目工程，如图6.2.1 所示。

图 6.2.1　新建项目工程

（2）在打开的 STM32CubeMX 界面选择需要的芯片 STM32F103ZET6，如图 6.2.2 所示。再点击右上角开始创建项目或直接双击下面的芯片型号，进入如图 6.2.3 所示的STM32CubeMX 界面。

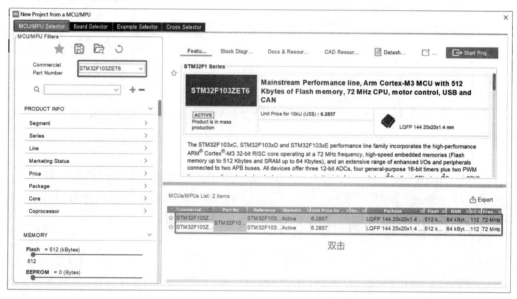

图 6.2.2　开始创建项目

（3）GPIO 设置，以板载灯为例。单击引脚 PB5，在弹出的子菜单中选择 GPIO_Output输出口，即将此引脚设置为输出，如图 6.2.4 所示。右击此引脚，在弹出的子菜单中单击"Enter User Label"如图 6.2.5 所示，在确定用户标签处将此用户标签改为 LED0，如图6.2.6 所示。用同样的方法进行更改 PE5，如图 6.2.7 所示。更改完标签后，需要进行引脚电平设置，如果设置电平不对，板子上电时小灯会出现一个瞬时闪亮的现象，如果不是小灯而是继电器，系统一上电会出现蜂鸣一声，正确配置电平需要参考板载灯 LED0 和LED1 的原理图，由原理图可知，小灯的正极接到电源，如果要亮，输出口应该接低电平，

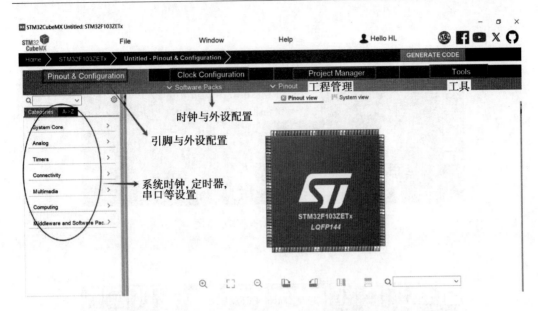

图 6.2.3　STM32CubeMX 界面组成

所以为了防止闪亮,初始化时将输出设置为高电平,如图 6.2.7 所示,板载灯标签更改成功,如图 6.2.8 所示。

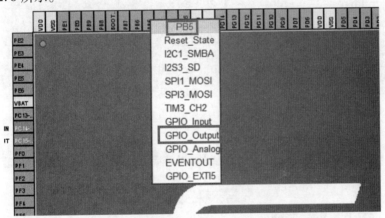

图 6.2.4　设置引脚为 GPIO_Output 输出口

(4) RCC 时钟源设置。STM32CubeMX 中外部时钟配置可选类型为 Disable、BYPASS Clock Source(旁路时钟源)、Crystal/Ceramic Resonator(石英/陶瓷晶振)三种类型。旁路时钟源:指无须使用芯片内部时钟驱动组件,直接从外界导入时钟信号,犹如芯片内部的驱动组件被旁路了,只需要外部提供时钟接入 OSC_IN 引脚,而 OSC_OUT 引脚悬空。外部晶体/陶瓷谐振器(HSE 晶体)模式:该时钟源是由外部无源晶体与 MCU 内部时钟驱动电路共同配合形成的,有一定的启动时间,精度较高。OSC_IN 与 OSC_OUT 引脚都要连接。

本书选择 HSE(外部高速时钟)为 Crystal/Ceramic Resonator(晶振/陶瓷谐振器),LSE(外部低速时钟)也可以设置为上述选项,如图 6.2.9 所示。

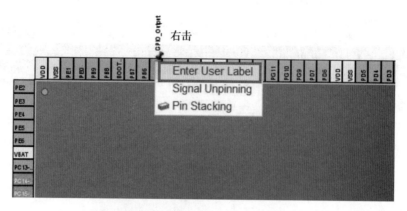

图 6.2.5　键入用户标签示意图

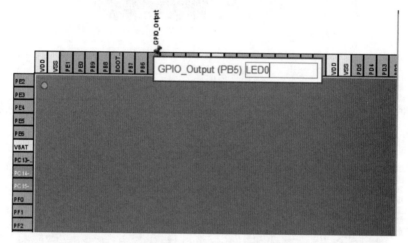

图 6.2.6　用户标签改为 LED0 示意图

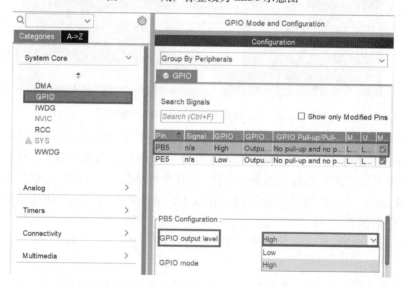

图 6.2.7　设置板载灯引脚电平

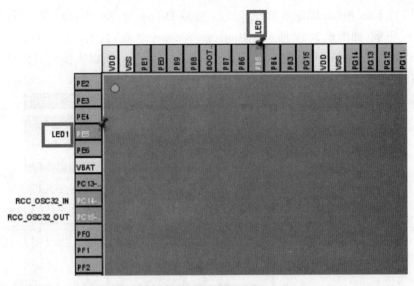

图 6.2.8　板载灯标签更改成功示意图

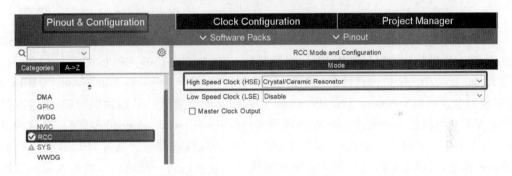

图 6.2.9　外部高速与低速时钟设置

（5）Clock Configuration 时钟树配置。时钟树配置界面如图 6.2.10 所示。选择外部时钟 HSE 8 MHz;PLL 锁相环倍频 9 倍(8×9＝72);系统时钟来源选择为 PLL;设置 APB1 分频器为/2。

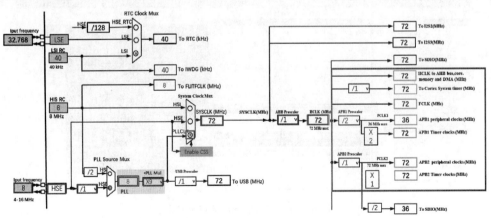

图 6.2.10　时钟树配置界面

（6）设置 SYS 模块，即配置调试模式。选择 Debug 为 Serial Wire，即串行线为 ST-Link 的 SW 下载，如图 6.2.11 所示。Timebase Source（时基）这里不能选择 SysTick，因为 FreeRTOS 会占用 SysTick（生成 1 ms 定时，用于任务调度），所以需要为其他总线提供另外的时钟源，此处选择 TIM6。

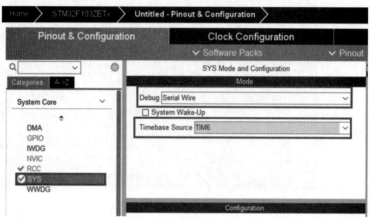

图 6.2.11　调试模式设置

（7）USB 参数设置。在 Connectivity 中选择 USB 设置，并勾选 Device（FS）激活 USB 设备，在对应的管脚 PA11 和 PA12 分别设置为 USB_DM 和 USB_DP，如图 6.2.12 所示。在 Parameter Settings 进行具体参数配置，如图 6.2.13 所示。Speed：Full Speed 12 MBit/s（固定为全速），Low Power：默认 Disabled（在任何不需要使用 USB 模块的时候，通过写控制寄存器总可以使 USB 模块置于低功耗模式（low power mode，suspend 模式）。在这种模式下，不产生任何静态电流消耗，同时 USB 时钟也会减慢或停止。通过对 USB 线上数据传输的检测，可以在低功耗模式下唤醒 USB 模块。也可以将一特定的中断输入源直接连接到唤醒引脚上，以使系统能立即恢复正常的时钟系统，并支持直接启动或停止时钟系统。

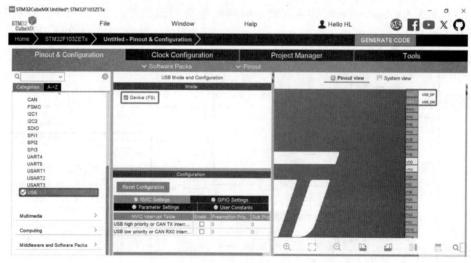

图 6.2.12　激活 USB 设备示意图

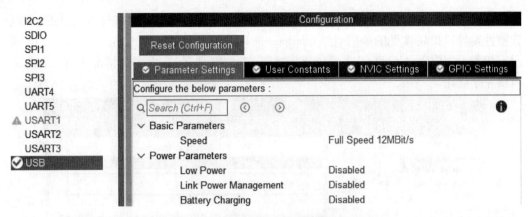

图 6.2.13　USB 具体参数设置示意图

（8）USART 配置（打印和调试信息用）。在 Connectivity 中选择 USART1，设置通信方式为异步通信模式即 Asynchronous，在对应的管脚 PA9、PA10 分别为 USART1_TX 和 USART1_RX，如图 6.2.14 所示。

图 6.2.14　USART 配置参数示意图

（9）Middleware 启用 FREERTOS。

FreeRTOS 分为两部分：Free 和 RTOS。Free 代表免费的、自由的、不受约束的；RTOS 全称是 Real Time Operating System，中文名就是实时操作系统，所以 FreeRTOS 是一个免费的实时操作系统，需要注意的是 RTOS 并不是指一个确定的系统，而是指一类系统。操作系统允许同时执行多个任务，但是处理器核心同时只能处理一个任务，操作系统中的任务调度器就是决定某一时刻究竟运行哪个任务，任务调度在各个任务之间切换是非常快的，所以就造成了同一时刻有多个任务在运行的错觉。CMSIS 是一种接口标准,目的是屏蔽软硬件差异以提高软件的兼容性。Interface 选择 CMSIS_V1,即可启用,如图 6.2.15 所示。相关设置先默认不动。V2 的内核版本更高,功能更多,在大多数情况下 V1 版本的内核完全够用。

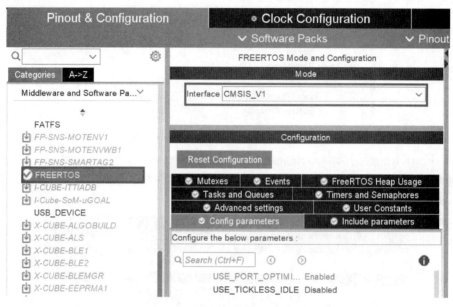

图 6.2.15　CMSIS 接口标准参数设置示意图

为 FreeRTOS 分配任务栈大小,这里内存可以设置大一点如 4 608 字节,如图 6.2.16 所示。内存不足会导致任务无法创建。

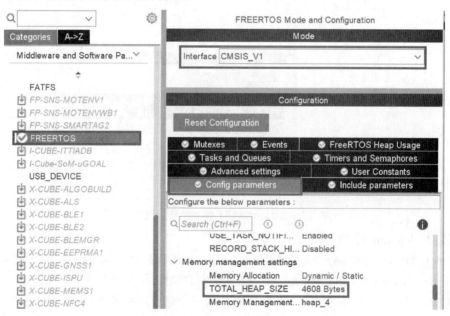

图 6.2.16　FreeRTOS 分配任务栈大小示意图

创建任务：单击"Tasks and Queues"任务与队列，点击"Add"添加一个任务，如图 6.2.17所示。Task Name：LED0_Task 表示任务名，注意此任务名仅在调试时起作用，且定义任务名的字符数不能超过 16 个字符，而 Entry Function 代表的入口函数名才表示此任务真正所干的工作。Priority：任务优先级，选择 osPriorityNormal；Stack Size：任务堆栈大小，(字节)选择 128 字节；其他几个参数设置为默认值。增加两个任务，分别为 LED0_Task 和 LED1_Task，任务创建成功的示意图如图 6.2.18 所示。

图 6.2.17　任务的创建

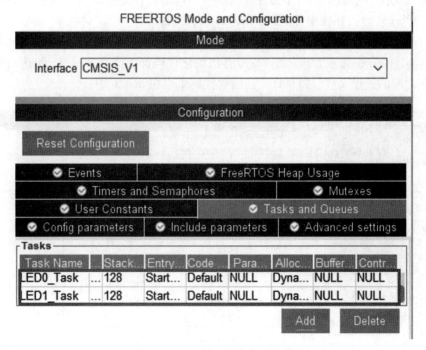

图 6.2.18　两任务创建成功示意图

6.2.3 利用 STM32CubeMX 生成代码

1. 设置工程名称和保存路径(图 6.2.19)

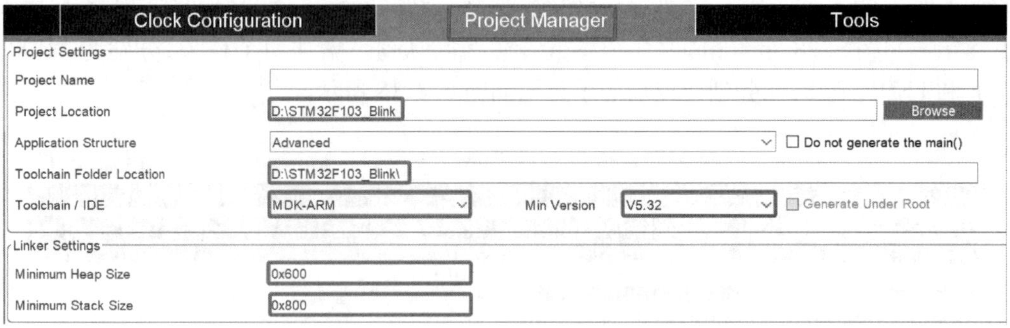

图 6.2.19 工程名称和保存路径的设置

2. 设置工程代码规范(图 6.2.20)

Copy all used libraries into the project folder:复制所有库文件(不管工程需要用到还是没用到)到生成的工程目录中,此做法可以使在不使用 CubeMX 或者电脑没有安装 Cube-MX 时,依然可以按照标准库的编程习惯调用 HAL 库函数进行程序编写。

Copy only the necessary library files:只复制必要的库文件。这个相比上一个减少了很多文件。比如没有使用 CAN、SPI 等外设,就不会拷贝相关库文件到工程下。

Add necessary library files as reference in the toolchain project configuration file:在工具链项目配置文件中添加必要的库文件作为参考。这里没有复制 HAL 库文件,只添加了必要文件(如 main. c)。相比上面,没有 Drivers 相关文件。

Generate peripheral initialization as a pair of'. c/. h′ files per peripheral:每个外设生成独立的. c. h 文件,方便独立管理。不勾:所有初始化代码都生成在 main. c,勾选:初始化代码生成在对应的外设文件。如 UART 初始化代码生成在 uart. c 中。

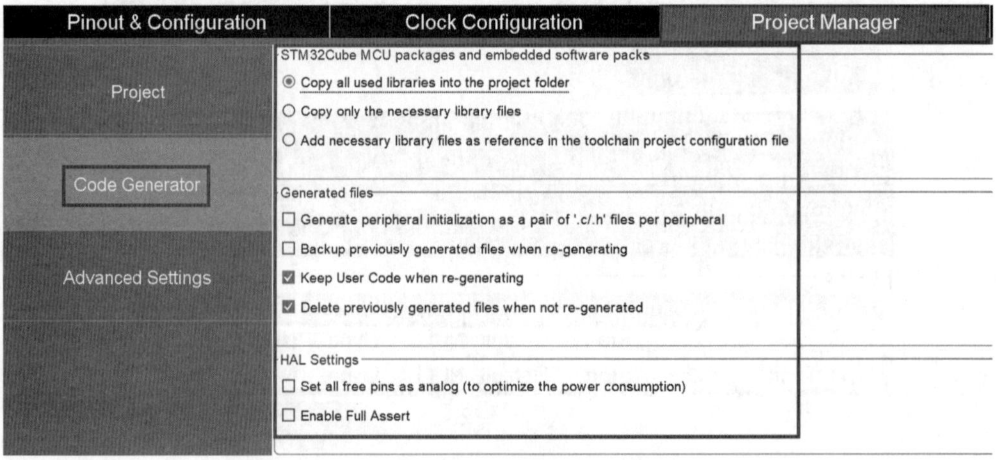

图 6.2.20 设置代码规范示意图

Backup previously generated files when re-generating：在重新生成时备份以前生成的文件。重新生成代码时，会在相关目录中生成一个 Backup 文件夹，将之前源文件拷贝到其中。

Keep user Code When re-generating：重新生成代码时，保留用户代码（前提是代码写在规定的位置）。也就是生成工程文件中的 BEGIN 和 END 之间。否则同样会删除（后面会根据生成的工程进行说明）。

Delete previously generated files when not re-generated：删除以前生成但现在没有选择生成的文件 比如：之前生成了 led.c，现在重新配置没有 led.c，则会删除之前的 led.c 文件。

3. 生成代码

单击 Generate Code 后，会产生如图 6.2.21 所示的所需文件的下载。

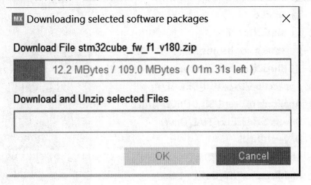

图 6.2.21　生成代码示意图

4. 打开工程

代码下载完成，单击图 6.2.22 所示的 Open Project 标签。打开如图 6.2.23 所示的 Keil 软件。

图 6.2.22　打开工程示意图

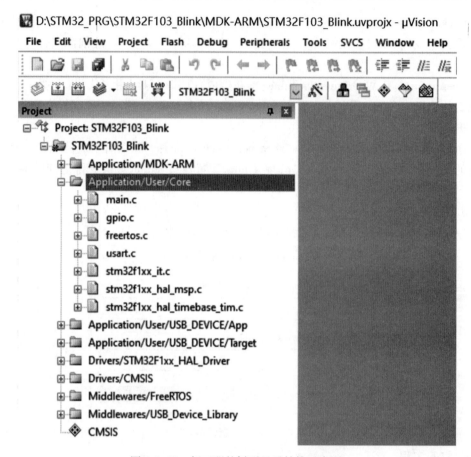

图 6.2.23 新工程的树型目录结构示意图

6.3 点亮板载灯 LED

任务要求:基于 ST 的 STM32F103ZET6 开发板,结合 CubeIDE 的插件 CubeMX 配置生成代码点亮板载灯 LED。

6.3.1 LED 工作原理

发光二极管简称 LED,生活中几乎无处不在,由含镓(Ga)、砷(As)、磷(P)、氮(N)等化合物制成。当电子与空穴复合时能辐射出可见光,因而可以用来制成发光二极管。在电路及仪器中作为指示灯,或者组成文字或数字显示。砷化镓二极管发红光,磷化镓二极管发绿光,碳化硅二极管发黄光,氮化镓二极管发蓝光。根据化学性质又分有机发光二极管 OLED 和无机发光二极管 LED。

6.3.2 原理图解析

根据正点原子开发板 STM32F103ZET6 原理图(图 6.3.1 和图 6.3.2),可以看到板载灯 LED0 和 LED1 的引脚分别是 PB5 和 PE5。

```
1    PB0
2    PB1
3    PB2
4    PB3
5    PB4
PB5  LED0    6    PB5
7    PB6
8    PB7
9    PB8
10   PB9
11   PB10
12   PB11
13   PB12
14   PB13
15   PB14
16   PB15
```

图 6.3.1　STM32F103ZET6 原理图 A

```
1    PE0
2    PE1
3    PE2
4    PE3
5    PE4
PE5  LED1    6    PE5
7    PE6
8    PE7
9    PE8
10   PE9
11   PE10
12   PE11
13   PE12
14   PE13
15   PE14
16   PE15
```

图 6.3.2　STM32F103ZET6 原理图 B

　　板载灯 LED0 和 LED1 与单片机相连的原理图如图 6.3.3 所示。由图可以看出灯 LED0、LED1 的右边接在 V_{CC} 电源上,当单片机的引脚给出高电平时,近似于发光二极管两端没有电势差,没有电流通过,因此发光二极管没有点亮,相反的,如果单片机的引脚给低电平,发光二极管两端有电势差,有电流通过,发光二极管可以点亮。所以如果想要点亮 LED0 和 LED1,需要将 LED0 和 LED1 左侧 GPIO 的引脚 PB5 和 PE5 设置为低电平。

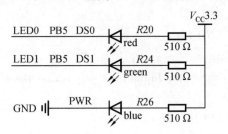

图 6.3.3　板载灯 LED0 和 LED1 的原理图

6.3.3　CubeMX 配置具体步骤

(1)打开 CubeMX 软件,在 file 选项里选择"New Project"。

（2）选择"STM32F103ZET6"。

（3）在 CubeMX 中配置 GPIO 为输出模式，在 CubeMX 中找到对应引脚如 PB5 和 PE5，配置成 GPIO_Output 模式，初始化为高电平。修改对应引脚的名称分别为 LED0 和 LED1。

（4）在 System Core 下选择 RCC 选项，在 RCC mode and Configuration 中的 High Speed Clock（HSE）下选择 Crystal/Ceramic Resonator。

（5）进行 Clock Configuration 时钟树的配置，进行主频配置；将 Input frequecncy 设置为 8，点击旁边的 HSE 圆形按钮，配置 PLLMul 为乘 9，选择 PLLCLK 圆形按钮，配置 AHB Prescaler 为/1，配置 APB1 Prescaler 为/2，配置 APB2 Prescaler 为/1。参考 CubcMX 配置一节的时钟树配置。

（6）点击顶部的 Pinout & Configuartion，选择 SYS，在 Debug 下拉框中选择 Serial Wire。

（7）点击顶部的 Project Manager，选择左侧的 Project 标签给工程起名为 ledchangliang，选择存放目录，在 Toolchain/IDE 中选择 MDK-ARM V5。

注意：路径和名称一定不要包含中文字符，否则就拿不到想要的 Keil 代码工程。

（8）点击 Project Manage 左侧的第二个标签 Code Generator，勾选 Copy only the necessary library files 以及 Generate peripheral initialization as a pair of '.c/.h' files per peripheral。

（9）点击顶部的 Generate Code，等待代码生成，打开工程。

6.3.4　程序设计

1. 用户编写程序区域

CubeMX 生成的代码会有一些特殊的注释，这些注释对于 CubeMX 是有意义的，用户的代码只能写在位于 USER CODE BEGIN... 与 USER CODE END... 之间（自己建立的源码文件不受影响）。否则，当 CubeMX 进行重新配置的时候，代码可能会因为被覆盖而消失。例如：

```
int main( void)
{
    / * USER CODE BEGIN 1 * /
    用户可编写的代码区
    / * USER CODE END 1 * /
    / * MCU Configuration------ * /
    / * Reset of all peripherals, Initializes the Flash interface and the Systick. * /
        HAL_Init( );
    / * USER CODE BEGIN Init * /
    用户可编写的代码区
    / * USER CODE END Init * /
    / * Configure the system clock * /
        SystemClock_Config( );
    / * USER CODE BEGIN SysInit * /
```

用户可编写的代码区

/＊USER CODE END SysInit＊/

/＊Initialize all configured peripherals＊/

  MX_GPIO_Init( );

/＊USER CODE BEGIN 2＊/

用户可编写的代码区

/＊USER CODE END 2＊/

/＊Infinite loop＊/

/＊USER CODE BEGIN WHILE＊/

 while（1）

 {

  用户可编写的代码区

  /＊USER CODE END WHILE＊/

  /＊USER CODE BEGIN 3＊/

 }

/＊USER CODE END 3＊/

}

用户可编写的代码区域如图 6.3.4 所示。

/* USER CODE BEGIN Init */

/* USER CODE END Init */

图 6.3.4　用户可编写的代码区域

2. HAL_GPIO_WritePin 函数的讲解

在 HAL 库中可以找到一个操作 GPIO 电平的函数：HAL_GPIO_WritePin 函数。

void HAL_GPIO_WritePin(GPIO_TypeDef＊GPIOx, uint16_t GPIO_Pin, GPIO_PinState PinState)

该函数的作用在于使对应的引脚输出高电平或者低电平；该函数返回值为 void,即没有返回值；该函数有 3 个入口参数,可根据自己的需求进行设置。

(1)GPIOx——对应 GPIO 总线,其中 x 可以是 A～I,例如 PB5,则输入 GPIOB。

(2)GPIO_Pin——对应引脚数。可以是 0～15,例如 PB5,则输入 GPIO_PIN_5。

(3)PinState——输出电平状态。GPIO_PIN_RESET:输出低电平；GPIO_PIN_SET:输出高电平。

3. 程序执行流程

对于单片机来说,LED 灯可以被称为是单片机的外设,对于外设的使用,首先,HAL 状态的初始化,可能包括 flash 指令缓存、flash 数据缓存、flash 预读取缓存、中断分组优先级、内部时钟 HSI、MCU 特定封装的初始化。然后,进行系统时钟的初始化。接着,进行 GPIO 初始化。最后,操作相应的外设完成所需功能。

4. 程序设计方法

方法一:在 CubeMX 的 GPIO 配置中,直接将 PB5 和 PE5 的输出电平即 GPIO output level 设置为 Low ,如图 6.3.5 所示,生成代码后直接编译与下载即可实现两个板载灯的常亮。

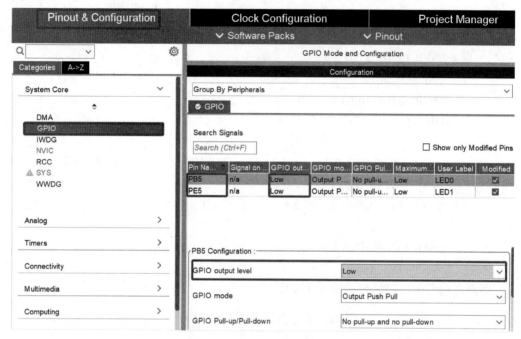

图 6.3.5　PB5 和 PE5 输出电平设置为低电平的示意图

方法二:程序经过 HAL_Init 初始化, GPIO 初始化,进入主循环,在主循环中将两个 LED 引脚均输出低电平,从而点亮 LED 灯,程序代码如图 6.3.6 所示。主循环代码如下:

```
/* USER CODE BEGIN WHILE */
while (1)
{
    //set GPIO output low level
    //设置 GPIO 输出低电平
    HAL_GPIO_WritePin(GPIOF, GPIO_PIN_9, GPIO_PIN_RESET);
    HAL_GPIO_WritePin(GPIOF, GPIO_PIN_10, GPIO_PIN_RESET);
    /* USER CODE END WHILE */
    /* USER CODE BEGIN 3 */
}
/* USER CODE END 3 */
```

同理,如果要让两个 LED 变灭,除了利用初始化的方法将他们的管脚设置为"HIGH" 外,还可在主循环语句中添加如下语句:

```
/* USER CODE BEGIN WHILE */
while (1)
```

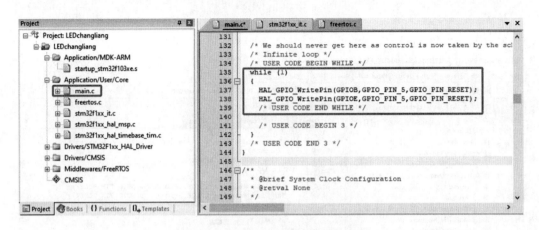

图6.3.6　两灯常亮的程序代码示意图

```
{
    //set GPIO output low level
    //设置 GPIO 输出低电平
    HAL_GPIO_WritePin(GPIOF, GPIO_PIN_9, GPIO_PIN_SET);
    HAL_GPIO_WritePin(GPIOF, GPIO_PIN_10, GPIO_PIN_SET);
    /* USER CODE END WHILE */

    /* USER CODE BEGIN 3 */
}
/* USER CODE END 3 */
```

然后在 Keil 软件中编译代码并把代码下载到单片机中,如图6.3.7所示。

其中1为编译按钮,可以对整个 Keil 工程进行编译。

编译成功后要关注两个点:有无错误;Code:表示程序代码大小,即下载到单片机中的代码大小。一般有两种格式:HEX 用文本表示的二进制,Bin 表示纯二进制。本实验所用的单片机型号为 STM32F103ZET6, Z 表示 144 引脚,E 表示存储容量(字母越大,存储容量越大,如 ZGT6,大约有 1 M 的存储容量)大小必须限定在单片机所容许的容量之下。一旦超过容量,必须检查内存是否超出。ZI-tata 表示 RAM 的容量。

2 为下载按钮,可以把代码下载到单片机中,但是在下载之前,除了要安装相关的驱动(根据自己的情况分别配置),还需要进行一些设置,如图6.3.8所示。

首先,点击1处的"魔术棒",然后点击2处进入 debug 设置,在3处选择自己的调试器,常见的调试器有 ST-Link 和 J-Link 等,本书选择 ST-Link。单击4处,出现的一串地址说明调试器已经成功连接到电脑。下载设置如图6.3.9所示。

其次,点击1处的"Flash Download",按照2处进行勾选,其中"Reset and Run"代表一旦代码下载到单片机中立刻开始运行程序,这里要根据自己的需要灵活进行设置。这样就完成关于下载的一些设置。工程运行效果图如图6.3.10所示。

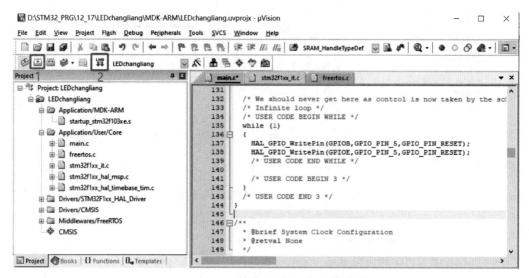

图 6.3.7 Keil 的编译与下载工具示意图

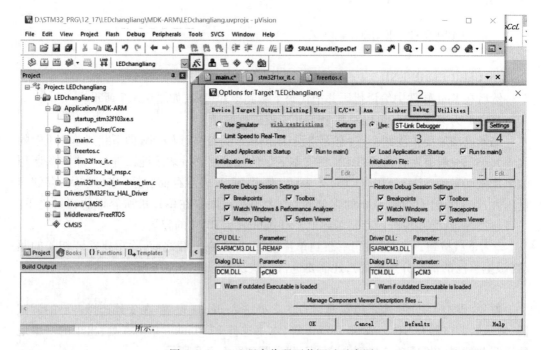

图 6.3.8 Keil 程序代码下载调试示意图

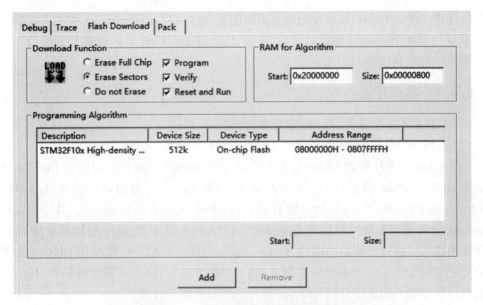

图 6.3.9　Keil 程序代码下载设置示意图

图 6.3.10　工程运行效果图

6.4　闪亮板载灯 LED

任务要求:基于 ST 的 STM32F103ZET6 开发板,结合 CubeIDE 的插件 CubeMX 配置生成代码闪亮板载灯 LED。

上个实验,学习了如何通过配置引脚的高低电平点亮 LED,为了做得更加酷炫一点,可以让它闪烁起来。为了让 LED 闪烁,必须控制 STM32 的电平变化和延时函数。本节将学习 STM32 中的 3 种延时方法,了解 Hal_Init 函数的作用。在不同情况下,需要 GPIO 引脚输出不同频率的方波实现 LED 灯的闪烁。例如在 LED 闪烁时,只需要 1 Hz 的频率就可以看到明显的闪烁效果,在 CubeMX 中可以根据不同的输出频率需求,设置 GPIO 不同的翻转速度。使用 CubeMX 软件完成引脚的配置,然后编写程序,通过引脚电平反转翻转函数 HAL_GPIO_TogglePin 和延时函数,实现 LED 灯的闪烁效果。板载灯的端口与原理图参考上一节点亮两个 LED 灯的介绍。

6.4.1 具体配置

(1)打开 CubeMX 软件,在 file 选项里选择"New Project"。

(2)选择"STM32F103ZET6"。

(3)在 CubeMX 中配置 GPIO 为输出模式,在 CubeMX 找到对应引脚如 PB5 和 PE5,配置成 GPIO_Output 模式,初始化为高电平。修改对应引脚的名字分别为 LED0 和 LED1。在这个标签页下,可以选中需要配置的 GPIO,并查看其详细状态,其中 Maximum output speed 就是可以选择的翻转速度模式,如图 6.4.1 所示,对应的翻转模式是 Low,为低速输出模式。可选的输出速度分为 Low、Medium、High 三档。一般使用 GPIO 输出驱动 LED 等功能时选择 Low 档翻转速度即可,而一般用于通信的 GPIO 需要设置为 High,具体设置可以根据相关通信协议对 GPIO 的翻转速度的要求进行设置。

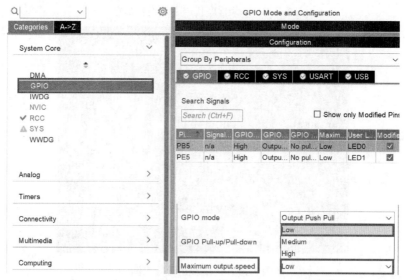

图 6.4.1　GPIO 管脚的翻转速度模式选择示意图

(4)在 System Core 下选择 RCC 选项,在 RCC mode and Configuration 中的 High Speed Clock(HSE)下选择 Crystal/Ceramic Resonator。

(5)进行 Clock Configuration 时钟树的配置,进行主频配置;将 Input frequecncy 设置为 8,点击旁边的 HSE 圆形按钮,配置 PLLMul 为 X9,选择 PLLCLK 圆形按钮,配置 AHB Prescaler 为/1,配置 APB1 Prescaler 为/2,配置 APB2 Prescaler 为/1。参考 CubcMX 配置一节的时钟树配置。

(6)点击顶部的 Pinout & Configuartion,选择 SYS,在 Debug 下拉框中选择 Serial Wire。

(7)点击顶部的 Project Manager,选择左侧的 Project 标签给工程起名为 ledshanliang3,选择存放目录,在 Toolchain/IDE 中选择 MDK-ARM V5。

注意:路径和名称一定不要包含中文字符,否则就拿不到想要的 Keil 代码工程。

(8)点击 Project Manage 左侧的第二个标签 Code Generator,勾选 Copy only the necessary library files 以及 Generate peripheral initialization as a pair of '.c/.h' files per peripheral。

(9)点击顶部的 Generate Code,等待代码生成,打开工程。

6.4.2　程序设计

1. 用户编写程序区域

CubeMX 生成的代码会有一些特殊的注释,这些注释对于 CubeMX 是有意义的,用户的代码只能写在位于 USER CODE BEGIN... 与 USER CODE END... 之间(自己建立的源码文件不受影响)。

2. 延时方法介绍

(1)计数延迟。

在 STM32 内执行任何一条指令是需要消耗时间的。实现延时效果可以让 STM32 持续执行一段计数循环,直至其计数到设定的数目后,再让 STM32 退出循环。

在程序中,通过 user_delay_us 函数完成微秒级的延时功能,函数的实现如下:

```
void user_delay_us(uint16_t us)//实现微秒级延时
{
    for( ; us > 0; us--)
    {
        for(uint8_t i = 50; i > 0; i--)
        {
            ;
        }
    }
}
```

这里将内层循环变量 i 初始化为 50,外层循环变量的赋值则由函数的入口参数来决定,入口参数对应了外层循环的次数,继而相应地实现了对应时长的延时。

类似于微秒级延迟的实现,再加一层外部循环便可以实现毫秒级的延迟,对应函数为 user_delay_ms,其具体实现如下所示。该函数调用了 user_delay_us 函数,并给其参数赋值 1 000,1 ms 等于 1 000 μs。通过循环调用的方式,将延时时间折算到毫秒级。

```
void user_delay_ms(uint16_t ms)//实现毫秒级延时
{
    for( ; ms > 0; ms--)
    {
        user_delay_us(1000);
    }
}
```

（2）nop 延迟。

使用 nop 函数是第二种延时方法，其原理与计时延时类似。同样是通过重复执行指令，直到消耗完时间，再进行下一步的工作。但与计数延时不同的是，nop 延时通过空操作指令_nop( )函数来实现延时。当 STM32 执行到_nop( )函数时，可以理解为在当前指令周期中，STM32 没有进行任何工作。

同样是通过循环的方式，可以完成微秒级的延迟 nop_delay_us 和 nop_delay_ms。

```c
void nop_delay_us(uint16_t us)//实现微秒级延时
{
    for( ; us > 0; us--)
    {
        for(uint8_t i = 10; i > 0; i--)
        {
            _nop( );
            _nop( );
            _nop( );
            _nop( );
            _nop( );
            _nop( );
            _nop( );
            _nop( );
            _nop( );
            _nop( );
            _nop( );
            _nop( );
            _nop( );
            _nop( );
            _nop( );
        }
    }
}

void nop_delay_ms(uint16_t ms)//实现毫秒级延时
{
    for( ; ms > 0; ms--)
    {
        nop_delay_us(1000);
    }
}
```

（3）HAL_Delay 延时。

HAL_Delay 函数，是由 HAL 库提供的用于毫秒级延迟的函数（使用_weak 修饰符说明该函数是可以用户重定义的）。_weak void HAL_Delay(uint32_t Delay)，该函数的返回值为 void，其作用在于使系统延迟对应的毫秒级时间，其参数是 Delay，对应的延迟毫秒数，比如延迟 1 s 就为 1 000 ms。

以上 3 种延时方法各自有各自的特点，计数延时与 nop 延时都需要用户编写函数来自行实现，比较麻烦，而直接调用 HAL 库提供的 HAL_Delay 函数会更加方便一些。但 HAL_Delay 只能实现毫秒级的延时，如果需要时间更短的延时函数则必须使用用户编写的延时函数。

3. HAL_GPIO_TogglePin 函数的讲解

前面介绍了操作 GPIO 电平的函数：HAL_GPIO_WritePin，通过这个函数可以设置 GPIO 输出高电平或者低电平。为了实现 LED 灯的闪烁，只要交替输出高低电平即可，因此可以通过两次调用 HAL_GPIO_WritePin 函数，分别将引脚设置为高电平和低电平，就可以实现闪烁功能。但是除了以上方法之外，可以采用更简便的函数来实现引脚电平翻转——HAL 库提供的 HAL_GPIO_TogglePin 函数。void HAL_GPIO_TogglePin(GPIO_TypeDef * GPIOx, uint16_t GPIO_Pin)。

这个函数的返回值为 void，其作用在于翻转对应引脚的电平，该函数有两个参数：

（1）GPIOx——对应 GPIO 总线，其中 x 可以是 A～I。例如 PB5，则输入 GPIOB。

（2）GPIO_Pin——对应引脚数，可以是 0～15。例如 PB5，则输入 GPIO_PIN_5。

翻转电平函数定义：

```
void bsp_led_toggle(void)
{
    HAL_GPIO_TogglePin(GPIOB, GPIO_PIN_9);
    HAL_GPIO_TogglePin(GPIOE, GPIO_PIN_10);
```

4. 程序执行流程

对于单片机来说，LED 灯等可以被称为是单片机的外设，对于外设的使用，首先，HAL 状态的初始化，可能包括 flash 指令缓存、flash 数据缓存、flash 预读取缓存、中断分组优先级、内部时钟 HSI、MCU 特定封装的初始化。然后，进行系统时钟的初始化。接着，对于 GPIO 初始化。最后，操作相应的外设完成所需功能。

5. 程序设计方法

（1）在 main 函数中进行函数的声明。声明的代码位于/ * Private function prototypes 下的/ * USER CODE BEGIN PFP * 与/ * USER CODE END PFP * 之间，如图 6.4.2 所示。

（2）在/ * Private user code 的/ * USER CODE BEGIN 0 * / 与/ * USER CODE END 0 * / 之间进行上述延迟函数与电平翻转函数的定义，如图 6.4.3 所示。

（3）程序经过 HAL_Init 初始化、SystemClock 初始化、GPIO 初始化后，进入主循环，在主循环内分别使用之前介绍过的 3 种方式进行延时，然后将 LED 的电平翻转，从而使 LED 按照 500 ms 的固定频率进行亮灭，主循环代码如图 6.4.4 所示。

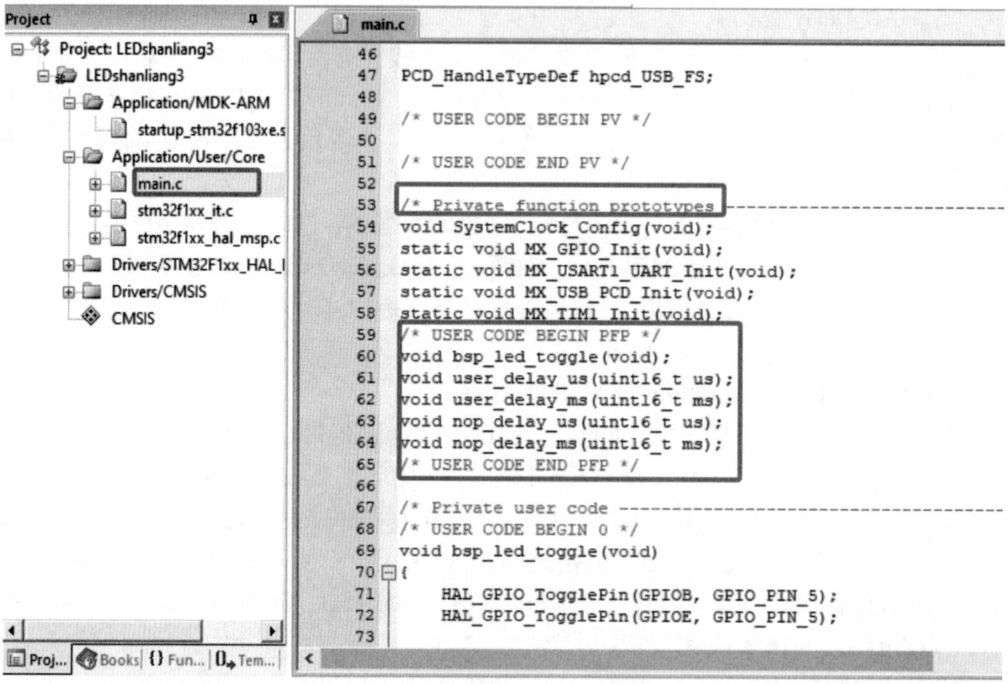

图 6.4.2　函数声明示意图

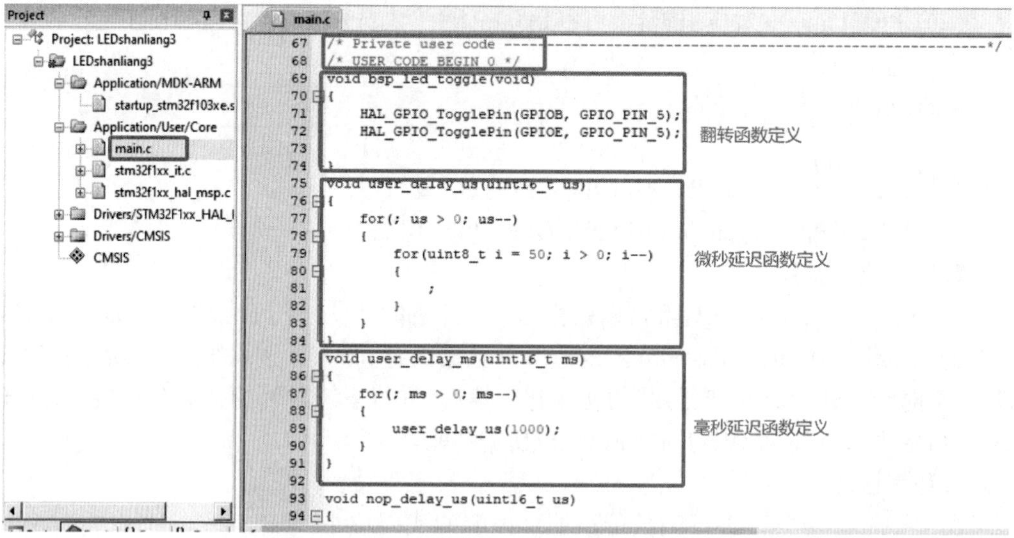

图 6.4.3　函数定义示意图

／ ∗ USER CODE BEGIN WHILE ∗／

while（1）

　｛

　　　／ ∗ USER CODE END WHILE ∗／

　　　／ ∗ USER CODE BEGIN 3 ∗／

```
        bsp_led_toggle();
        nop_delay_ms(500);
        bsp_led_toggle();
        user_delay_ms(500);
        bsp_led_toggle();
        HAL_Delay(500);
}
```

/ * USER CODE END 3 * /

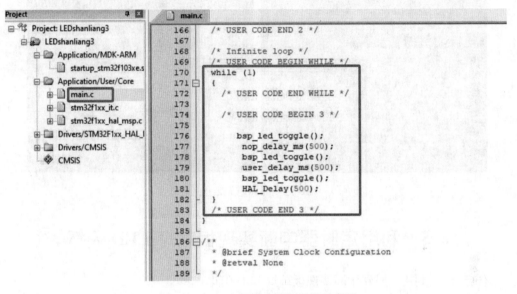

图 6.4.4　main 函数中调用函数示意图

（4）或者不需要上面全部的函数声明与定义，调用库函数实现灯的闪烁，代码如下：

```
while (1)
{
    / * USER CODE END WHILE * /
    HAL_GPIO_WritePin(GPIOB, GPIO_PIN_5 GPIO_PIN_SET);
    HAL_GPIO_WritePin(GPIOE, GPIO_PIN_5 GPIO_PIN_SET);
    HAL_Delay(500);
    HAL_GPIO_WritePin(GPIOB, GPIO_PIN_5 GPIO_PIN_SET RESET);
    HAL_GPIO_WritePin(GPIOE, GPIO_PIN_5 GPIO_PIN_SET RESET);
    HAL_Delay(500);
}
```

/ * USER CODE BEGIN 3 * /

（5）在 Keil 软件中编译代码并把代码下载到单片机中。

（6）效果展示。

单片机上的 LED 灯会以约 500 ms 跳变一次，呈现闪烁的效果。如图 6.4.5 为 LED

灯点亮和熄灭工程运行效果图。

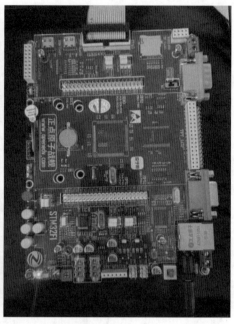

图 6.4.5　LED 灯点亮和熄灭工程运行效果图

6.5　利用定时器中断实现板载灯 LED 闪烁

任务要求:利用定时器中断实现板载灯 LED 闪烁。

上个实验中学习了利用 STM32 中的 3 种延时函数与翻转电平函数实现 LED 灯的闪烁效果。本节要了解定时器的基本原理及其配置方法,学习 STM32 中最重要的概念之一——中断,介绍在 CubeMX 中如何对中断进行设置,如何开启中断以及配置中断的优先级等,最后将实现由定时器触发的定时器中断,控制 LED 灯的闪烁。

定时器是 STM32 中非常重要的外设。在大多数应用场景中,部分任务需要周期性的执行,比如前面提到的 LED 闪烁,这个功能就可以依靠定时器来实现,此外 STM32 的定时器还能够提供 PWM 输出、输入捕获、输出比较等多种功能。

6.5.1　定时器基础知识

对于定时器,可以把定时器比作闹铃,定时器的基本功能就是定时,在设定好对应的时间后,会在设定的时刻响起铃声。例如滴答定时器 SysTick,设定为 1 ms 的定时时间,便每隔 1 ms 引起中断。

在使用定时器时,会涉及 3 个非常重要的概念:分频、计数、重载。这 3 个概念可以结合生活中使用的时钟来理解。

1. 分频

时钟上不同的指针需要有不同的速度,也就是不同的频率,从而精确地表示时间,比如秒针、分针、时针,这三者相邻的频率之比都是 60∶1,即秒针每转过 60 格分针转动 1 格,分针转动 60 格时针转动 1 格,所以分针对于秒针的分频为 60。

2. 计数

时钟所对应的值都是与工作时间成正比的,比如秒针转动 10 格,意味着过了 10 s,同样定时器中的计数也是和计数时间成正比的值,频率越高增长速度越快。

3. 重载

时、分、秒的刻度都是有上限的,一个表盘最多记 12 h、60 min、60 s,如果继续增加的话就会回到 0。同样的在定时器中也需要重载,当定时器中的计数值达到重载值时,计数值就会被清零。

与定时器有关的 3 个重要的寄存器分别为预分频寄存器 TIMx_PSC、计数器寄存器 TIMx_CNT、自动重装载寄存器 TIMx_ARR。

时钟源处的时钟信号经过预分频寄存器,按照预分频寄存器内部的值进行分频。比如时钟源的频率为 12 MHz,而预分频寄存器中设置的值为 12∶1,那么通过预分频后进入定时器的时钟频率就下降到 1 MHz。在已经分频后的定时器时钟驱使下,TIMx_CNT 根据该时钟的频率向上计数,直到 TIMx_CNT 的值增长到与设定的自动重装载寄存器 TIMx_ARR 相等时,TIMx_CNT 被清空,并重新从 0 开始向上计数,TIMx_CNT 增长到 TIMx_ARR 中的值后被清空时产生一个定时中断触发信号。

综上所述,定时器触发中断的时间是由设定的 TIMx_PSC 中的分频比和 TIMx_ARR 中的自动重装载值共同决定的。

6.5.2　中断基础知识

由单片机控制的产品需要处理多种信号的输入,比如各种传感器信号,等等;此外还需要进行多种信号的输出,比如控制电机的 CAN 信号,控制舵机的 PWM,等等。STM32 是如何有序安排这些任务的呢? 就是依赖于中断构成的前后台机制。

在 STM32 中,对信号的处理可以分为轮询方式和中断方式,轮询方式就是不断地去访问一个信号的端口,看看有没有信号进入,有则进行处理,中断方式则是当输入产生时,产生一个触发信号告诉 STM32 有输入信号进入,需要进行处理。

例如,厨房里烧着开水,主人在客厅里看电视。为了防止开水烧干,他有两种方式:第一种是每隔 10 min 就去厨房看一眼;另一种是等水壶烧开了之后开始发出响声再去处理。前者是轮询的方式,后者是中断的方式。

每一种中断都有对应的中断函数,当中断发生时,程序会自动跳转到处理函数处运行,而不需要人为进行调用。

当定时器的计数值增长到重载值时,在清空计数值的同时,会触发一次定时器中断,即定时器更新中断。只要设定好定时器的重载值,就可以保证定时器中断以固定的频率被触发。

6.5.3　中断优先级

在 STM32 中专门用于处理中断的控制器叫作 NVIC,即嵌套向量中断控制器 (Nested

Vectored Interrupt Controller)。NVIC 的功能非常强大,支持中断优先级和中断嵌套的功能,中断优先级即给不同的中断划分不同的响应等级,如果多个中断同时产生,则 STM32 优先处理高优先级的中断。

中断嵌套即允许在处理中断时,如果有更高优先级的中断产生,则挂起当前中断,先去处理产生的高优先级中断,处理完后再恢复到原来的中断继续处理。

为了在有限的寄存器位数中实现更加丰富的中断优先级,NVIC 使用了中断分组机制。STM32 先将中断进行分组,然后又将优先级划分为抢占优先级(Prem priority)和响应优先级(Subpriority),抢占优先级和响应优先级的数量均可以通过 NVIC 中 AIRCR 寄存器的 PRIGROUP[8:10]位进行配置,从而规定了两种优先级对 NVIC_IPRx[7:4]的划分,根据划分决定两种优先级的数量,总共可以分成 5 种情况,如表 6.5.1 所示。

表 6.5.1　两种优先级的数量

抢占优先级	响应优先级
000	0
001	0—1
010	0—3
011	0—7
100	0—15

拥有相同抢占优先级的中断处于同一个中断分组下。当多个中断发生时,先根据抢占优先级判断哪个中断分组能够优先响应,再到这个中断分组中根据各个中断的响应优先级判断哪个中断优先响应。

6.5.4　CubeMX 的配置

(1)打开 CubeMX 软件,在 file 选项里选择"New Project"。

(2)选择"STM32F103ZET6"。

(3)在 CubeMX 中配置 GPIO 为输出模式,在 CubeMX 找到对应引脚如 PB5 和 PE5,配置成 GPIO_Output 模式,初始化为高电平。修改对应引脚的名字分别为 LED0 和 LED1。

(4)点击顶部的 Pinout & Configuartion,选择 SYS,在 Debug 下拉框中选择 Serial Wire。

(5)时钟设置在 Cystem Core 下选择 RCC 选项,在 RCC mode and Configuration 中的 High Speed Clock(HSE)下选择 Crystal/Ceramic Resonator。

(6)进行 Clock Configuration 时钟树的配置,进行主频配置;将 Input frequecncy 设置为 8,点击旁边的 HSE 圆形按钮,配置 PLLMul 为 X9,选择 PLLCLK 圆形按钮,配置 AHB Prescaler 为/1,配置 APB1 Prescaler 为/2,配置 APB2 Prescaler 为/1。参考 CubcMX 配置一节的时钟树配置。

(7)定时器配置,在左侧的标签页中选择 Timer,点击标签页下的 TIM1,如图 6.5.1 所示。在弹出的 TIM1 Mode and Configuration 中,在 Clock Souce 的右侧下拉菜单中选中 Internal Clock,如图 6.5.2 所示。此时 TIM1 得到使能,如要得到周期为 500 ms 的定时器,需要设置对应 TIMx_PSC 寄存器的 Prescaler 项和对应 TIMx_ARR 寄存器的 Counter Period 项,500 ms 对应的频率为 2 Hz,为了得到 2 Hz 的频率,可以将分频值设为 16 799,重载值设为 4 999,如图 6.5.3 所示。TIM1 的定时时间需要在 Clock Configuration 标签页进行时钟树的配置,设置方法前面已介绍过。通过设置分频比和重载值来控制定时器的周期。

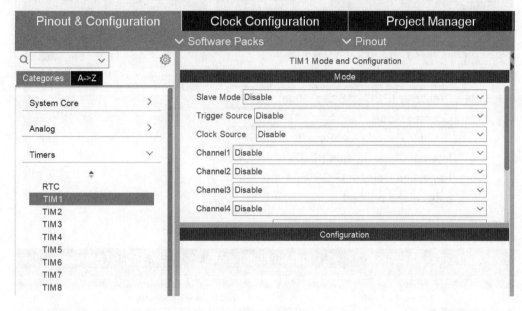

图 6.5.1 时钟标签

图 6.5.2 TIM1 时钟使能示意图

(8)中断配置以及中断函数管理。

在 CubeMX 的 NVIC 标签页下可以看到当前系统中的中断配置,如图 6.5.4 所示。

图 6.5.4 列表中显示了当前系统中所有中断的使能情况与优先级设置。要使能中断则在 Enable 一栏打勾,这里选中 TIM1 update interrupt,打勾,开启该中断。此外还可以在该页面下进行抢占优先级与响应优先级的分配和中断两种优先级配置。这里为定时器 1

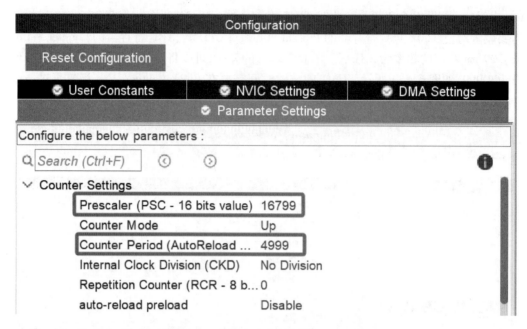

图 6.5.3　预分频与计数周期设置示意图

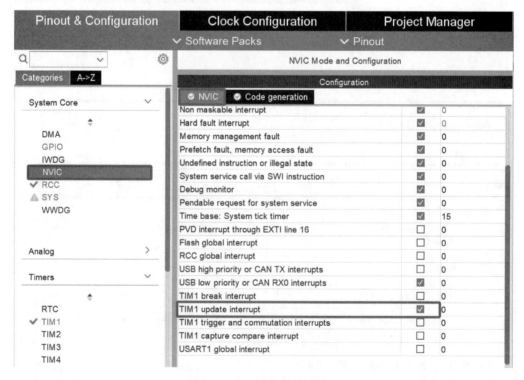

图 6.5.4　中断配置示意图

的中断保持默认为 0。

　　(9)点击顶部的 Project Manager,选择左侧的 Project 标签给工程起名为 shanliangTIM-ER1,选择存放目录,在 Toolchain/IDE 中选择 MDK-ARM V5。

注意：路径和名称一定不要包含中文字符，否则得不到想要的 Keil 代码工程。

（10）点击 Project Manage 左侧的第二个标签 Code Generator，勾选 Copy only the necessary library files 以及 Generate peripheral initialization as a pair of '. c/. h' files per peripheral。

（11）点击顶部的 Generate Code，等待代码生成，打开工程。

6.5.5　程序设计

1. CubeMX 自动生成的中断处理函数 void TIM1_UP_IRQHandler(void)

该函数调用了 HAL 库提供的 HAL_TIM_IRQHandler 函数。void HAL_TIM_IRQHandler(TIM_HandleTypeDef * htim)函数返回值为 void，其作用为 HAL 对涉及中断的寄存器进行处理，参数 * htim 定时器的句柄指针，如定时器 1 就输入 &htim1，定时器 2 就输入 &htim2 。如果定时器为 1 则为 HAL_TIM_IRQHandler(&htim1)。在 HAL_TIM_IRQHandler 对各个涉及中断的寄存器进行处理之后，会自动调用中断回调函数。

2. 中断回调函数

HAL 库在完成定时器的中断服务函数后会自动调用定时器回调函数。_weak void HAL_TIM_PeriodElapsedCallback(TIM_HandleTypeDef * htim) 函数使用_weak 修饰符修饰，即用户可以在别处重新声明该函数，调用时将优先进入用户声明的函数。通过配置 TIM1 的分频值和重载值，使得 TIM1 的中断以 500 ms 的周期被触发。因此中断回调函数也是以 500 ms 为周期被调用。在 main. c 中重新声明定时器回调函数，并编写内容如下：

```
void HAL_TIM_PeriodElapsedCallback( TIM_HandleTypeDef * htim)
{
    if( htim  = =  &htim1)
    {
        //500 ms trigger
        bsp_led_toggle( );
    }
}
```

可以看到首先在回调函数中进行了中断来源的判断，判断其来源是否是定时器 1。如果有其他的定时器产生中断，同样会调用该定时器回调函数，因此需要进行来源的判断。

在确认了中断源为定时器 1 后，调用 bsp_led_toggle 函数，翻转 LED 引脚的输出电平。

3. HAL_TIM_Base_Start 函数

如果不开启中断，仅让定时器以定时功能工作，为了使定时器开始工作，需要调用 HAL 库提供的函数。HAL_StatusTypeDef HAL_TIM_Base_Start(TIM_HandleTypeDef * htim)函数的返回值为 HAL_StatusTypeDef，HAL 库定义的几种状态，如果成功使定时器开始工作，则返回 HAL_OK。其作用在于使对应的定时器开始工作。该函数有一个参数， * htim 定时器的句柄指针，如定时器 1 就输入 &htim1，定时器 2 就输入 &htim2。

4. HAL_TIM_Base_Start_IT 函数

如果需要使用定时中断,则需要调用函数 HAL_StatusTypeDef HAL_TIM_Base_Start_IT(TIM_HandleTypeDef * htim),该函数的返回值为 HAL_StatusTypeDef,HAL 库定义的几种状态,如果成功使定时器开始工作,则返回 HAL_OK。其作用在于使对应的定时器开始工作,并使能其定时中断。该函数有一个参数,* htim 定时器的句柄指针,如定时器 1 就输入 &htim1,定时器 2 就输入 &htim2。

以上两个函数 HAL_TIM_Base_Start 和 HAL_TIM_BaseStart_IT 如果要使用则都需要在主循环 while(1)之前调用。

完整的 main.c 代码添加如图 6.5.5 和图 6.5.6 所示。

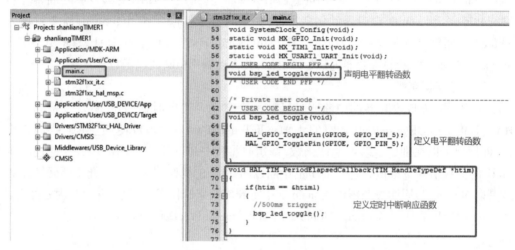

图 6.5.5　函数的声明与定义示意图

```
stm32f1xx_it.c    main.c*

95    /* USER CODE BEGIN Init */
96
97    /* USER CODE END Init */
98
99    /* Configure the system clock */
100   SystemClock_Config();
101
102   /* USER CODE BEGIN SysInit */
103
104   /* USER CODE END SysInit */
105
106   /* Initialize all configured peripherals */
107   MX_GPIO_Init();
108   MX_TIM1_Init();
109   MX_USART1_UART_Init();
110   MX_USB_DEVICE_Init();
111   /* USER CODE BEGIN 2 */
112   HAL_TIM_Base_Start_IT(&htim1);      开启定时中断函数
113   /* USER CODE END 2 */
114
115   /* Infinite loop */
116   /* USER CODE BEGIN WHILE */
```

图 6.5.6　中断开启函数示意图

5. 在 Keil 软件中编译代码并把代码下载到单片机中

6. 效果展示

单片机上的 LED 灯会以约 500 ms 跳变一次，呈现闪烁的效果。

6.6　蜂鸣器实践

任务要求:蜂鸣器每隔 500 ms 响或者停一次。LED0 每隔 500 ms 亮或者灭一次。LED0 亮的时候蜂鸣器不叫,而 LED0 熄灭的时候,蜂鸣器叫。

正点原子 STM32F103 开发板板载的蜂鸣器是电磁式的有源蜂鸣器。这里的有源不是指电源的"源",而是指有没有自带震荡电路,有源蜂鸣器自带震荡电路,一通电就会发声;无源蜂鸣器则没有自带震荡电路,必须外部提供 2 ~5 kHz 的方波驱动,才能发声。BEEP 电路原理图如图 6.6.1 所示。

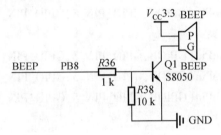

图 6.6.1　BEEP 电路原理图

6.6.1　具体配置

(1)打开 CubeMX 软件,在 file 选项里选择"New Project"。

(2)选择"STM32F103ZET6"。

(3)CubeMX 中配置 GPIO 为输出模式,在 CubeMX 找到对应引脚如 PB5、PE5 和 PB8,配置成 GPIO_Output 模式,PB5、PE5 初始化为高电平而 PB8 初始化为低电平,当 PB8 管脚为高电平时,蜂鸣器会响;当为低电平则不会鸣叫,所以在 CubeMX 中初始化为低电平。修改对应引脚的名称分别为 LED0、LED1 和 BEEP。配置与前面设置完全相同

(4)在 Cystem Core 下选择 RCC 选项,在 RCC mode and Configuration 中的 High Speed Clock(HSE)下选择 Crystal/Ceramic Resonator。

(5)进行 Clock Configuration 时钟树的配置,进行主频配置;将 Input frequecncy 设置为 8,点击旁边的 HSE 圆形按钮,配置 PLLMul 为 X9,选择 PLLCLK 圆形按钮,配置 AHB Prescaler 为/1,配置 APB1 Prescaler 为/2,配置 APB2 Prescaler 为/1。参考 CubcMX 配置一节的时钟树配置。

(6)点击顶部的 Pinout & Configuartion,选择 SYS,在 Debug 下拉框中选择 Serial Wire。

(7)点击顶部的 Project Manager,选择左侧的 Project 标签给工程起名为 BEEP,选择存放目录,在 Toolchain/IDE 中选择 MDK–ARM V5。

(8)点击 Project Manage 左侧的第二个标签 Code Generator,勾选 Copy only the necessary library files 以及 Generate peripheral initialization as a pair of '.c/.h' files per peripheral。

（9）点击顶部的 Generate Code，等待代码生成，打开工程。

6.6.2　程序设计

main( )的主循环代码如下：

```
while (1)
{
    / * USER CODE END WHILE * /

    / * USER CODE BEGIN 3 * /
    HAL_GPIO_WritePin( GPIOB, GPIO_PIN_8, GPIO_PIN_SET) ;
    HAL_GPIO_WritePin( GPIOB, GPIO_PIN_5, GPIO_PIN_SET) ;
    HAL_GPIO_WritePin( GPIOE, GPIO_PIN_5, GPIO_PIN_SET) ;
    HAL_Delay( 500) ;
    HAL_GPIO_WritePin( GPIOB, GPIO_PIN_8, GPIO_PIN_RESET) ;
    HAL_GPIO_WritePin( GPIOB, GPIO_PIN_5, GPIO_PIN_RESET) ;
    HAL_GPIO_WritePin( GPIOE, GPIO_PIN_5, GPIO_PIN_RESET) ;
    HAL_Delay( 500) ;
}
/ * USER CODE END 3 * /
```

将在 Keil 软件中编译代码并把代码下载到单片机中。

调试好的效果为，蜂鸣器每隔 500 ms 响或者停一次。LED0 每隔 500 ms 亮或者灭一次。LED0 亮的时候蜂鸣器不叫，而 LED0 熄灭的时候，蜂鸣器叫。

6.7　按键与指示灯实践

任务要求：利用按键点亮 LED 灯。

几乎每个开发板都会板载有独立按键，因为按键用处很多。常态下，独立按键是断开的，按下的时候才闭合。每个独立按键会单独占用一个 I/O 口，通过 I/O 口的高低电平判断按键的状态。但是按键在闭合和断开的时候，都存在抖动现象，即按键在闭合时不会马上就稳定的连接，断开时也不会马上断开。这是机械触点，无法避免。独立按键抖动波形图如图 6.7.1 所示。

图 6.7.1 中按下抖动和释放抖动的时间一般为 5 ~ 10 ms，如果在抖动阶段采样，其不稳定状态可能出现一次按键动作被认为是多次按下的情况。为了避免抖动可能带来的误操作，要做的措施就是给按键消抖（即采样稳定闭合阶段）。消抖方法分为软件消抖和硬件消抖。

（1）软件消抖：方法很多，例程中使用最简单的延时消抖。检测到按键按下后，一般进行 10 ms 延时，用于跳过抖动的时间段，如果消抖效果不好可以调整 10 ms 延时，因为

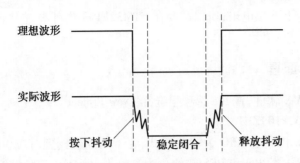

图 6.7.1　独立按键抖动波形图

不同类型的按键抖动时间可能有偏差。待延时过后再检测按键状态,如果没有按下,那就判断这是抖动或者干扰造成的;如果还是按下,那么就认为这是按键真的按下了。对按键释放的判断同理。

(2)硬件消抖:利用 RC 电路的电容充放电特性来对抖动产生的电压毛刺进行平滑,从而实现消抖,但是成本会高一点,推荐使用软件消抖即可。

正点原子 STM32F103 开发板板载 4 个按键,分别为 KEY_UP、KEY0、KEY1 和 KEY2。

通过原理图 6.7.2 可以看出,通过 PA0 来控制 KEY_UP 按键。此按键的左边有一个电源 V_{cc},需要在它的右边接一个下拉电阻,如图 6.7.3 所示。这样按键在松开时是低电平,按下时是高电平,不可以接上拉电阻。因为如果接了上拉电阻,不管按键是否按下,PA0 引脚处都是高电平。这样就无法通过 PA0 判断按键是否被按下。而 PE2、PE3 和 PE4 分别控制按键 KEY0、KEY1 和 KEY2。这些按键的左边为低电平,所以需要在按键的右边接一个上拉电阻,当按键松开时是高电平,按下时是低电平。

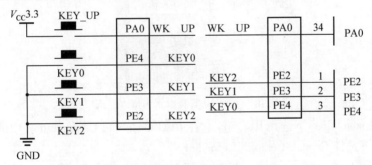

图 6.7.2　独立按键与 STM32F1 连接原理图

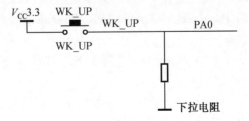

图 6.7.3　下拉电阻的接法示意图

需要注意的是:KEY0、KEY1 和 KEY2 是低电平有效的,而 KEY_UP 则是高电平有效的,并且外部都没有上下拉电阻,所以需要在 STM32F103 内部设置上下拉电阻,来确定按键的状态。

6.7.1　具体配置

(1)打开 CubeMX 软件,在 file 选项里选择"New Project"。

(2)选择"STM32F103ZET6"。

(3)在 CubeMX 中配置 GPIO 为输出模式,在 CubeMX 找到对应引脚 PB5 和 PE5,配置成 GPIO_Output 模式,PB5 和 PE5 初始化为高电平;把 PA0 管脚设置成 GPIO_Input 模式,如图 6.7.4 所示,下拉输入如图 6.7.5 所示;把 PE2 管脚设置成 GPIO_Input 模式,上拉输入,如图 6.7.6 所示。PB8 初始化为低电平,从图 6.6.1 可以看出,当 PB8 管脚为高电平时,蜂鸣器会响;当为低电平时则不会鸣叫,所以在 CubeMX 中初始化为低电平。修改对应引脚的名字分别为 LED0、LED1 和 BEEP。配置与前面设置完全相同。

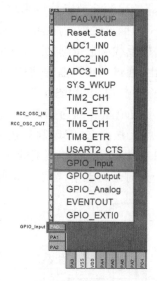

图 6.7.4　PA0 管脚设置为输入模式

(4)在 System Core 下选择 RCC 选项,在 RCC mode and Configuration 中的 High Speed Clock(HSE)下选择 Crystal/Ceramic Resonator。

(5)进行 Clock Configuration 时钟树的配置,进行主频配置;将 Input frequecncy 设置为 8,点击旁边的 HSE 圆形按钮,配置 PLLMul 为 X9,选择 PLLCLK 圆形按钮,配置 AHB Prescaler 为/1,配置 APB1 Prescaler 为/2,配置 APB2 Prescaler 为/1。参考 CubcMX 配置一节的时钟树配置。

(6)点击顶部的 Pinout & Configuration,选择 SYS,在 Debug 下拉框中选择 Serial Wire 串行。

(7)点击顶部的 Project Manager,选择左侧的 Project 标签给工程起名为 BEEP,选择存放目录,在 Toolchain/IDE 中选择 MDK-ARM V5。

(8)点击 Project Manage 左侧的第二个标签 Code Generator,勾选 Copy only the necessary library files 以及 Generate peripheral initialization as a pair of '.c/.h' files per peripheral。

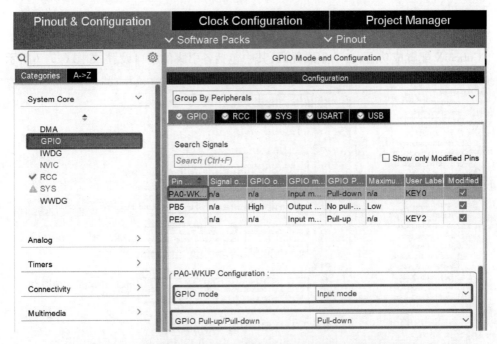

图 6.7.5 KEY0 对应的 PA0 管脚设置为输入模式并接下拉电阻

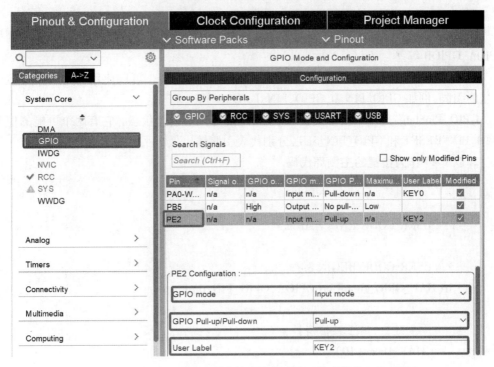

图 6.7.6 KEY2 对应的 PE2 管脚设置为输入模式并接上拉电阻

(9)点击顶部的 Generate Code,等待代码生成,打开工程。

6.7.2 程序设计

CubeMX 配置成功后,自动生成代码,其中包括各引脚的端口设置,如图 6.7.7 所示。

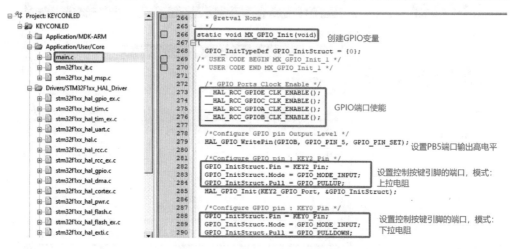

图 6.7.7 KEIL 中的初始化函数

1. 读取引脚电平函数,返回按键当前的电平状态

GPIO_PinState HAL_GPIO_ReadPin(GPIO_TypeDef * GPIOx, uint16_t GPIO_Pin);

GPIOx:是一个指向 GPIO_TypeDef 结构体的指针,指定了要控制的 GPIO 端口,例如 GPIOA、GPIOB 等。

GPIO_Pin:是一个 16 位的整数,指定要设置的特定引脚。可以使用宏定义来指定要控制的引脚,例如 GPIO_PIN_0,GPIO_PIN_1,GPIO_PIN_2 等。

GPIO_PinState:是一个枚举类型,用于指定要写入的引脚状态。它有两个可能的值为 GPIO_PIN_RESET 和 GPIO_PIN_SET,分别代表引脚输出低电平和高电平。

2. 以 PA0 作为按键的主循环代码

```
while (1)
{
    /* USER CODE END WHILE */

    /* USER CODE BEGIN 3 */
    if( HAL_GPIO_ReadPin( GPIOA,GPIO_PIN_0))
    {
        /*延时,用于按键消抖*/
        HAL_Delay(10);
        if( HAL_GPIO_ReadPin( GPIOA,GPIO_PIN_0))
        {
            HAL_GPIO_WritePin( GPIOB,GPIO_PIN_5,GPIO_PIN_RESET);//LED
```
点亮

```
            }
        }
    else if( HAL_GPIO_ReadPin( GPIOA , GPIO_PIN_0) = = 0)
    {

        /* 延时,用于按键消抖 */
        HAL_Delay(10) ;
        if( HAL_GPIO_ReadPin( GPIOA , GPIO_PIN_0) = = 0)
        {
            HAL_GPIO_WritePin( GPIOB , GPIO_PIN_5 , GPIO_PIN_SET) ;//LED 熄灭}
        }

    }
    /* USER CODE END 3 */
}
```

3. 以 PE2 作为按键的主循环代码

```
while ( 1 )
{
    /* USER CODE END WHILE */

    /* USER CODE BEGIN 3 */
    if( HAL_GPIO_ReadPin( GPIOE , GPIO_PIN_2) )
    {

        HAL_Delay(10) ;
        if( HAL_GPIO_ReadPin( GPIOE , GPIO_PIN_2) )
        {
            HAL_GPIO_WritePin( GPIOB , GPIO_PIN_5 , GPIO_PIN_SET) ;//  LED
熄灭
        }
    }
    else if( HAL_GPIO_ReadPin( GPIOE , GPIO_PIN_2) = = 0)
    {
        HAL_Delay(10) ;
        if( HAL_GPIO_ReadPin( GPIOE , GPIO_PIN_2) = = 0)
        {
            HAL_GPIO_WritePin( GPIOB , GPIO_PIN_5 , GPIO_PIN_RESET) ;//
LED 点亮
        }
```

```
    }

  }
    / * USER CODE END 3 * /
}
```

在 Keil 软件中编译代码并把代码下载到单片机中。

调试好的效果为,通过按下按键 KEY0,控制 LED0 灯的亮灭。

6.8　通过硬件中断实现按键与指示灯实践

任务要求:通过外部中断的方式让开发板上的 3 个独立按键控制 LED 灯,KEY_UP 控制 LED0 翻转,KEY1 控制 LED1 翻转。

独立按键与 STM32F103 连接原理图如图 6.8.1 所示。

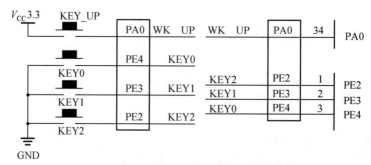

图 6.8.1　独立按键与 STM32F103 连接原理图

6.8.1　中断基础知识

用 STM32CubeMX 来配置外部中断非常方便,只需要选择需要配置的引脚,将其设置为外部中断的模式,接着对它进行使能,后面的 CodeGenerate 自动配置,这比标准库自己配置要快很多。理论知识参考利用定时器与中断实现板载灯 LED 的闪烁。

6.8.2　具体配置

(1)打开 CubeMX 软件,在 file 选项里选择"New Project"。

(2)选择"STM32F103ZET6"。

(3)在 CubeMX 中配置引脚 PB5 、PE5 为 GPIO_Output 模式,PB5 、PE5 初始化为高电平。而 PB8 初始化为低电平,由开发板原理图可知,当 PB8 管脚为高电平时,蜂鸣器会响;当为低电平时则不会鸣叫,所以在 CubeMX 中初始化为低电平。修改对应引脚的名称分别为 LED0、LED1 和 BEEP;3 个 KEY 引脚分别设置为外部中断,这里 KEY2 对应 GPIO_EXIT2,KEY1 对应 GPIO_EXIT3,KEY0 对应 GPIO_EXIT4,具体设置如图 6.8.2 所示,3 个 KEY 引脚 GPIO 配置如图 6.8.3 所示,中断使能配置如图 6.8.4 所示,LED 和 BEEP 配置如图6.8.5所示。

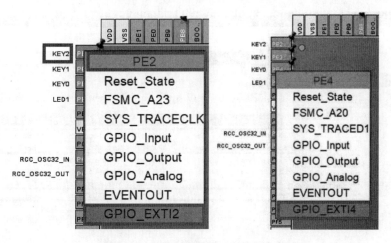

图 6.8.2　KEY 引脚设置为外部中断

图 6.8.3　3 个 KEY 键的管脚配置

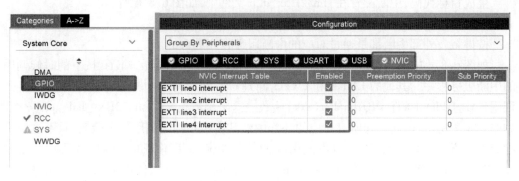

图 6.8.4　中断使能配置

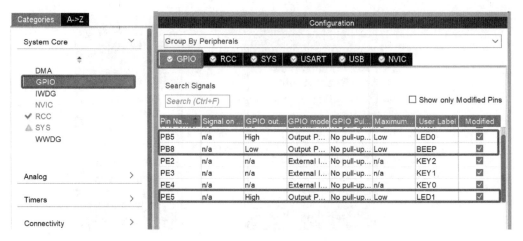

图 6.8.5 LED 和 BEEP 配置

（4）在 System Core 下选择 RCC 选项，在 RCC mode and Configuration 中的 High Speed Clock（HSE）下选择 Crystal/Ceramic Resonator。

（5）进行 Clock Configuration 时钟树的配置，进行主频配置；将 Input frequecncy 设置为 8，点击旁边的 HSE 圆形按钮，配置 PLLMul 为 X9，选择 PLLCLK 圆形按钮，配置 AHB Prescaler 为/1，配置 APB1 Prescaler 为/2，配置 APB2 Prescaler 为/1。参考 CubcMX 配置一节的时钟树配置。

（6）点击顶部的 Pinout & Configuration，选择 SYS，在 Debug 下拉框中选择 Serial Wire 串行。

（7）点击顶部的 Project Manager，选择左侧的 Project 标签给工程起名为 BEEP，选择存放目录，在 Toolchain/IDE 中选择 MDK-ARM V5。

（8）点击 Project Manage 左侧的第二个标签 Code Generator，勾选 Copy only the necessary library files 以及 Generate peripheral initialization as a pair of '. c/. h' files per peripheral。

（9）点击顶部的 Generate Code，等待代码生成，打开工程。

6.8.3 程序设计

生成目标代码，中断配置在 stm32f1xx_it. c 文件中，如图 6.8.6 所示。

1. 代码编写思路

按键触发外部中断都是通过对应的中断服务程序进行的。

如图 6.8.6 中的 EXTI4_IRQHandle（void）函数，这个函数是在 KEY0 按下的时候调用的中断服务程序。其他的 EXTI2 和 EXTI3 同理。看到所有的中断服务程序最终都会去调用 HAL_GPIO_EXTI_IRQHandler（xxx）函数。这个函数在文件 stm32f1xx_hal_gpio. c 中，如图 6.8.7 所示，由此可知所有对应的外部中断其实最终都是调用这个函数，只不过引脚参数不一样。引脚参数不同，对不同引脚的外部中断使用不同的中断服务程序。由图 6.8.7 的 HAL_GPIO_EXTI_IRQHandler（uint16_t GPIO_Pin）函数体中可以看到：每一个中断服务程序不论是什么参数，都会调用 HAL_GPIO_EXTI_Callback（GPIO_Pin）函数，也就是中断触发完之后的回调函数。即按键按下以后，触发了外部中断，告知系统外部中断触

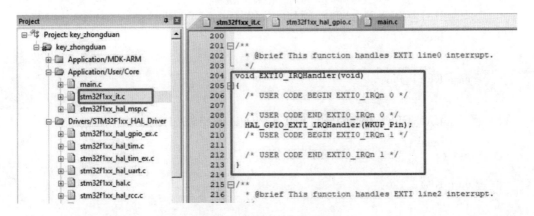

图 6.8.6　中断配置源文件结构

发完之后要做的工作。由图 6.8.7 可以看到：_weak void HAL_GPIO_EXTI_Callback(uint16_t GPIO_Pin)是个弱函数，即可以被重新定义。

　　所以对中断触发完之后的所有对应操作都可以写在这个回调函数里。表示每触发一次中断，所要做的工作。

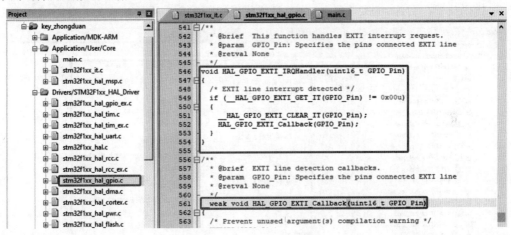

图 6.8.7　中断服务程序

2. 重写回调函数

　　既然已经知道中断触发需要做的工作，即 LED0 与 LED1 默认熄灭，蜂鸣器默认关闭。按下按键 KEY0，控制 LED0 亮灭；按下按键 KEY1，控制 LED1 亮灭；按下按键 KEY2 控制蜂鸣器开关。

　　首先判断是哪个中断触发了，然后写出对应的代码。如按下 KEY0，把 LED0 从灭变亮，即翻转一下电平。具体代码如下：

```
void HAL_GPIO_EXTI_Callback(uint16_t GPIO_Pin)
{
    switch(GPIO_Pin){
    case KEY0_Pin：
    {
```

```
        HAL_GPIO_TogglePin(LED0_GPIO_Port,LED0_Pin);
        break;
    }
    case KEY1_Pin:
    {
        HAL_GPIO_TogglePin(LED1_GPIO_Port,LED1_Pin);
        break;
    }
    case KEY2_Pin:
    {
        HAL_GPIO_TogglePin(BEEP_GPIO_Port,BEEP_Pin);
        break;
    }
    }
}
```

代码放置在文件 stm32f1xx_it.c 中,具体代码如图 6.8.8 所示。

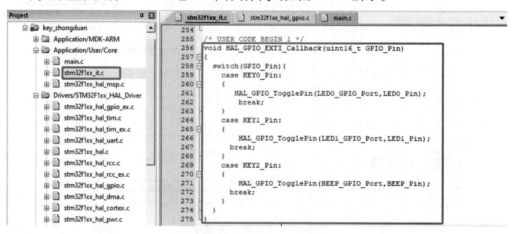

图 6.8.8　中断服务程序代码

在 Keil 软件中编译代码并把代码下载到单片机中。

调试好的效果为 LED0 与 LED1 默认熄灭,蜂鸣器默认关闭。按下按键 KEY0,控制 LED0 亮灭;按下按键 KEY1,控制 LED1 亮灭;按下按键 KEY2,控制蜂鸣器开关。

6.9　STM32CubeMX 实现简单串口通信

任务要求:通过串口助手进行串口调试。

STM32F103 的串口资源相当丰富,功能也相当强劲。STM32F103ZET6 最多可提供 5 路串口,有分数波特率发生器、支持同步单线通信和半双工单线通信、支持 LIN、支持调制解调器操作、智能卡协议和 IrDA SIR ENDEC 规范、具有 DMA 等。

STM32F1的串口分为两种：USART（即通用同步异步收发器）和UART（即通用异步收发器）。UART是在USART基础上裁剪掉同步通信功能，只剩下异步通信功能。简单区分同步和异步就是看通信时需不需要对外提供时钟输出，平时用串口通信基本都是异步通信。STM32F1有3个USART和2个UART，其中USART1的时钟源来自于APB2时钟，其最大频率为72 MHz，其他4个串口的时钟源可以来自于APB1时钟，其最大频率为36 MHz。STM32的串口输出的是TTL电平信号，如果需要RS-232标准的信号可使用MAX3232芯片进行转换，而本实验通过USB转串口芯片CH340C来与电脑的上位机进行通信。

6.9.1　具体配置

（1）打开CubeMX软件，在file选项里选择"New Project"。

（2）选择"STM32F103ZET6"。

（3）在System Core下选择RCC选项，在RCC mode and Configuration中的High Speed Clock（HSE）下选择Crystal/Ceramic Resonator。

（4）进行Clock Configuration时钟树的配置，进行主频配置；将Input frequecncy设置为8，即选择外部时钟HSE 8 MHz，点击旁边的HSE圆形按钮，配置PLLMul为X9，即PLL锁相环倍频9倍（8×9＝72）；选择PLLCLK圆形按钮即选择系统时钟来源为PLL，配置AHB Prescaler即分频比为/1，配置APB1 Prescaler即分频比为/2，配置APB2 Prescaler为/1。

（5）点击顶部的Pinout & Configuartion，选择SYS，在Debug下拉框中选择Serial Wire串行。

（6）设置串口。这里选择USART1，串口配置的引脚为PA9、PA10，设置MODE为异步通信（Asynchronous），Baud Rate波特率：如果想要数据传输稳定选择9 600，想要数据传输速度快选择115 200；Word Length字长（数据位和校验位的长度之和）；Panity校验位：None是无校验，Even是偶校验，Odd是奇校验；Stop Bits停止位。

本例参数设置：波特率为115 200 Bit/s，传输数据长度为8 Bit，奇偶检验无，停止位1，接收和发送都使能，如图6.9.1所示。

（7）点击顶部的Project Manager，选择左侧的Project标签给工程起名为CHUANKOU，选择存放目录，在Toolchain/IDE中选择MDK-ARM V5。

（8）点击Project Manage左侧的第二个标签Code Generator，勾选Copy only the necessary library files以及Generate peripheral initialization as a pair of '.c/.h' files per peripheral。

（9）点击顶部的Generate Code，等待代码生成，打开工程。

6.9.2　USART串口通信函数介绍

1. UART函数库介绍

结构体以及函数定义均在头文件：stm32f1xx_hal_uart.h。

UART结构体定义为UART_HandleTypeDef huart1；

串口发送/接收函数如下：

HAL_UART_Transmit( )：串口发送数据，使用超时管理机制。

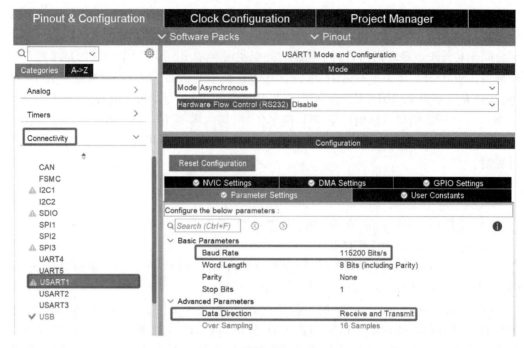

图 6.9.1　串口设置示意图

HAL_UART_Receive( )：串口接收数据，使用超时管理机制。

HAL_UART_Transmit_IT( )：串口中断模式发送。

HAL_UART_Receive_IT( )：串口中断模式接收。

HAL_UART_Transmit_DMA( )：串口 DMA 模式发送。

HAL_UART_Transmit_DMA( )：串口 DMA 模式接收。

例如串口发送数据：

HAL_UART_Transmit(UART_HandleTypeDef * huart, uint8_t * pData, uint16_t Size, uint32_t Timeout)

功能：串口发送指定长度的数据。如果超时没发送完成，则不再发送，返回超时标志（HAL_TIMEOUT）。

对应的参数如下：

UART_HandleTypeDef huart：UART 结构体（huart1）。

pData：需要发送的数据。

Size：发送的字节数。

Timeout：最大发送时间，发送数据超过该时间退出发送。

举例：

HAL_UART_Transmit(&huart1, (uint8_t *)"diyu", 4, 0xffff)；　//串口发送 4 个字节数据，最大传输时间 0xfff。

2. 利用 UART 函数库进行代码编写

在文件 main. c 中的 while 循环里添加代码如下：

while (1)

```
        {
            /∗USER CODE END WHILE∗/
            //添加下面两行代码
            HAL_UART_Transmit(&huart1,(uint8_t∗)"hello windows! \r\n",16,0xffff);
            HAL_Delay(1000); //延时 1 s
            /∗USER CODE BEGIN 3∗/
        }
```

3. 串口调试

串口选择:一般会自动分配到所在串口,可以打开设备管理器查看,如图 6.9.2 所示。在串口选择下面的选项要与前面在 STM32CubeMX 里设置的内容相同,然后打开串口,就可以接收到数据了(每隔 1 s 就会发送一句 hello windows!)。

图 6.9.2　串口端口设置

将程序编译、烧录或下载进核心板,打开串口助手查看接收到的数据,如图 6.9.3 所示。

4. 使用 printf( ) 函数进行输出

C 语言的 printf 是一个标准库函数,用于将格式化的数据输出到标准的输出设备(通常是终端)。

基本格式:int printf(const char ∗ format, . . .);

其中第一个参数 const char ∗ format 表示输出格式,后面的参数是可变参数,用于填充格式化字符串中的占位符。

字符输出原理:

格式化字符串处理:printf 函数将第一个参数 const char ∗ format 中的格式占位符解析出来,然后根据占位符的类型和顺序依次取可变参数中的值,将这些值转换为字符串,并将其按照格式化字符串中的顺序和样式组合成最终的输出字符串。

图 6.9.3　UART 函数串口调试

　　输出字符串存储：printf 函数将格式化后的输出字符串存储在内存缓冲区中。

　　输出字符串显示：printf 函数将内存缓冲区中的输出字符串显示到标准输出设备上，通常是终端。

　　学习 C 语言时，需要先调用头文件#include "stdio. h"，使用 printf 函数进行格式化输出打印。但是在 Keil 中，不能直接使用 C 语言的打印函数，需要添加支持设置，即调用 MDK 的微库（MicroLib）称之为 printf 的重定向。不仅仅可以把打印字符重定向，而且还可以将获取字符重定向。

　　MicroLIB 是 Keil 公司提供的一个 C 标准库，专为嵌入式系统设计而开发。相对于标准 C 库，MicroLIB 库更加轻量级，代码量更小，适用于嵌入式系统等资源受限的环境。MicroLIB 库支持 ISO/ANSI C 标准的大部分函数，并增加了一些嵌入式系统常用的函数，例如串口通信、GPIO 控制等。在 MDK 的工程中，开发者可以选择使用 MicroLIB 库来进行开发，以减小程序的代码大小和占用内存的空间。

　　需要注意的是，MicroLIB 库并不是一个完整的 C 标准库，它只实现一部分的 C 标准函数，并且一些函数的实现与标准 C 库可能存在差异。如果需要使用标准 C 库的函数或者功能更加完整的 C 标准库，开发者需要使用其他的 C 标准库，例如 GNU C Library（glibc）等。

　　（1）设置重定向。

　　单击 Keil 软件工具栏中的魔术棒，然后勾选使用微库（Use MicroLIB），如图 6.9.4 所示。

　　（2）添加串口重定向代码。

　　①在 main. c 函数中添加头文件：#include "stdio. h"。

　　②在 main. c 函数的/ ∗ USER CODE BEGIN 4 ∗/内添加下面代码：

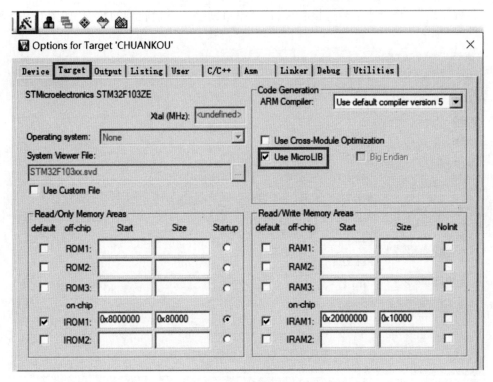

图 6.9.4　设置重定向

```
int fputc( int c , FILE * stream )
{
    uint8_t ch[ 1 ] = { c } ;
    HAL_UART_Transmit( &huart1 , ch , 1 , 0xFFFF ) ;
    return c ;
}
```

③在主循环中添加代码进行测试。

```
/ * USER CODE BEGIN WHILE * /
while ( 1 )
{
    / * USER CODE END WHILE * /
    / * USER CODE BEGIN 3 * /
    //HAL_UART_Transmit( &huart1 , ( uint8_t * )" hello windows!  \r\n", 16 ,
0xffff) ;
    printf( " Hello% d \r\n" ,321 ) ;
    HAL_Delay( 1000 ) ;

}
/ * USER CODE END 3 * /
```

将程序编译、烧录或下载进核心板,打开串口助手查看接收到的数据,如图6.9.5 所示。

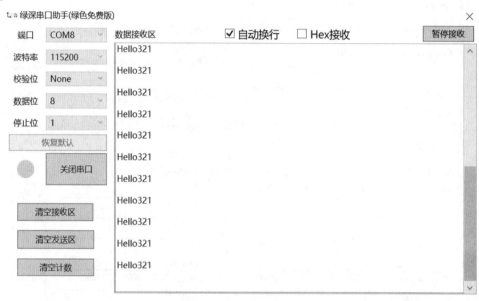

图6.9.5 Printf( )函数串口调试

6.10 STM32CubeMX 实现串口中断通信

任务要求:利用中断方式进行串口的收发通信。

6.10.1 基本配置

基本配置与简单串口通信设置相同,选择 USART1,串口配置的引脚默认为 PA9、PA10,可以点击 GPIO Settings 查看是否是自己要配的串口,如果要选择其他的串口可以用鼠标左键单击右边芯片上的对应引脚进行选择,如图6.10.1 所示。设置 Mode 为异步通信(Asynchronous),(注意在连接单片机和计算机时,单片机的 RXD 接计算机的 TXD,单片机的 TXD 接计算机的 RXD)Baud Rate 波特率:如果想要数据传输稳定选择9 600,想要数据传输速度快选择115 200;Word Length 字长(数据位和校验位的长度之和);Panity 校验位:None 是无校验,Even 是偶校验,Odd 是奇校验;Stop Bits 停止位。

主要进行串口中断使能 USART global interrupt 的设置,如图6.10.2 所示。

6.10.2 USART 串口通信中断函数介绍

串口中断函数:

HAL_UART_IRQHandler(UART_HandleTypeDef ∗ huart) ;//串口中断处理函数

HAL_UART_TxCpltCallback(UART_HandleTypeDef ∗ huart) ;//串口发送中断回调函数

HAL_UART_TxHalfCpltCallback(UART_HandleTypeDef ∗ huart) ;//串口发送一半中断

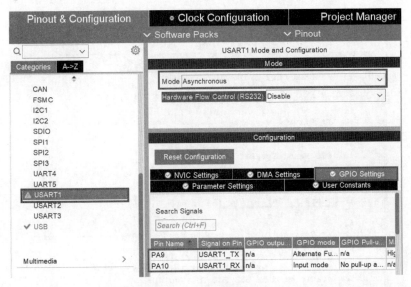

图 6.10.1　串口管脚分配

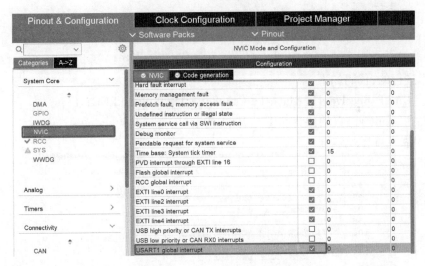

图 6.10.2　串口中断使能设置

回调函数(用的较少)

　　HAL_UART_RxCpltCallback(UART_HandleTypeDef * huart);//串口接收中断回调函数

　　HAL_UART_RxHalfCpltCallback(UART_HandleTypeDef * huart);//串口接收一半回调函数(用的较少)

　　HAL_UART_ErrorCallback();串口接收错误函数

6.10.3　程序设计

　　(1)将发送与接收的数据数组定义成全局变量:在主函数 main.c 的外部添加以下代码,如图 6.10.3 所示。

uint8_tBuffer[5]; //发送与接收数据缓冲区

uint8_t RxFlag = 0;//接收完成标志;0 表示接收未完成,1 表示接收完成。

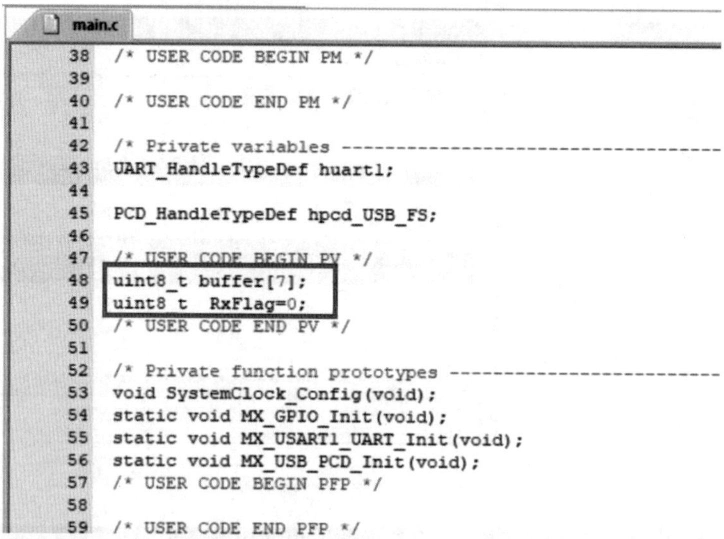

```
main.c
38    /* USER CODE BEGIN PM */
39
40    /* USER CODE END PM */
41
42    /* Private variables -----------------------
43    UART_HandleTypeDef huart1;
44
45    PCD_HandleTypeDef hpcd_USB_FS;
46
47    /* USER CODE BEGIN PV */
48    uint8_t buffer[7];
49    uint8_t  RxFlag=0;
50    /* USER CODE END PV */
51
52    /* Private function prototypes ------------------
53    void SystemClock_Config(void);
54    static void MX_GPIO_Init(void);
55    static void MX_USART1_UART_Init(void);
56    static void MX_USB_PCD_Init(void);
57    /* USER CODE BEGIN PFP */
58
59    /* USER CODE END PFP */
```

图 6.10.3　在 main. c 中定义全局数组

(2)将第一次触发中断的语句放在 main( )函数的 while(1)语句之前,串口操作都是由中断来进行的,代码如下:

HAL_UART_Receive_IT(&huart1,(uint8_t *)RxBuffer,LENGTH);

代码在 main( )函数的位置如图 6.10.4 所示。

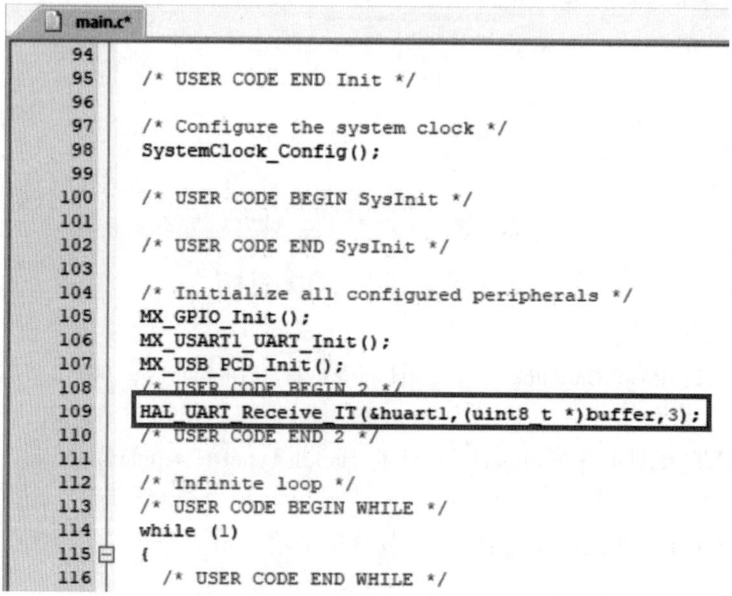

```
main.c*
94
95    /* USER CODE END Init */
96
97    /* Configure the system clock */
98    SystemClock_Config();
99
100   /* USER CODE BEGIN SysInit */
101
102   /* USER CODE END SysInit */
103
104   /* Initialize all configured peripherals */
105   MX_GPIO_Init();
106   MX_USART1_UART_Init();
107   MX_USB_PCD_Init();
108   /* USER CODE BEGIN 2 */
109   HAL_UART_Receive_IT(&huart1,(uint8_t *)buffer,3);
110   /* USER CODE END 2 */
111
112   /* Infinite loop */
113   /* USER CODE BEGIN WHILE */
114   while (1)
115   {
116     /* USER CODE END WHILE */
```

图 6.10.4　触发发送中断语句在 main( )函数所在位置

(3)重写回调函数,如果接收中断,则将 RxFlag=1,代码如下:

void HAL_UART_RxCpltCallback(UART_HandleTypeDef * huart)　//接收中断回调函

数

```
    {
        if(huart->Instance == USART1)    //判断发生接收中断的串口
        {

            RxFlag=1;  //置为接收完成标志

        }
    }
```

代码在 main( )函数的位置如图 6.10.5 所示。

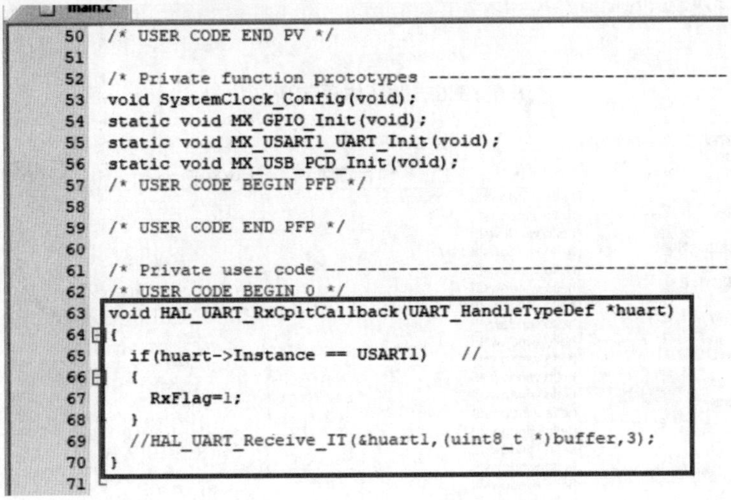

图 6.10.5　串口接收中断所在位置

(4)在 mian( )函数的 While 循环内添加代码,代码如下:

HAL_UART_Transmit(&huart1,(uint8_t *)" hello windows!!! \r\n", 16 , HAL_
MAX_DELAY);

HAL_Delay(1000);

if(RxFlag == 1)

{

HAL_UART_Transmit_IT(&huart1,buffer,3);

HAL_Delay(1000);

HAL_UART_Transmit(&huart1,(uint8_t *)" Recevie Success! \n",17,HAL_
MAX_DELAY);

break;

}

代码在 main( )函数中的位置如图 6.10.6 所示。

(5)程序编译、下载与串口调试。

将程序编译、烧录或下载进核心板,打开串口助手查看接收到的数据,如图 6.10.7 所示。

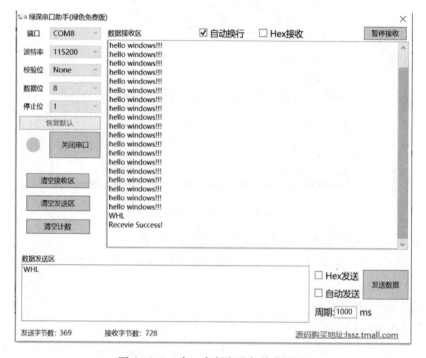

```
     main.c*
110      /* USER CODE END 2 */
111
112      /* Infinite loop */
113      /* USER CODE BEGIN WHILE */
114      while (1)
115      {
116        /* USER CODE END WHILE */
117
118        /* USER CODE BEGIN 3 */
119        HAL_UART_Transmit(&huart1, (uint8_t *)"hello windows!!!\r\n", 16 , HAL_MAX_DELAY);
120        HAL_Delay(1000);
121        if(RxFlag == 1)
122        {
123          HAL_UART_Transmit_IT(&huart1,buffer,3);
124          HAL_Delay(1000);
125          HAL_UART_Transmit(&huart1,(uint8_t *)"Recevie Success!\n",17,HAL_MAX_DELAY);
126          break;
127        }
128      }
129      /* USER CODE END 3 */
130    }
131
```

图 6.10.6　循环体语句所在位置

图 6.10.7　串口中断发送与接收调试

运行分析:当没有触发串口中断时,系统不停地发送 hello windows!!! 字样,当接收到数据 WHL 即触发中断,则会将输入的内容发送后发送一条 Recevie Success! 语句后退出循环。

6.11　程序架构引入操作系统,创建多任务实现板载灯闪烁

任务要求:利用 FreeRTOS 机制,创建多任务实现板载灯闪烁。

标准库主要的难点:设备的初始化;引脚的冲突(引脚要进行重新分配);时钟分配。

CUBE 的好处:时钟链的分配比较容易,可以迅速从一个平台移植到另一个平台。

正点原子的好处:每一个独立的项目都没有问题,综合在一起每个子模块可能会产生冲突,调试比较麻烦,所以可以搭建一个模板,利用此模板可以很好地将别人写好的代码移植到自己的平台上。

6.11.1　FreeRTOS 简介

1.FreeRTOS 多任务机制

在 FreeRTOS 中,任务调度器会不断地扫描所有的任务,选择具有最高优先级的就绪任务来运行。当有新任务就绪或者当前任务完成时,调度器会再次扫描任务,选择下一个就绪任务来运行。这种运行方式叫作"任务轮转"。

在任务调度器切换任务时,会进行上下文切换。上下文切换会在切换前和切换后保存和恢复 CPU 寄存器状态,并在切换后切换新任务的堆栈。这样可以保证每个任务的状态和环境不受其他任务的影响。

此外,FreeRTOS 也提供了可重入的调度器函数,如 xTaskIncrementTick,在处理硬件定时器或中断时使用。这种机制可以让中断和任务在上下文切换时进行切换。

通过上述机制,FreeRTOS 能支持在单核 CPU 上多任务并行运行,各个任务相互独立,互不影响,调度策略满足系统要求,实现了多任务并发处理。

2.任务的状态

就绪状态(Ready):任务已经创建,并且可以被调度器运行。当任务被创建时,它处于就绪状态。

运行状态(Running):当前在 CPU 上运行的任务。只有一个任务能处于运行状态。

阻塞状态(Blocked):任务被阻塞了,不能被调度器运行。当任务执行阻塞操作时,如等待信号量、邮箱、消息队列等,它将进入阻塞状态。

挂起状态(Suspended):任务被挂起了,不能被调度器运行。当任务被调用 vTaskSuspend()挂起时,它将进入挂起状态。

删除状态(Deleted):任务已被删除,不能被调度器运行。当任务调用 vTaskDelete()或者调度器自动删除任务时,它将进入删除状态。

任务状态的转换由调度器控制。例如一个任务从就绪状态转换到运行状态,当前运行的任务从运行状态转换到就绪状态,调用阻塞函数的任务从就绪状态转换到阻塞状态。

3.任务的优先级

FreeRTOS 中每个任务都有一个优先级。优先级越高的任务越容易被调度器选中,被分配到更多的 CPU 时间。

FreeRTOS 使用优先级调度算法来确定哪个任务应该在 CPU 上运行。当任务调度器每次被调用时,它会扫描所有就绪任务,选择具有最高优先级的任务来运行。

默认情况下,FreeRTOS 使用升序优先级调度算法,即优先级越高,值越小。其中默认最低优先级为 0,最高优先级为(configMAX_PRIORITIES−1)。

开发人员可以使用函数 xTaskCreate()来创建新任务并指定其优先级,也可以使用函数 vTaskPrioritySet()更改已有任务的优先级。

在实际应用中,优先级需要结合系统的实际需求进行设置,确保每个任务都能得到足够的运行时间,确保系统的正常运行。

4. 空闲任务

FreeRTOS 中有一个特殊的任务叫作空闲任务(Idle task)。这个任务是由 FreeRTOS 自动创建的,它的优先级是最低的,并且当所有其他任务都处于阻塞状态时,调度器会自动切换到这个任务上运行。

空闲任务的主要目的是在系统空闲时执行后台操作,如调整 CPU 的频率,执行计数器或收集统计信息等。

可以通过 xApplicationIdleHook() 函数来指定空闲任务的具体行为,以实现自己的空闲处理逻辑。此函数在空闲任务调用时运行,默认实现为空函数,如果没有被重定义,空闲任务就不会执行其他任何操作。

需要注意的是,空闲任务会一直运行,因此需要保证它不会占用过多 CPU 资源,否则可能会影响其他任务的调度。

空闲任务作为系统级别的任务提供资源回收及其他一些系统维护操作,比如进行资源回收或者统计系统信息等操作,它在系统处理能力充足时可以满足效率要求,如果在系统空闲时间很多的时候会成为系统的瓶颈。

5. FreeRTOS 的任务调度

FreeRTOS 使用任务调度器(task scheduler)来管理和调度任务。当系统中有新的任务就绪或者当前任务完成时,调度器会被唤醒,选择下一个就绪任务来运行。

FreeRTOS 默认使用的是单次调度(pre-emptive scheduling)的方式。即当优先级更高的任务就绪时,调度器会立即将 CPU 切换到该任务上,即使当前任务还有剩余时间片。这样可以确保高优先级任务能尽快得到处理。

调度器会不断地扫描所有的任务,选择具有最高优先级的就绪任务来运行。如果有多个任务具有相同的优先级,调度器会使用先到先服务(FIFO)的方式来选择下一个任务。

开发人员可以通过配置调度器行为来实现不同的调度策略,例如使用时间片轮转(round-robin)的方式来支持多任务共享 CPU 时间。

需要注意的是,调度器是在中断上运行的,这样可以保证在任何时候都可以进行任务调度,即使是在任务执行过程中。

6. 宏定义参数

FreeRTOS 提供了一系列的宏来配置调度器行为。这些宏定义可以在 FreeRTOSConfig.h 文件中进行配置,需要注意的是,配置的方式要结合实际情况来进行,不同的配置会带来不同的效果。

常用的调度器配置宏定义:

configUSE_PREEMPTION:如果设置为 1,表示使用单次抢占式调度,当优先级更高的任务就绪时,调度器会立即将 CPU 切换到该任务上。

configUSE_TIME_SLICING:如果设置为 1,表示使用时间片轮转调度,即每个任务有固定的时间片来使用 CPU。

configIDLE_SHOULD_YIELD：如果设置为1，表示空闲任务应该让出 CPU 给优先级更高的任务。

7. 任务管理函数

xTaskCreate( )函数用于创建一个新的任务，需要指定任务的入口函数、任务名、任务栈大小、传递给任务的参数和任务优先级等信息。

vTaskDelete( )函数可以销毁一个已存在的任务，释放该任务占用的所有资源。

vTaskSuspend( )和 vTaskResume( )函数用于挂起和唤醒任务，可以用来控制任务的运行状态。

vTaskDelay( )和 vTaskDelayUntil( )函数用于延迟任务的执行，可以用来实现周期性任务或者延时任务。

vTaskPrioritySet( )函数用于设置任务的优先级。

uxTaskPriorityGet( )函数可以获取任务的当前优先级。

eTaskGetState( )函数用于获取任务的当前状态。

6.11.2 创建多任务例程

(1)GPIO 设置：参考 6.2 节中的 STM32CubeMX 正确配置的 GPIO 配置，将 PB5 和 PE5 两个板载灯设置为输出脚，初始值为 HIGH 电平，名字分别为 LED0 和 LED1。

(2)时钟源、时钟树配置、串口设置参考 6.2 节。

(3)FreeRTOS 配置参考 6.2 节。新建两个任务如图 6.11.1 所示。

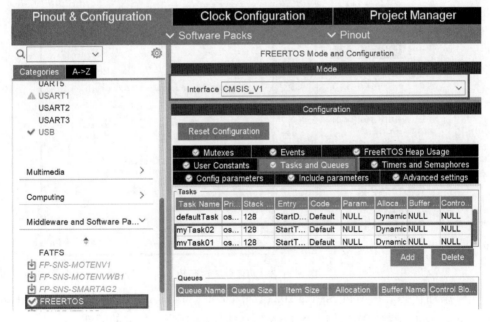

图 6.11.1 任务的创建

(4)生成代码。当进行了 FreeRTOS 配置，生成的代码会在 Core 文件夹下增加一个初始任务 freetos.c 文件，如图 6.11.2 所示。在 freetos.c 文件中，定义了两个任务的入口函数,如图 6.11.3 所示。

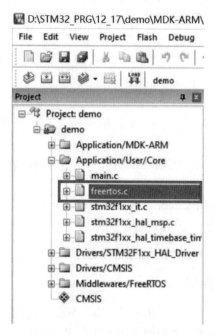

图 6.11.2　freetos. c 文件所在位置

图 6.11.3　两任务入口函数

（5）添加代码。在 void StartTask02（void const * argument）和 void StartTask01（void const * argument）函数中添加如图 6.11.4 所示的代码，实现板载波的闪烁。

（6）功能分析。代码运行后，会先执行任务 StartTas01，PB5 连接的 LED 每 500 ms 翻转一次。然后执行任务 StartTas02，PE5 连接的板载 LED 每 500 ms 翻转一次。

```
151    void StartTask02(void const * argument)
152  ⊟{
153      /* USER CODE BEGIN StartTask02 */
154      /* Infinite loop */
155      for(;;)
156  ⊟   {
157      HAL_GPIO_TogglePin(GPIOE,GPIO_PIN_5);//??PA1??
158        osDelay(500);//??500ms
159  -    }
160      /* USER CODE END StartTask02 */
161  └}
162    /* USER CODE BEGIN Header_StartTask01 */
163  ⊟/**
164    * @brief Function implementing the myTask01 thread.
165    * @param argument: Not used
166    * @retval None
167  └*/
168    /* USER CODE END Header_StartTask01 */
169    void StartTask01(void const * argument)
170  ⊟{
171      /* USER CODE BEGIN StartTask01 */
172      /* Infinite loop */
173
174      for(;;)
175  ⊟   {
176      HAL_GPIO_TogglePin(GPIOB,GPIO_PIN_5);//??PA1??
177        osDelay(500);//??500ms
178  -    }
179      /* USER CODE END StartTask01 */
180  }
```

图 6.11.4　板载灯闪烁的程序代码

6.12　程序架构引入操作系统,创建多任务实现 LCD 显示

任务要求:利用 FreeRTOS 机制,创建多任务实现 LCD 显示。

6.12.1　FSMC 简介

FSMC 全名为可变静态存储控制器(flexible static memory controller,FSMC),是单片机的一种接口,它能够连接同步或异步存储器、16 位 PC 存储卡和 LCD 模块。FSMC 连接的所有外部存储器共享地址、数据和控制信号,但有各自的片选信号,所以,FSMC 一次只能访问一个外部器件。

FSMC 接口用于驱动外部存储器,也可以用于驱动 8080 接口的 TFT LCD。

从 FSMC 的角度来看,外部存储器被划分为 4 个固定大小的存储区域,每个存储区域大小为 256 MB。

本实验参考正点原子《战舰 STM32F103 开发板资料–标准例程–HAL 库版本》。

6.12.2　TFT LCD 简单介绍

TFT LCD 即薄膜晶体管(thin film transistor)LCD,具有辐射低、功耗低、全彩色等优点,是各种电子设备常用的一种显示设备。TFT LCD(后面也会简称为 LCD)通常使用标

准的 8080 接口,这种接口有 16 位数据线,还有几根控制线。

LCD 为 4.3 TFTLCD,本实验参考正点原子《战舰 STM32F103 开发板资料-标准例程-HAL 库版本》。

6.12.3　TFT LCD 的原理图

正点原子战舰 STM32F103 开发板中 LCD 原理图如图 6.12.1 所示。

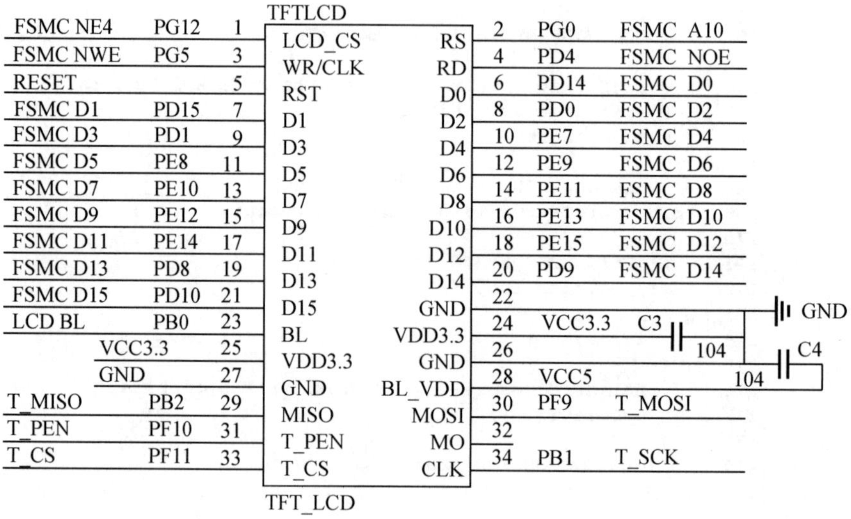

图 6.12.1　LCD 原理图

6.12.4　STM32CubeMX 配置 FSMC

(1)在 Connectivity 中选择 FSMC 设置,并在 NOR Flash/PSRAM/SRAM/ROM/LCD 4 中选择 NE4,Chip Select 片选择 NE4,据原理图 6.12.1 中的片选引脚来决定。LCD_Register Select 寄存器根据原理图 RS 位可知设为 A10,同时要将 LCD_BL 对应的引脚设置为输出模式即可(背光引脚)。(本原理图对应的是 PB0)如图 6.12.2 所示。

(2)由于在编译过程中出现初始化重复定义的错误,所以在工程管理标签下的高级设置中将 MX_FSMC_Int 中的 Generate Code 项去掉,即不产生初始化代码,如图 6.12.3 所示。

6.12.5　程序设计

(1)cd.c 添加到工程中,具体参考程序的移植。

(2)没有定义自己的任务,所以使用 CubeMX 中默认的任务 StartDefaultTask,因为这个任务是在 main( )函数中,所以需要在 main( )函数中添加 lcd.h 头文件,如图 6.12.4 所示。在 void StartDefaultTask(void const ∗ argument)函数中添加 LCD 的初始化函数 lcd_init( ),如图 6.12.5 所示。

(3)在 void StartDefaultTask(void const ∗ argument)函数中添加具体的执行任务代码,如图 6.12.6 所示,显示效果如图 6.12.7 所示。

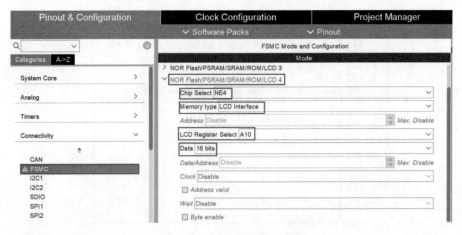

图 6.12.2　FSMC 设置示意图

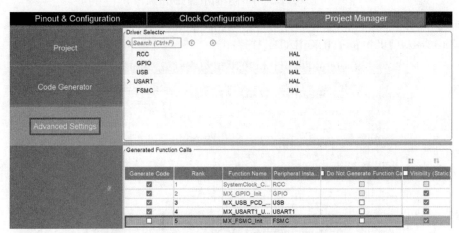

图 6.12.3　工程管理窗口设置不产生初始化代码

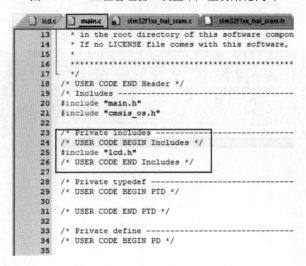

图 6.12.4　lcd.h 头文件的添加

```
  lcd.c    main.c    stm32f1xx_hal_sram.c    stm32f1xx_hal_sram.h
291 /**
292   * @brief  Function implementing the defaultTask
293   * @param  argument: Not used
294   * @retval None
295   */
296 /* USER CODE END Header_StartDefaultTask */
297 void StartDefaultTask(void const * argument)
298 {
299   /* USER CODE BEGIN 5 */
300   lcd_init();
301   /* Infinite loop */
302   for(;;)
303   {
304     osDelay(1);
305   }
306   /* USER CODE END 5 */
307 }
308
```

图 6.12.5　lcd 初始化代码的添加

lcd_show_string(100,100,400,32,32,"http://www.hrbu.edu.cn",RED);
vTaskDelay(1000/portTICK_RATE_MS);

```
  lcd.c    main.c    stm32f1xx_hal_sram.c    stm32f1xx_hal_sram.h    stm32f1xx_hal_msp.c    lcd.h
300     */
301  /* USER CODE END Header_StartDefaultTask */
302  void StartDefaultTask(void const * argument)
303  {
304    /* USER CODE BEGIN 5 */
305  lcd_init();
306    lcd_display_dir(1);
307    //xSemaphoreTake(LCD_Mutex,portMAX_DELAY);
308    lcd_clear(WHITE);
309    //xSemaphoreGive(LCD_Mutex);
310    /* Infinite loop */
311    while(1)
312    {
313      printf("LCD_Display task正在运行！\r\n");
314  //    xSemaphoreTake(LCD_Mutex,portMAX_DELAY);
315  //    lcd_clear(WHITE);
316  //    xSemaphoreGive(LCD_Mutex);
317      lcd_show_string(100,100,400,32,32,"http://www.hrbu.edu.cn",RED);
318      vTaskDelay(1000/portTICK_RATE_MS);
319
320    }
321    /* USER CODE END 5 */
322  }
323
```

图 6.12.6　调用显示字符串函数进行字符显示

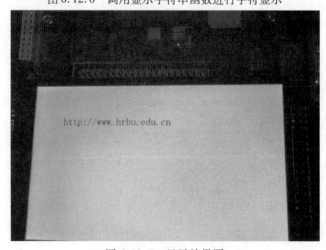

图 6.12.7　显示效果图

6.13　程序移植

任务要求:仿照正点原子建立模板进行多任务程序移植。

6.13.1　CubeMX 初始化完成后生成的 Keil 目录结构特点

CubeMX 生成的代码使用的并不是 32 单片机的标准库,而使用的是 HAL 库。HAL 是英文 Hardware Abstraction Layer 的缩写,翻译是硬件抽象层。它是内核与芯片内硬件设备的关联层,可以容易地在硬件抽象层中编程来操作内核,硬件抽象层的易于移植性也让在不同内核下的编程不再复杂。其实在很多嵌入式平台开发中都诞生了自己的 HAL,比如,安卓和微软的内核都有它们自己的 HAL,意法半导体也不能落后,它拥有如此多种类的芯片,也有很多市场份额,为了提高自己在市场中的话语权,牢牢抓住使用 ST 芯片的老用户,它也开发出了属于自己的 HAL 库。首先是多点开发的花样,让开发更容易上手,更加专业,吸引更多新用户;其次是为了提高库的可移植性,代替标准库。

STM32CubeMX 初始化完成后生成的工程目录结构如图 6.13.1 所示。

MDK-ARM 下面存放的是 MDK 工程文件。Core 文件夹中有 Inc 和 Src 两个子文件夹。Inc 是 include 的缩写,里面包含的是.h 文件,也就是头文件。Src 是 source code 的缩写,里面包含的是.c 文件,也就是源码文件,又称源文件。这些文件是根据用户在 Cube-MX 中的设置生成的,也有一部分是不设置也会生成的,比如 main.c 文件;Drivers 文件夹存放的是 HAL 库文件和 CMSIS 相关文件;Drivers 文件夹里的库文件,是从一开始预先下载的那些包中拷贝过来的。在代码生成器设置里面有关于怎么拷贝库文件的选项,选择只拷贝必要的库文件即可,可以减小工程文件的大小。

图 6.13.1　STM32CubeMX 初始化完成后生成的工程目录结构

6.13.2　正点原子文件夹的构成

生成 Keil 文件的结构如图 6.13.2 所示。

Drivers/CMSIS:标准软件接口,ARM 公司接口规范。

Drivers 文件夹下面有一个 BSP(板级支持包)即最底层的目标硬件;SYSTEM:系统文件,为公用的,这是仿照正点原子的文件结构类型自己创建的。

由图 6.13.2 可以看出,Keil 没有树型文件夹,比如,文件夹:Application/User/USE_DEVICE/App,它的表示方法为 App 表示当前目录即用./表示;USE_DEVICE 表示上一级

图 6.13.2 Keil 文件结构

即父目录用../表示,再上一级 User 表示祖辈级用../。

打开 Application/User/Core 文件夹,如图 6.13.3 所示。Core 包含 Src 和 Inc 文件。

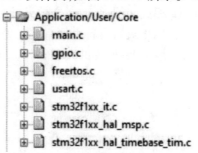

图 6.13.3 Core 文件结构

Src 即源文件,所有的.c 文件都在这里即程序文件;源文件夹用于存放项目的源代码文件,包括 C、C++、汇编等各种类型的源文件。在源文件夹中,可以根据需要创建子文件夹,以便更好地组织代码。

Inc 即 include,包含文件。Inc 文件夹用于存放项目的头文件,这些头文件通常包含函数的声明、宏定义等。在 Keil 中,可以通过#include 指令引用头文件,方便在源代码中使用其中定义的函数和宏。通俗地讲,Inc 文件即指示别人来调用这个 C 文件时里面包含什么东西,把 C 文件对外透露的信息声明一下。例如:Core 文件夹下的 adc.c 是模拟转数字的程序,当别人要调用它时不能直接访问这个 C 文件,因为一旦直接访问这个文件容易与其他文件混合产生大量错误。例如:在 adc.c 中定义一个变量 i,而其他文件中也有一个相同的变量,这两个数据容易互相写错,所以不让人知道的东西尽量封装在 C 文件中,让人知道的东西放在头文件中。

gpio.c中是开启了GPIOH和GPIOA的时钟,因为下载用到了PA9、PA10,USB用到了PA10、PA11。

Stm32f1xx_hal_msp.c中的msp应该是MCU Specific Package的缩写,是针对MCU做的底层初始化。其中是关于MCU的最底层的东西。

Stm32f1xx_it.c是中断相关的内容,it是interrupt的缩写。

STM32F1xx_HAL_Driver,高级应用库,提供服务函数,不需要对硬件进行研究。

6.13.3　仿照正点原子建立模板

标准库主要的难点:设备的初始化;引脚的冲突(引脚要进行重新分配);时钟分配。

CUBE的好处:时钟链的分配比较容易,可以迅速从一个平台移植到另一个平台。

正点原子的好处:每一个独立的项目都没有问题,综合在一起每个子模块可能会产生冲突,调试比较麻烦,所以为了以后方便可以搭建一个模板,利用此模板可以很好地将别人写好的代码移植到自己的平台上。在进行STM32CubeMX初始化时,对Drivers只进行了如图6.13.4所示的两个文件夹即CMSIS和STEM32F1xx_HAL_Driver的初始化,但是Drivers/BSP和Drivers/SYSTEM则没有包含,所以仿照正点原子建立两个模板,如图6.13.5和图6.13.6所示。当然也可以从正点原子或其他人的文件进行移植,则需要进行修改调试。

    STM32F1xx_HAL_Driver

    SYSTEM

图6.13.4　STM32CUBE初始化Drivers文件夹所包含的两个文件夹

24CXX	2023/6/20 14:38	文件夹
ADC	2023/6/20 14:38	文件夹
BEEP	2023/6/20 14:38	文件夹
DAC	2023/6/20 14:38	文件夹
DHT11	2023/6/20 14:38	文件夹
DS18B20	2023/6/20 14:38	文件夹
HCSR04	2023/6/20 14:38	文件夹
IIC	2023/6/20 14:38	文件夹
JOYPAD	2023/6/20 14:38	文件夹
KEY	2023/6/20 14:38	文件夹
LCD	2023/6/20 14:38	文件夹
LED	2023/6/20 14:38	文件夹
NORFLASH	2023/6/20 14:38	文件夹
PWMDAC	2023/6/20 14:38	文件夹
REMOTE	2023/6/20 14:38	文件夹
RTC	2023/6/20 14:38	文件夹
SDIO	2023/6/20 14:38	文件夹
SPI	2023/6/20 14:38	文件夹
SRAM	2023/6/20 14:38	文件夹
TOUCH	2023/6/20 14:38	文件夹
TPAD	2023/6/20 14:38	文件夹
VS10XX	2023/6/20 14:38	文件夹
WS2812	2023/6/20 14:38	文件夹

图6.13.5　模板BSP包含的文件夹

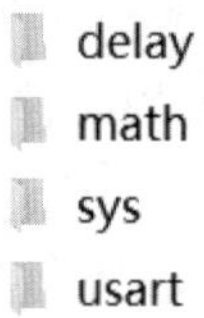

delay

math

sys

usart

图 6.13.6　模板 SYSTEM 包含的文件夹

6.13.4　移植的方法

1. 增加组的方法

(1)手动添加。

①复制文件夹 BSP 和 SYSTEM。在工程的 Drivers 目录下新建两个文件夹：BSP 和 SYSTEM(按照惯例文件夹都采用大写)，将模板中的 BSP 里面的内容全部拷贝到 BSP 文件夹中，将模板中的 SYSTEM 里面的内容全部拷贝到 SYSTEM 文件夹中。

②在工程名 STM32F103_Blink 处右击鼠标，单击 Add Group，会出现一个 New Group 的文件夹，如图 6.13.7 所示，分别改名为 Drivers/BSP 和 Drivers/SYSTEM，增加新组成功如图 6.13.8 所示。

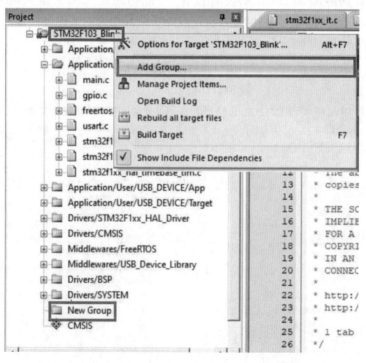

图 6.13.7　增加新组 Drivers/BSP Drivers/SYSTEM

(2)采用工具栏中的管理工程工具进行添加。

单击工具栏中的管理工程工具，选择第一个标签 Manage Project Item，单击插入新项目工具，会出现一个 New Group 的新项目，分别改名为 Drivers/BSP 和 Drivers/SYSTEM，如图 6.13.9 所示。

图 6.13.8　两个新组成功添加

不管采用哪种方式填加新组,仅仅是把这个文件夹添加,并没有真正的文件。

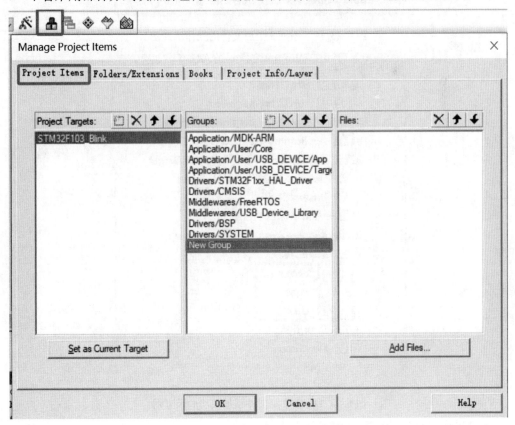

图 6.13.9　利用管理工具添加组

2. 文件添加到工程中去

（1）采用鼠标右键添加。

在 Drivers/BSP 右击，选择 Add Existing Files to Group Drivers/BSP，在弹出的对话框中选择模板文件夹 BSP 下的 led. c、key. c、beep. c 添加到 Drivers/BSP 中去，如图 6.13.10 和图 6.13.11 所示。

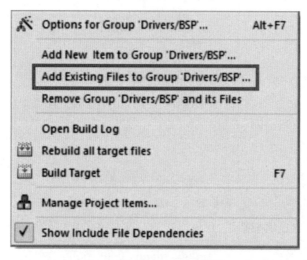

图 6.13.10　添加 3 个源文件的操作示意图

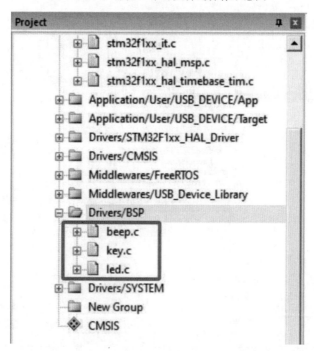

图 6.13.11　3 个源文件添加成功的示意图

（2）采用工具栏的工程管理工具进行添加。

单击工具栏中的管理工程工具，选择增加的新组，单击 Add Folder，选择模板中的源文件,如图 6.13.12 所示。

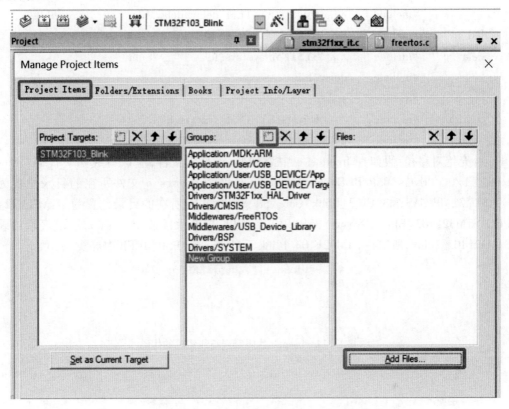

图 6.13.12 利用管理工具添加 3 个源文件

(3)添加成功后进行编译,出现很多错误,如图 6.13.13 所示。

compiling beep.c...

..\..\STM32F103ZE-ProjectTemplat-based-on-STM32CubeMX (2)\STM32F103ZE-ProjectTemplat-based-on-STM32CubeMX\Drivers\BSP\BEEP\beep.c(25): error: #5: cannot open source input file "../beep.h": No such file or directory

#include "../beep.h"

..\..\STM32F103ZE-ProjectTemplat-based-on-STM32CubeMX (2)\STM32F103ZE-ProjectTemplat-based-on-STM32CubeMX\Drivers\BSP\BEEP\beep.c: 0 warnings, 1 error

"STM32F103_Blink\STM32F103_Blink.axf" - 1 Error(s), 0 Warning(s).

图 6.13.13 移植模板文件编译出现错误的示意图

①采用绝对路径进行错误的修改。双击错误(例如双击 beep. c),调出错误所在位置。错误出现在头文件中,如图 6.13.14 所示。由于在 beep. c 中包含了 beep. h 文件,这两个文件都在同一个 BEEP 文件夹下,如图 6.13.15 所示。所以在包含时可以改写成 ./beep. h,即表示在当前文件夹下 beep. h,修改完成后错号就去掉了。所有头文件的错误修改如下:

beep. c   #include "./beep. h"

key. c	#include ". /key. h"
	#include ". ./. ./Drivers/SYSTEM/delay/delay. h"
led. c	#include ". /led. h"
delay. c	#include ". ./. ./SYSTEM/sys/sys. h"
	#include ". /delay. h"
sys. c	#include ". /sys. h"
usart. c	#include ". ./. ./Drivers/SYSTEM/sys/sys. h"
	#include ". /usart_sys. h"

补充绝对路径:假如在 freertos. c 中添加 beep. h 头文件,应该写成如下代码:#include". ./. ./drivers/BSP/BEEP/beep. h"。这是因为 freertos. c 文件所在的目录位置为 D:\STM32_PRG\STM32F103_Blink\Core\Src,而 beep. h 所在的目录位置为 D:\STM32_PRG\STM32F103_Blink\Drivers\BSP\BEEP,所以. ./表示目录 core,而 . ./. ./表示目录 STM32F103_Blink,所以在 STM32F103_Blink 下的 drivers/BSP/BEEP 中寻找 beep. h。

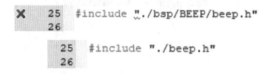

图 6.13.14 beep. h 代码错误与纠错后的代码

名称 ^	修改日期	类型	大小
C beep	2021/7/19 10:05	C 源文件	2 KB
C beep	2021/7/19 10:05	C Header 源文件	2 KB

图 6.13.15 BEEP 文件夹下的两个文件

②采用相对路径进行错误的修改。单击 Keil 中的魔术棒,选择 C/C++标签,单击 Include Paths 的… ,弹出 Folder Setup 对话框,单击 New (Insert)工具栏,在 Setup Compiler Include Paths 下面出现一条空白的条形,单击它后面的. .,选择需要的文件夹,比如 SYS 和 DELAY,具体操作如图 6.13.16 所示。这样就可以省略绝对路径,每次编译时将自动在包含的路径中进行搜索,在源文件中直接写入 include "sys. h" 和 include "delay. h" 即可,重新进行编译。

③修改串口错误。当将文件包含的错误消除后,重新编译,会出现图 6.13.17 所示的错误。出现的错误是由于 USART1_IRQHandler 被多重定义。一个在 stm32f1xx_it. c 中定义,因为 STM32CubeMX 初始化程序都在 stm32fxx_it. c 中,如图 6.13.18 所示;一个在 Drivers/SYSTEM 中的 usart_sys. c 中也有一个串口初始化程序,如图 6.13.19 所示。

解决方法:

由于出现了重复定义,需要在 STM32CubeMX 中关闭自动初始化,不生成串口中断。

步骤:

打开 STM32CubeMX, Pinout &Configuraton 中的 NVIC:嵌入式中断向量控制器,即找到如图 6.13.20 所示的 USART1 global interrupt,将 Generate IRQ handler 里面的对号去掉,

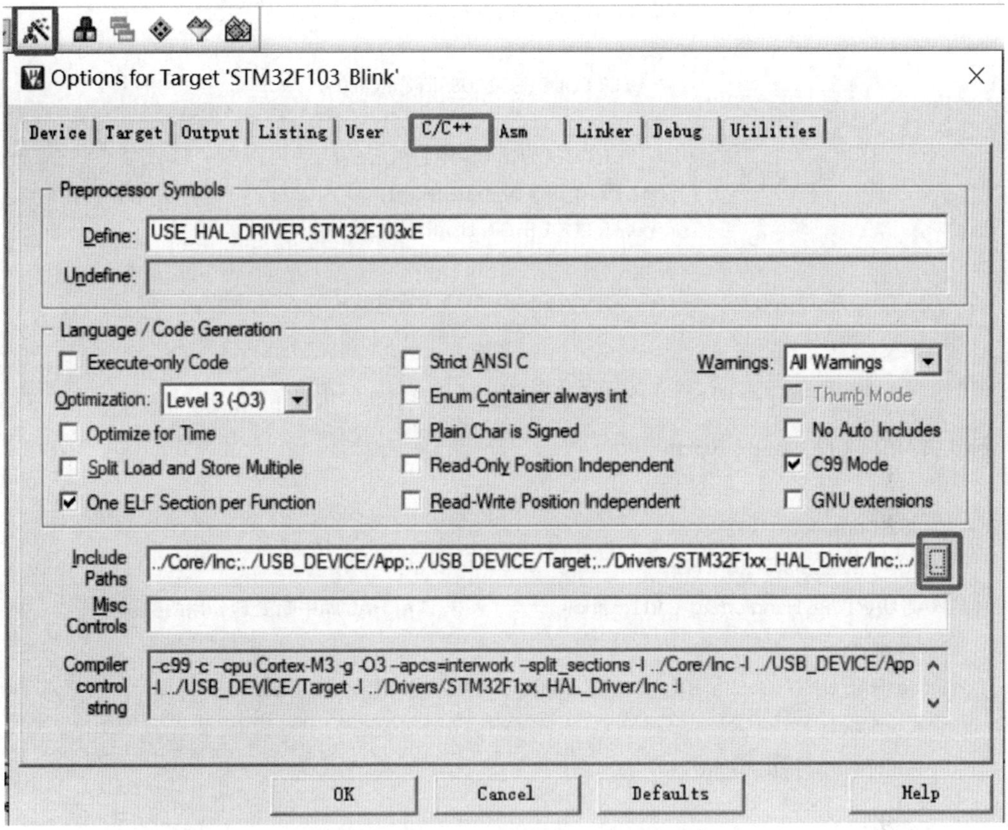

图 6.13.16　采用相对路径设置文件的包含关系

```
Build target 'STM32F103_Blink'
assembling startup_stm32f103xe.s...
compiling stm32f1xx_it.c...
linking...
STM32F103_Blink\STM32F103_Blink.axf: Error: L6200E: Symbol
USART1_IRQHandler multiply defined (by usart_sys.o and stm32f1xx_it.o).
Not enough information to list image symbols.
Not enough information to list load addresses in the image map.
Finished: 2 information, 0 warning and 1 error messages.
"STM32F103_Blink\STM32F103_Blink.axf" - 1 Error(s), 0 Warning(s).
```

图 6.13.17　串口编译错误示意图

即不产生中断句柄。

Select for int sequence ordering 初始化次序,可以自行进行定义;第二项 Generate Enable in Init 是否允许中断,需要打勾;第三项是否产生中断服务句柄,则需要去勾。

单击产生新的代码。由于配置发生改变,则需要单击"是"进行重新装载。则在 stm32fxx_it.c 中没有 void USART1_IRQHandler(void)这个函数了。重新编译,将不会再出现错误。

```
void USART1_IRQHandler(void)
{
    /* USER CODE BEGIN USART1_IRQn 0 */

    /* USER CODE END USART1_IRQn 0 */
    HAL_UART_IRQHandler(&huart1);
    /* USER CODE BEGIN USART1_IRQn 1 */

    /* USER CODE END USART1_IRQn 1 */
}
```

图 6.13.18   stm32f1xx_it.c 中串口初始化程序

```
void USART_UX_IRQHandler(void)
{
    uint32_t timeout = 0;
    uint32_t maxDelay = 0x1FFFF;
    HAL_UART_IRQHandler(&g_uart1_handle);          /* 调用 HAL 库中断处理公用函数*/
    timeout = 0;
    while (HAL_UART_GetState(&g_uart1_handle) != HAL_UART_STATE_READY)    {
        timeout++;                                /*超时处理 */
        if(timeout > maxDelay)
        {
            break;
        }
    }
    timeout=0;
    while (HAL_UART_Receive_IT(&g_uart1_handle, (uint8_t *)g_rx_buffer, RXBUFFERSIZE) != HAL_OK)
    {
        timeout++;
        if (timeout > maxDelay)
        {
            break;
        }
    }
}
```

图 6.13.19   Drivers/SYSTEM 中的 usart_sys.c 的串口初始化程序

总结移植的步骤：

①先复制文件。

②把 C 文件添加到工程里。

③把 C 文件的头文件需要 include 进行包含（绝对路径和相对路径两种方法）。

NVIC	Code generation				
Enabled interrupt table	☐ Select for init ...	Generate Enable in Init	☐ Generate IRQ handler	Call HAL handler	
Pendable request for system s...	☐	☐	☐	☐	
System tick timer	☐	☐	☐	☑	
USB low priority or CAN RX0 i...	☐	☑	☑	☑	
USART1 global interrupt	☐	☑	☐	☑	
Time base: TIM6 global interrupt	☐	☑	☑	☑	

Interrupt unmasking ordering table (interrupt init code is moved after all the peripheral init code)

图 6.13.20　STM32CubeMX 中去掉中断服务句柄

错误可能还存在的原因:变量或函数重复定义。

例如:osDelay 是 ARM 公司提供的程序标准接口中定义的函数原型即阻塞函数,当它在延迟时,它将 CPU 的使用权交出去,即不占用 CPU。

delay. c 分成 delay_ms 和 delay_us,它们是硬 delay, 它们在延迟时占用 CPU,由于采用任务方式,实质上采用时间片轮转方式,每隔 1 ms 将进行时间的任务切换。delay_ms = osdelay,而 osdelay 不能进行微秒的延迟,而做超声必须要用 delay_us 函数。在 freertos. c 中使用 delay_ms,出现红色波浪线是由于函数使用了但没有声明,需要在 freertos. c 中添加 delay. h 头文件。头文件一定要加在/ * USER CODE BEGIN Includes */#include "delay.h"/ * USER CODE END Includes */之间,否则下次进行 CUBE 设置生成代码将会被清除掉,如果加在这两者之间将不会被清除掉。

6.13.5　串口调试

例如:将 led_Task 任务的状态以串口的形式发送出去。

在 freertos. c 中包含两个头文件,stdio. h 标准输入输出函数和 stdint. h 整数函数,只有加上这两个头文件,在输入函数时才会有提示信息。在 led_Task 中添加 printf 函数,如图 6.13.21 所示。

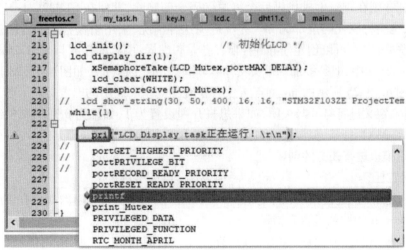

图 6.13.21　任务中添加代码

打开串口调试器将传输速率设置为 115 200,串口调试界面如图 6.13.22 所示。如果感觉速度有点小,可以设置成 921 600 即可,必须与 STM32CubeMX 一致,也就是必须到 STM32CubeMX 去改一下串口速度。更改界面如图 6.13.23 所示。

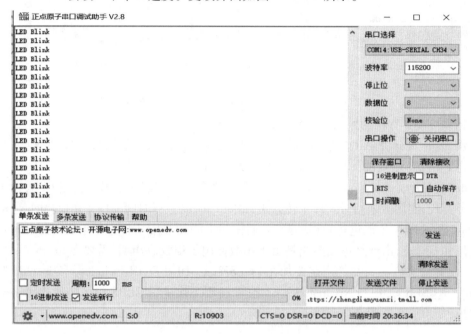

图 6.13.22 串口调试界面

6.13.6 采用模板进行任务的配置与创建

1. 模板介绍

在 STM32CubeMX 中创建了几个不同的任务,如果想有选择地执行其中几个,如果删除剩下的任务则在重新生成代码后会将原代码全部删除,即使在 STM32CubeMX 改变任务的名字,也会将原代码全部删除。为了避免这种情况,采用模板方法进行创建(CUBE 与模板方法共存)。可以创建任务并控制任务是否编译,所有的任务与 STM32CubeMX 一样都在 freertos. c 中,但是多加一个头文件#include "my_task. h",如图 6.13.24 所示。右击打开如图 6.13.25 所示的 my_task. h 文件。在图 6.13.25 中的宏定义表示已经创建的任务,通过宏定义进行打开与关闭,如果想打开即设置为 1,如果为 0 则不参加编译。假如要做闪灯,28XX 灯条,温湿度,将它们设置成 1,其他为 0,编译下载。

2. 利用模板进行任务的创建

(1)配置任务。

例如:增加一个键盘扫描程序,如图 6.13.26 所示,重新进行编译,如果有错误则检查 #include key. h 的路径是否有错误。

找到模板中的任务配置,如图 6.13.27 所示。将图 6.13.27 所示的代码根据提示要求进行复制、粘贴到指定位置。将其中的 XXXX 替换成 key,如图 6.13.28 所示。

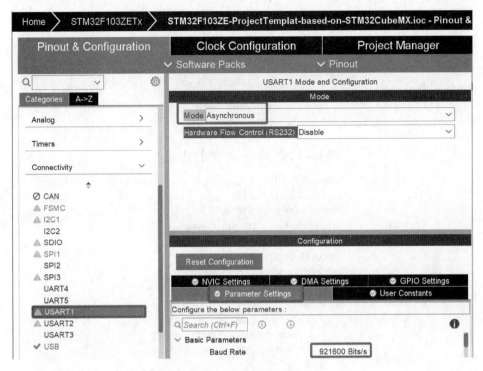

图 6.13.23　传输速率更改界面

```
  freertos.c*    my_task.h    key.h    lcd.c    dht11.c    main.c
21  #include "FreeRTOS.h"
22  #include "task.h"
23  #include "main.h"
24  #include "cmsis_os.h"
25
26  /* Private includes ------------------------------------------------*/
27  /* USER CODE BEGIN Includes */
28  /*!<my_task.h用于定义初始化哪个测试任务，以及向其他程序输出全局变量 */
29  #include "my_task.h"
30
31  #include "arm_math.h"
32  #include "arm_const_structs.h"
33  #include <math.h>
34
35  #include "sys.h"
36  #include "delay.h"
37  #include "led.h"
38  #include "usart_sys.h"
39  #include "my_math.h"
```

图 6.13.24　模板中增加一个头文件

```
/**已经创建的任务函数，可以通过将宏定义设置为 0 关闭，设置为 1 打开*/
#define USE_LED_BLINK_TASK          1
#define USE_WS28XX_TASK             0
#define USE_DHT11_TASK              1
#define USE_ADC_DMA_TASK            0
#define USE_LCD_DISPLAY_TASK        1
```

图 6.13.25　my_task.h 文件包含的任务名

图 6.13.26　增加一个键盘扫描程序

```
//XXXX 任务配置
#define XXXX_TASK_PRIO          1
#define XXXX_TASK_STACK_SIZE    128
TaskHandle_t       XXXX_task_handler;
void XXXX_task( void * pvParameters );
//XXXX 任务入口函数
void XXXX_task( void * pvParameters )
{
    while(1)
    {
        printf("XXXX task 正在运行！ \r\n");
        vTaskDelay(500/portTICK_RATE_MS);
    }
}
```

图 6.13.27　任务配置位置示意图

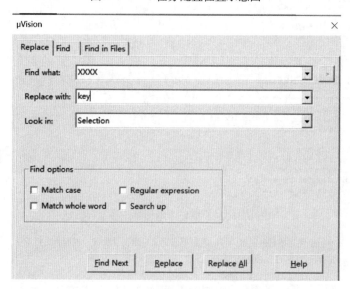

图 6.13.28　模板中任务名字修改为 key

#define key_TASK_PRIO　　　　　1：表示任务的优先级 1--4

#define key_TASK_STACK_SIZE　　128：任务堆栈的大小

TaskHandle_t　 key_task_handler；任务的句柄：删除与创建任务需要此句柄

void key_task（ void * pvParameters ）；任务的入口函数

任务配置完成了函数的名称、入口函数、堆栈大小以及优先级的配置,此时只定义任务没有启动。

(2)创建任务。

找到模板中的任务创建,如图 6.13.29 所示。复制图 6.13.29 所示的代码 xTaskCreate,粘贴到图 6.13.29 所示的上面方框位置,将其中的 XXXX 替换成 key。创建任务完成即启动任务完成,操作系统一经调用,任务就自动运行。由于此任务没有实质性的代码,所以要给任务添加执行代码。

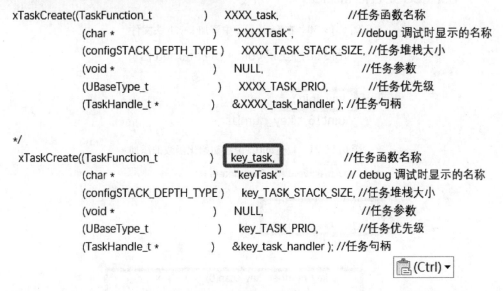

图 6.13.29　任务创建

(3)给任务添加执行代码。

例如:加入键盘扫描程序,具体步骤:

①在 freertos.c 中加入 key.h,命令为#include "../../Drivers/BSP/KEY/key.h",如图 6.13.30 所示。

key.h 包含键盘引脚的定义和两个函数,即初始化函数 void key_init(void)和键盘扫描程序 uint8_t key_scan(uint8_t mode);

②在 freertos.c 中的 void key_task(void * pvParameters)函数添加 key_init()键盘初始化函数,如图 6.13.31 所示。

③完善代码。vTaskDelay(500/portTICK_RATE_MS);真正的键盘扫描是 20 ms 左右,现在是为了调试,所以设置为 500 ms。完善程序如图 6.13.32 所示。

6.13.7　解决互斥问题

很多任务都可能打印字符串,为了不互相影响,采用互斥的方法进行解决。在 freertos.c 中有一个互斥量:print_Mutex,即要打印字符串,必须先拿到钥匙,利用获取钥匙函

```
/** 用户头文件，需要在工程设置中加入头文件引用路径，或者注明全路径。
 *   ./表示当前目录；../表示父目录
 */
#include "../../Drivers/BSP/DHT11/dht11.h"
#include "../../Drivers/BSP/WS2812/ws2812.h"
#include "../../Drivers/BSP/LCD/lcd.h"
#include "../../Drivers/BSP/KEY/key.h"

/* USER CODE END Includes */
```

图 6.13.30　在 freerots.c 中添加 key.h 头文件

```
void key_task( void * pvParameters )
{
    key_init();
    uint16_t key_number;
```

图 6.13.31　key_init() 键盘初始化函数的添加

```
void key_task( void * pvParameters )
{
    key_init();
    uint16_t key_number;
    while(1)
    {
        key_number=key_scan(0);
        if(key_number!=0)
        {
            printf("Key number:%d/r/n",key_number);
        }
        else
        {
            printf("Key none/r/n");
        }
            printf("key task 正在运行！ \r\n");
            vTaskDelay(500/portTICK_RATE_MS);
    }
}
#endif
```

图 6.13.32　完善键盘扫描程序

数：xSemaphoreTake(xxxx_MutexHandler, (TickType_t)10)；当打印完成后利用交出钥匙函数：xSemaphoreGive(xxxx_MutexHandler)再归还钥匙，如图 6.13.33 所示。

```
void key_task( void * pvParameters )
{
key_init();
 uint16_t key_number;
    while(1)
    {
        key_number=key_scan(0);
        if(key_number!=0)
        {
```

300表示获取钥匙的最长等待时间为300毫秒

```
            xSemaphoreTake(print_Mutex, 300);//发放互斥信号量
            printf("Key number:%d/r/n",key_number);
            xSemaphoreGive(print_Mutex);//获取互斥信号量
        }
        else
        {
```

protMAX_DELAY表示无限期等待获取钥匙

```
            xSemaphoreTake(print_Mutex,    portMAX_DELAY);
            printf("Key none/r/n");
            xSemaphoreGive(print_Mutex); /获取互斥信号量
        }
            xSemaphoreTake(print_Mutex, ( TickType_t )10);
            printf("key task 正在运行! \r\n");
            xSemaphoreGive(print_Mutex);
            vTaskDelay(500/portTICK_RATE_MS);
    }
}
#endif
```

图 6.13.33　互斥代码的添加

6.13.8　将键盘扫描任务填加到任务列表

在 ┊ ┊ Function 中展开 freertos. c 可以看到定义的任务 key_task,要想把它加在任务函数列表中,如图 6.13.34 所示,需要在 key 的入口函数前添加 #if (USE_KEY_TASK = = 1) 和 #endif 语句,如图 6.13.35 所示。

```
/**已经创建的任务函数, 可以通过将宏定义设置为 0 关闭, 设置为 1 打开*/
#define USE_LED_BLINK_TASK          1
#define USE_WS28XX_TASK             0
#define USE_DHT11_TASK              1
#define USE_ADC_DMA_TASK            0
#define USE_LCD_DISPLAY_TASK        1
#define USE_KEY_TASK                1
```

图 6.13.34　任务函数列表展示示意图

6.13.9　LCD 上显示温湿度

(1)在 my_task. h 中通过宏定义将 USE_LED_BLINK_TASK、USE_ADC_DMA_TASK

```
#if (USE_KEY_TASK==1)                          else
#define key_TASK_PRIO           1              {
#define key_TASK_STACK_SIZE     128            xSemaphoreTake(print_Mutex,    portMAX_DELAY);
TaskHandle_t       key_task_handler;                    printf("Key none/r/n");
void key_task( void * pvParameters );                       xSemaphoreGive(print_Mutex);
void key_task( void * pvParameters )           }
{                                              xSemaphoreTake(print_Mutex, ( TickType_t )10);
 key_init();                                            printf("key task 正在运行! \r\n");
 uint16_t key_number;                                   xSemaphoreGive(print_Mutex);
    while(1)                                            vTaskDelay(500/portTICK_RATE_MS);
    {                                          }
        key_number=key_scan(0);            }
        if(key_number!=0)                  #endif
        {
xSemaphoreTake(print_Mutex, ( TickType_t )10);
 printf("Key number:%d/r/n",key_number);
  xSemaphoreGive(print_Mutex);
        }
```

图 6.13.35　任务函数显示与关闭的代码示意图

和 USE_LCD_DISPLAY_TASK 3 个任务设置为 1,如图 6.13.36 所示。

(2)找到温湿度显示函数,添加如图 6.13.37 所示的代码。

(3)编译、下载,LCD 屏上显示结果如图 6.13.38 所示。

```
/**已经创建的任务函数，可以通过将宏定义设置为 0 关闭，设置为 1 打开*/
#define USE_LED_BLINK_TASK          1
#define USE_WS28XX_TASK             0
#define USE_DHT11_TASK              1
#define USE_ADC_DMA_TASK            0
#define USE_LCD_DISPLAY_TASK        1
#define USE_KEY_TASK 1
```

图 6.13.36　打开 3 个任务

　　总的来说,STM32CubeMX 旨在帮助学生快速入门 STM32 微控制器的开发,并通过图形化配置工具和自动生成代码的功能提高开发效率,并培养学生的问题解决和调试能力。它是 STM32 微控制器开发过程中的重要工具,对于初学者和有经验的开发者都具有很大的帮助作用。

```
void DHT11_task( void * pvParameters )
{
    float temperature;
    float humidity;
        char str[30];
    while(dht11_init())
      {
          xSemaphoreTake(print_Mutex, portMAX_DELAY);
          printf("DHT11 error\r\n");
          xSemaphoreGive(print_Mutex);
          vTaskDelay(500/portTICK_RATE_MS);
      };
    while(1)
      {
          dht11_read_data(&temperature,&humidity);
          xSemaphoreTake(print_Mutex, portMAX_DELAY);
          printf("DHT11 Temp:%.2f;Humi:%.2f\r\n",temperature,humidity);
          xSemaphoreGive(print_Mutex);
          sprintf(str,"Temp=%.2f;Humi:%.2f",temperature,humidity);
        lcd_show_string(10,100,400,32,32,str,RED);
        vTaskDelay(500/portTICK_RATE_MS);
      }
```

图 6.13.37　在 DHT11_task 函数中添加显示温湿度的程序代码

图 6.13.38　显示结果

参考文献

［1］正点原子.STM32F103 开发指南 V1.2.2020.

［2］沈红卫,任沙浦,朱敏杰,等.STM32 单片机应用与全案例实践［M］.北京:电子工业出版社,2017.

［3］刘火良,杨森.STM32 库开发实践指南［M］.北京:电子工业出版社,2017.

［4］屈微,王志良.STM32 单片机应用基础与项目实践［M］.北京:清华大学出版社,2020.